LOCUS

LOCUS

LOCUS

LOCUS

from

vision

from 62

$\frac{1}{10}$與4之間：半全球化時代

Redefining Global Strategy

作者：Pankaj Ghemawat
譯者：胡瑋珊
責任編輯：湯皓全
校對：呂佳真
美術編輯：何萍萍
法律顧問：全理法律事務所董安丹律師
出版者：大塊文化出版股份有限公司
台北市105南京東路四段25號11樓
www.locuspublishing.com
讀者服務專線：0800-006689
TEL：(02) 87123898　FAX：(02) 87123897
郵撥帳號：18955675　戶名：大塊文化出版股份有限公司

總經銷：大和書報圖書股份有限公司
地址：台北縣五股工業區五工五路2號
TEL：(02) 89902588 (代表號)　FAX：(02) 22901658
排版：天翼電腦排版印刷有限公司
製版：源耕印刷事業有限公司
初版一刷：2009年10月

定價：新台幣380元
Printed in Taiwan

1/10與4之間：半全球化時代

全球化只實現了1/10
並且還拉大了4種最遠的距離
但，創造價值的祕密，就在這1/10與4之間
歡迎「半全球化時代」的揭幕

Redefining Global Strategy

from
Pankaj Ghemawat 著
胡瑋珊 譯

目次

II 創造全球價值的三A策略

前言

我在一九七八年九月第一次和葛馬萬見面，當時我在哈佛正要開一門新興的談判專案（Negotiation Project）課程，正在大學部尋覓可以從旁協助的人才。葛馬萬的國際色彩、智慧上的天賦，以及好奇心立刻脫穎而出。我當時便看出這個年輕人擁有無窮的潛力，在與他共事這一年當中，更印證了當初的直覺。

短短六年中，葛馬萬在哈佛大學一路從學士念到博士，在拿下博士學位之後，更決定投身顧問工作，我看著他一路走來，心中感到十分欣慰。他二十三歲時便爲麥可・波特（Michael Porter）相中，加入哈佛商學院的教職員行列。接著他更以「永續經營」（sustainability）以及「競爭動態」（competitive dynamics）（尤其是《承諾》〔*Commitment*〕

這本書，他的諸多著作當中我最欣賞這一本）的傑出研究成果，獲得永久教職，成爲哈佛商學院有史以來獲得這項殊榮最年輕的教授。

本書是他十年來對全球企業策略的研究成果。他陸續在《哈佛商業評論》（*Harvard Business Review*）上發表，其中兩篇最新的文章分別爲〈全球領導的區域策略〉（Regional Strategies for Global Leadership）（二〇〇五年十二月）——這篇文章獲得《哈佛商業評論》當年最佳文章的榮譽——以及〈管理差異性：全球策略的核心挑戰〉（Managing Differences: The Central Challenge in Global Strategy），這篇文章在二〇〇七年三月更成爲《哈佛商業評論》的首要文章。但葛馬萬的核心主張——「各國市場的差異性依然重要」——卻是在本書之中才獲得深入的說明與探討。他說，我們這個時代並非「完全」全球化——甚至連接近完全都說不上。其實，以這個世界的現狀來說，「半全球化」(semiglobalization）會比較貼切。

現在有許多人主張國界逐漸消失，造就一個「平坦的」世界，工作與商機都不會因爲地理位置而受限，而葛馬萬對於「半全球化」的理念則正好相反。對於佛里曼（Thomas Friedman）而言（「平坦說」知名的支持者），「地球是平坦的」的現象主要是因爲科技的推動。對於李維特（Ted Levitt）而言（他比佛里曼早了二十年），這是因爲需求面的力量、世界各地消費者口味的聚合的結果。這套廣泛的說法另外還有許多變化，但各種學說自然而然都強調規模的重要性，以及「以一概全」的策略。

葛馬萬並不爲所動。我覺得他就像是站在宗教裁判所（Inquisition）前的伽利略（Galileo Galilei）一樣，忍不住就是要說，「可是地球**眞的**繞著太陽轉！」換句話說，有些人或許還是深信這個世界是平坦的，可是大量的實證觀察以及分析卻在在顯示，各國之間文化、政治以及地理疆界的隔閡還是很大——而且對於全球策略也會產生重大的影響。

如果葛馬萬就此罷手，世人只知道這個世界很複雜和策略性領導很困難。但他想爲全球策略提供確實有效的**可行知識**，因此以《$\frac{1}{10}$與4之間：半全球化時代》這本書，爲各位讀者提供一致的強大思考架構，強調國界依然重要以及應對跨國發展加以評估。或許更重要的是，本書介紹各種相關策略，協助企業面對這樣的差異性——遠遠超越單純以偏概全性質的策略。

對我而言，這些策略尤其具有吸引力：我擔任策略顧問的二十年之中，許多客戶就是因爲無法擺脫規模和策略之間的差異而失敗。然而，「戰略」（strategy）——這個名詞和學問都是在波斯人和希臘人在馬拉松（Marathon）戰役及薩拉米斯（Salamis）戰役建立的——其實講的是怎樣克服規模優勢的藝術和科學。戰略旨在以小贏大、以寡擊眾——至少有時候是如此。葛馬萬所提半全球化的概念不但符合「戰略」這個廣泛的概念，同時也賦予我們成功全球化的工具。

——默克基安尼斯（Nikos Mourkogiannis）

致謝

我出生在印度一個小城市，來到美國印第安那州（Indiana），回到印度後，又來到麻省劍橋（Cambridge, Massachusetts），近年更遠至巴塞隆納（Barcelona）·，本書背後可說是我個人這一路上的旅程。我在一九八〇年代中期，加入哈佛商學院（Harvard Business School）教職員行列之後不久，便開始構思本書的理念，並和麥克·史賓瑟（Mike Spence）——當年論文的指導教授之一——針對全球策略，寫了一篇早期的分析文章。

一九九〇年代中期，我和麥可·波特爲印度工業總會（Confederation of Indian Industry）針對印度的競爭力進行研究，更加深了本身想從跨國觀點探討策略的想法。之後不久，我有幸接下吉野教授（Mike Yoshino）在哈佛商學院的全球策略與管理課程——有機會和這個領域的從業人員同步研究、開發課程，以及寫作。在這十年當中，我大多數時間都是專注於和全球化以及全球策略有關的議題。這段旅程走到這個階段，我發表了大約五十份案例研究和報告、本書，以及許多補充資料——有關全球化的CD、我的網站（列舉我到目前爲止大多數的著作），還有許多尚在進行當中的專案資料。

我尤其感謝哈佛商學院在院長克拉克（Kim Clark）以及萊特（Jay Light）的領導下，將近十年來慷慨支援這項計畫的進行。康乃思（Dean Jordi Canals）院長執掌下的IESE商學院爲本書提供最後潤飾的最佳環境。《哈佛商業評論》的史都華（Tom Stewart）、尚賓（David Champion）和其他多位人士從旁協助，讓從業人員得以瞭解我的理念，這一點我也深深感念在心。當然，我也非常感謝哈佛商學院出版社（Harvard Business School Press）對本書的貢獻，我尤其感激梅芮諾（Melinda Merino）以及蘇芮特（Brian Surette）提供的諮詢服務。我也很感激經紀人瑞思（Helen Rees）的指引，在編輯克魯克山克（Jeff Cruikshank）的協助之下，我方能從龐雜的理念當中釐清頭緒，完成本書。

此外，本書內容要歸功的對象無以計數，譬如我向多位同儕的學習、上百位訪問過的企業執行主管、上千名學生（我和他們闡述過本書的理念），以及許多傑出的著作（不光是在此提到的書而已）。我也要感謝多位看過本書草稿並慷慨提供建言的人士：艾特曼（Steve Altman）、拜德（Amar Bhide）、凱維斯（Dick Caves）、浩特（Tom Hout）、萊薩德(Don Lessard)、麥克甘漢(Anita McGahan)、默克基安尼斯(Nikos Mourkogiannis)、奧斯特維德（Jan Oosterveld）、羅林森（Richard Rawlinson）、瑞博格（Denise Rehberg）、薩吉（Jordan Siegel），以及史派維（Lori Spivey）。我在哈佛共事已久的助理史特克緹（Sharilyn Steketee）也爲書中許多篇章進行研究工作、閱讀初稿以及謄寫稿件。我也很感謝馬克（Ken Mark）和迪蘇薩（Beulah D'Souza）對於研究工作的協助。最後、也是最重要的一點，我要感謝內人安瑞海・葛馬萬（Anuradha Mitra Ghemawat），基於先前獻書給她的原因之外，另外還有許多值得我感恩的地方。

導論：無國界的幻影

一九九〇年代初期，我到旁遮普（Punjab）這個衝突不斷的印度城市，造訪百事可樂（Pepsi）位於當地的工廠，這是我第一次國際性的案例研究工作。由於當地的政治環境——低程度的內戰——工廠許多員工都是民兵，每天早上拿著 AK-47 步槍來上工。百事可樂建立一套體系，要員工上工之後得把步槍收起來，下工之後才能取回。**大樓之內絕對不能有 AK-47**，人力資源主管再三強調——讓我大開了眼界，終於了解國際企業必須面對的差異性有多麼龐大。

自從我針對全球化以及全球策略進行研究以來，對於各國之間的差異有了更深刻的了解。所以本書的重點不在怎樣追求市場規模以及無國界世界的幻影，而是要提醒企業主管，如果公司想要成功跨國發展，在開發以及評估策略時，就得認眞面對各國之間這些根深柢固的差異。本書闡述的見解和介紹的工具也讓各位主管得以這樣做。

在此我要以橄欖球（football）這個比喻闡述這個全球化的觀點——也就是我所說的**半全球化**①。美國的讀者可能會覺得失望——我所說的橄欖球就是美國人所謂的足球（soccer）；但這也凸顯出各國之間的差異。足球照理來說應該是全球性的現象——聯合國前祕書長安南（Kofi Annan）曾經羨慕地說，足球的國際主管機關國際足球聯盟（FIFA）擁有比聯合國還多的會員國——但球迷分布非常不平均，美國更是不受其魅力影響的最大例外②。

英國中世紀鄉村村民拿豬膀胱當球到處踢，大英帝國發展得如日中天時，足球開始傳到世界各國，到現在已有非常長久的發展。但這項運動的全球化在第一次和第二次世界大戰之間，因爲主管當局對球員跨國發展設限而走上回頭路。

第二次世界大戰之後，各國球隊比賽的風氣日盛，尤以世界盃（World Cup）最受歡迎。在一九五〇年代末期到一九六〇年代初期，皇家馬德里（Real Madrid）成軍，集結各國球員，成爲歐洲首見的主要球隊③。不過一直到一九八〇年代末期，西歐球隊對於每個球隊外籍球員的人數，還是限制在一到三名之間，東歐國家則對本國球員「出口」設限。國際賽事雖然活絡，但各地激烈的競爭並未因此停歇。皇家馬德里以及FC巴塞隆納（FC Barcelona）就是如此，這兩隊人馬之間的比賽可說是西班牙內戰的再現——直到現在還是如此，我現在住在巴塞隆納，會去看他們的比賽，親眼見證雙方人馬激烈的競爭。

球員移動性的限制在一九九〇年代大致上已經消失——雖然可以轉戰其他球隊，但還是不能跨國發展。不過東歐和其他比較貧窮的國家在經濟壓力下，取消球員跨國發展的限制，並對許多當地球隊出口導向的策略以及當地培養出口球員的足球訓練中心鬆綁。在需求面，歐洲法庭（European Court of Justice）在一九九五年做出裁決，取消歐洲球隊外籍球員的人數限制。一九九九年，車路士（Chelsea F. C.）成爲英超（English Premiership）有史以來第一支在球賽開始時，球場上沒有一個英國人球員的球隊④。到了二〇〇四年到二〇〇五年，開場的選手陣容據估計有百分之四十五的比例是外籍兵團⑤。其他歐洲球隊這樣國際化的跡象也十分明顯。不過在各國競賽的世界盃中，國際足球聯盟還是規定球員必須代表祖國或是國籍所屬國家出賽。

各國球員跨國發展的程度不一，也形成截然不同的結果。球隊球員跨國發展的現象，使得勝仗或多或少集中在國家和區域層次有錢的球隊⑥。譬如歐洲冠軍盃（European Champion League），過去二十年來順利打入前八強的球隊愈來愈沒有變化。最近德勤（Deloitte & Touche）會計師事務所報告指出，營收集中在前二十大球隊——全部都是歐洲——的現象也跟著增加，因爲比較有錢的球隊擁有比較優異的球員，轉播權同樣也比較有價值⑦。有意思的是，在二〇〇五年到二〇〇六年，營收最優異的球隊——皇家馬德里的三億七千三百萬美元——其亮麗的財務成績不光是因爲球隊建立本土定位，同時也是因爲球隊奉行「天皇巨星式」（galácticos）的策略，其中包括貝克漢（David Beckham）以及羅納度（Ronaldo）（不過，這種策略在球場上似乎也付出了代價。球隊在令人汗顏的差勁表現之後〔在本書尚在寫作期間〕，改以年紀較輕的球員重新調整出場球員的陣容）。

不過，勝仗集中在有錢球隊的現象並未出現在世界盃的層級。球員球技經過歐洲球隊的磨練，愈來愈多來自貧窮國家的球員也開始具備國際的競爭力。所以最近五回世界盃打進八強賽（quarterfinals）的球隊，平均而言，都有兩隊是以往從來**沒有**打到這麼前面的排名。這些後起之秀的表現不俗：過去五次世界盃八強賽以上的平均淨勝球（goal differential）的進球數一直只有一球，戰後頭五次世界盃的平均值卻有兩球。很顯然的，球員缺乏跨國發展移動力的現象，對球隊表現也造成截然不同的影響。

不過，國家層級逐漸拉平的現象並不表示所有國際間的差異都會就此消失。如果對國際足球聯盟官方排名的決定要素進行深入的統計分析，就會對這個現象有些大略的了解。一般來說，拉丁文化背景的大國名列前茅，氣候溫和以及人均收入高的國家也是（有一定的水準）⑧。

資本以及員工的跨國移動也值得考慮。近年來，英超多家球隊出現許多外資（像是車路士的阿布拉莫維奇〔Roman Abramovitch〕）。不過巴西球隊的外國投資人卻顯然沒有這麼順利。各位不妨想想，達拉斯收購公司 Hicks, Muse, Tate & Furst 公司在一九九九年決定投資巴西的球隊。誠如該公司合夥人所說的，「在巴西很難找到其他很理想的投資標的。如果你把美國職棒、籃球、足球和曲棍球所有球迷加起來，總數比起巴西的足球迷可還差一截。」⑨基於這樣粗略估算，Hicks, Muse, Tate & Furst 公司和巴西聖保羅頂尖球隊哥林多（Corinthians）簽下長達十年的合約，取得球隊的商業控制權，第一年投資的金額就超過六千萬美元。

可惜的是，巴西足球的打法雖然引人入勝，但球隊人事鬥爭和腐敗的情形也不遑多讓。哥林多球隊贏得二〇〇〇年的世界盃冠軍，但成績接著就一落千丈，球迷對於球隊換將、更換球衣顏色以及加碼大打廣告大表不滿。二〇〇三年，Hicks, Muse, Tate & Furst公司和當地合作夥伴發生嚴重爭議（公司指控當地夥伴濫用資金）之後，終於決定退出——另外兩家大約在同一時期投資巴西球隊的外國投資集團也落得同樣的命運。

以上對足球簡短的探討可讓我們對全球化——以及全球策略（本書的焦點）建立哪些了解？

- 足球在全世界的發展和全球化許多經濟指標不謀而合：在第一次世界大戰之前達到高峰，緊接著在第一次和第二次大戰之間逆轉，然後於第二次世界大戰之後復甦，並創下多項紀錄。儘管如此，足球就是無法打動美國這個最大體育市場的事實也提醒我們，儘管創下種種新的紀錄，但全球化許多層面依然發展不均、也不完整。第一章會從足球這個領域的發展進一步衍生，更廣泛探討全球化。

- 足球到目前爲止都沒有辦法打入美國，再度凸顯出各國差異性依然不容忽略的事實。在國際足球聯盟名列前茅的國家還包括一些其他指標，像是拉丁文化的角色、合宜的氣溫，以及經濟發展的門檻水準。世界盃准許球員轉換球隊，但限制球員跨國的移動性，這一點也凸顯出政府以及機構要素的重要性亦是不容忽視，許多外商對英國球隊的投資成果比起對巴西球隊來得亮麗也是如此。這種種要素預示一套各國差異性的思考架構——也就是第二章探討的CAGE架構，強調各國之間在於文化（culture）、政府行政（administrative）、地理（geographic）以及經濟（economic）面的差異性。
- Hicks, Muse, Tate & Furst 公司投資巴西球隊的故事，也凸顯跨國策略評估最常見的偏見：也就是對於「規模主義」（size-ism）的重視；可是這一點卻忽略了各國之間的差異。第三章探討的重點是，怎樣超越對規模和規模經濟的焦點，評估策略行動跨國效應的一般架構—— ADDING 價值計分卡。
- 足球隊採取的策略突顯各種因應各地差異的方法。我在此所說的是AAA（也就是因地制宜〔adaptation〕、整合〔aggregation〕以及套利〔arbitrage〕）策略。許多球隊都致力於凝聚當地定位，也就是**因地制宜**的做法。不過也有些球隊進行跨國**整合**（譬如皇家馬德里的全球銷售策略）。有些貧窮國家的球隊則爲其他較富裕國家的球隊提供人才；這種做法可說是窮球隊對**套利**的協助。另外像是跨國投資以及專門投入要素（足球）的製造，顯然也是套利；巴基斯坦的西亞寇特將近一百年來都是著名的足球製造中心，至今全球產量依然絕大多數出自此地⑩。因地制宜的策略是針對各地差異性加以調適，整合策略是試圖克服差異性，而套利的做法則是利用各地的差異性，這些主題將分別於第四、第五和第六章探討。第七章將加以整合：探討企業在因應差異性（根據不同的條件）時，可以調整、配合這些AAA策略到什麼程度。

- 最後，以上對於足球的說明是以二〇〇六年年底之前的狀況爲主。不過我們不能排除變化的可能性。譬如，國際足球聯盟總裁布萊特（Stepp Blatter）便大力批評，歐洲財力雄厚的球隊主導球壇以及各球隊互換球員的現象，並指稱互換球員的做法簡直和奴役無異⑪。全球化總是會有引發爭議的負面「凶兆」，令人質疑這種發展究竟會停滯還是逆轉。第八章將透過前面幾章闡述的見解，探討各位在面對這類辯論時應該怎樣思考——以及你們公司**現在**可以怎樣做，爲更美好的未來建立一條康莊大道。

總結而言，本書不同之處是從各國差異性爲切入點闡述全球策略。這是爲了協助企業看清這個世界的眞實面貌，而不是理想化，以便在跨國發展時能夠順利創造獲利。要達到這個目標，本書秉持所謂的三R原則：第一，本書具有**可讀性**（readable），全書闡述的理念、結論一致，並於每一章最後獨立單元總結說明，書中更提出無以數計的例子（各位可在我的網站 http://www.ghemawat.org 參考更多額外的例子和討論）。第二，本書和企業決策者**相關性**（relevant），我是基於他們的需求來寫（不過政策官員或其他想要了解跨國事業的讀者，可能也對本書很有興趣），相關討論也是以價值創造以及掌握的現實面爲重。而且，世界各國企業可以根據本身需求，輕易地應用本書闡述的架構——後續的執行工作顯而易見。第三，本書對於各領域研究的說明——像是國際經濟學、產業組織、企業策略以及國際企業——以及和從業人員密切互動方面都極爲**嚴謹**（rigorous）。

I

世界不大同，地球不太平

第一章摘要說明目前這個世界狀況應該屬於「半全球化」的證明：跨國整合的程度普遍都有增加，許多甚至創下新的紀錄，可是要說完整整合還差得遠，而且未來好幾十年都會維持這個情形。這一章會進而說明半全球化爲什麼攸關跨國策略的明確內容——以及如果忽略這一點，績效可能難有起色的原因。

第二章闡述各國國界依然不容忽視的原因，並將這些原因分爲各國之間在文化、政府、地理以及經濟（CAGE）等層面的差異。這套架構通常最適合產業層級，這是因爲各種差異性的重要性在不同的產業各有不同。不過在大多數的產業裡，發源國對於目標國「確實」會有重要的影響——許多較具規模的國家分析架構大都忽略了這一點。

第三章探討的重點是「爲什麼」——如果有的話——在距離依然不容忽視的世界中，企業應該全球化的原因。這一章會以計分卡追蹤價值創造，這一點雖然屬於大家熟知的規模和規模經濟要素，但範疇卻遠遠不止於此。這一章也會說明一系列指導原則和具體的問題清單——以及答案。主要目的在於協助讀者看清事實，了解企業面對各國之間巨大的差異時，應該秉持什麼樣的跨國策略才能創造更大的價值。本書第二部將針對這些策略加以闡述。

1
從$\frac{1}{10}$到半全球化
百分之十的全球化，從來就不是全球化

> 市場全球化即將來臨。跨國的商業世界逐漸進入尾聲。跨國集團也是如此……跨國集團的事業遍布許多國家，在每個國家都以相對較高的成本調整產品與作業流程。全球企業卻一以貫之，在每個地方都以同樣的方式銷售同樣的產品。
>
> ——李維特（Ted Levitt），〈市場全球化〉（The Globalization of Markets），一九八三年

就在李維特大膽預期市場全球化四分之一個世紀之後，市場全球化的熱潮逐漸爲生產全球化的願景所取代①。不過全球化的末世預言還是換湯不換藥，以千軍萬馬之姿橫

掃而來。這樣的遠景之下，各界總把焦點放在全球化之後的整合策略——其中多少帶著「放諸四海皆準」的特性。這也是李維特把全球策略定義爲整合世界之中的因應策略，至今依然橫行無阻的原因②。

我在這裡要跟這位哈佛商學院已故的同事說聲抱歉，這個定義依然過於偏頗，本書會重新定義全球策略，以說明各種策略的可能性。我認爲各國之間的差異之大超越一般大眾的認知。所以，如果假設這個世界會進行完整的全球化整合，所擬定的因應策略往往過於重視國際正常化，以及數量上的擴張。當然，利用各國之間的相似處固然重要，但是因應箇中差異也不容忽視。在近期以及中期，有效的跨國策略會兩者兼顧，也就是我所說的**半全球化**（semiglobalization）。本書主旨在爲讀者加強半全球化世界的策略思考。

本章一開始將說明「半全球化」其實正是當今以及明日世界的寫照。誠如已故的丹尼爾・派翠克・莫尼漢（Daniel Patrick Moynihan）所說，我們每個人都有發表意見的權利，但不能捏造事實——所以本書也會提出數據佐證。接著，我會以當代跨國企業巨擘——可口可樂（Coca-Cola）的案例說明企業策略的影響力。李維特發表那篇文章時，可口可樂正如火如荼地進行他鼓吹的全球化策略。雖然經過一段時間後，問題才逐漸浮現，可是還不到千禧年，可口可樂便已深陷大小麻煩不斷湧現的深淵之中。公司直到最近才又站穩腳步。其他企業也可從可口可樂的經驗中學習，否則就得親身經歷同樣的教訓，才能領悟半全球化的事實。

現在的末世預言？

如果根據國會圖書館的目錄，現在有關「全球化」的著作已經多到了汗牛充棟的地步。在二〇〇〇年到二〇〇四年期間，相關議題的著作多達**五千多本**；但整個一九九〇年代連五百本都不到。其實，在一九九〇年代中期到二〇〇三年期間，這類書籍增長的速度（每十八個月就成長一倍以上），甚至超過熱門的摩爾定律（Moore's Law）！

在這些著作當中，有關全球化的著作對「全球化末世預言」的描述，一直備受各界矚目。這些書通常具備學者所謂末世預言主張的特質：訴諸情感，而不是智慧，仰賴預言和符號學（不管什麼都將其視爲一種預兆），強調「新」人種的崛起以及（或許最重要的）譁眾取寵③。我在寫這本書的時候，地球平坦說是全球化末世預言的核心④；最近我接受電視訪問時，主持人給我的第一個問題——而且問得很認眞——就是爲什麼我還是認爲這個世界是圓的⑤！不過他也提出全球化末世預言的其他遠景——像是距離的消失、歷史的盡頭，或李維特本身的最愛——口味的聚合。在這個領域，有些作者把這種末世預言說視爲一種好事——避免古代分裂人心的部落衝突，或是把同一套主張推銷給全世界每個人的大好機會。其他人則不看好，認爲這樣的發展會導致每個人都吃同樣的速食。不過這些人通常都是基於世界各國幾乎完全國際化的假設（或是預言）。

這就是我大力反對的地方，不過我是基於數據，而不是個人意見。**不管是在國界之內，或是跨國進行，各國大多數經濟活動類型還是相當本土化的**。

好比說，各位不妨問問自己，外國直接投資（foreign direct investment, FDI）總額當中，有多大的比例是和全球固定資本形成（global fixed capital formation）毛額有關？（換句話說，在全世界的資本投資當中，有多少是企業在本國之外進行的投資？）各位可能也聽過「投資沒有國界」這樣的說法。事實上，ＦＤＩ佔整體固定資本投資比率這項數據從開始蒐集以來，三年（二〇〇三年到二〇〇五年）當中，每一年都不到百分之十。換句話說，投資的每一美元資本當中，ＦＤＩ佔的比率連一角都不到。如果考慮到ＦＤ

圖一・一：百分之十的假設

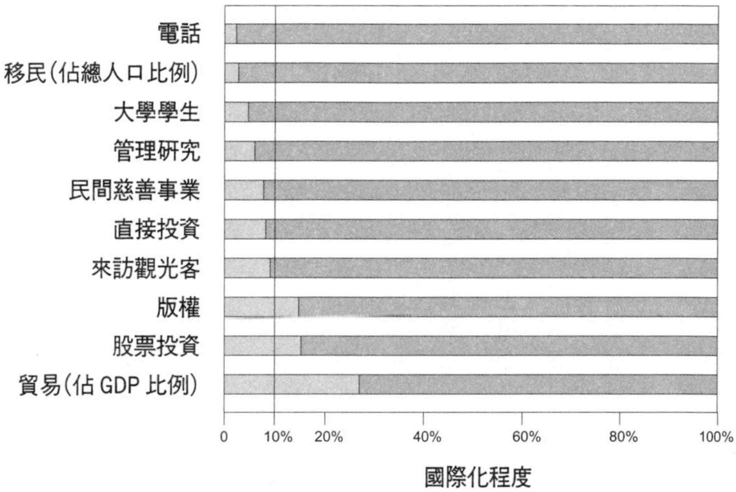

I當中大都是併購案（這類併購案的投資其實不會累積資本支出）的事實，那這個比率會更低。儘管合併熱潮會讓FDI佔固定資本投資淨額比突破百分之十，但這個數字從來沒有達到百分之二十的水準⑥。

FDI並非特例。圖一・一摘要說明十個領域國際化的程度。誠如各位可見，這些層面國際化的程度都在百分之十上下（百分之十剛好也是這十個項目的平均值），而不是百分之百⑦。至於該圖最下方「貿易佔國內生產總值（gross domestic product, GDP）比率」的絕對值，可能是當中最大的例外——可是如果把重複計算的因素納入考慮，其降幅也最大，可能跌到快要百分之二十的水準⑧。所以如果在缺乏具體資訊的情況下，我得對某些活動國際化的程度加以臆測的話，那我會猜大約在百分之十上下，而不是百分之百！我將此稱爲「百分之十的假設」。

雖然是「百分之十的假設」，但我還是主張「半全球化」，而不是「十分之一的全球化」。部分原因在於，百分之十絕對不會成爲任何一種全球性的常數：我猜未來數十年間，圖一・一所列的項目中，國際化的程度大都會增加，並且推動平均值（緩慢）上升。第二，許多層面國際化的程度都創下新的紀錄，國際活動可能會受到相當程度的矚目，甚至超越目前在全體經濟活動當中的比重——這個現象日漸重要，而且逐漸朝著全新的領域發展。第三，相較於其他跨國協調的管道，企業國際化會有相當程度的優勢——以及劣勢——所以企業對於國際化的興趣可能也會超越一般國際化的程度。因此，大規模企業國際化的程度不會只有百分之十：譬如，全球百大非金融企業的行銷業務、資產，以及人員聘用，平均而言有一半都是在海外⑨。另外，許多規模較小的公司也可望提升本身國際化的程度。

所以，我在圖一・一所提的數據（我在發表的學術研究報告中，也會以其他數據更有系統地長篇討論跨國市場的整合），並不是說跨國的議題不值得一提，而是說我們應該從半全球化的觀點觀之⑩。從這個觀點來看，各種有關全球化的末世預言當中，最令人驚訝的是其誇大的程度。

迫在眉睫的末世預言？

另外還有一派末世預言的說法是：這個世界就算今天不是平的，明天也會變成平的⑪。

面對這樣的主張，我們必須著眼於大趨勢，而不是逐步探討整合的程度。研究結果很有意思，有些層面的整合程度多年前就已經達到空前的高點：譬如，長期國際移民佔全球人口比例經過粗略計算之後，我們發現一九○○年（上一個移民高峰時期的分水嶺）的水準比二○○五年還高一些⑫。

另外有些層面雖然創下新紀錄，但這是經過一段相當長的停滯、甚至逆轉之後，直到近年來才發生的現象。譬如，FDI佔GDP比率在第一次世界大戰之前達到高峰，但直到一九九○年代才回到當初的水準。其實，有些經濟學家甚至主張，兩次世界大戰期間國際化**衰退**的程度（FDI充分顯示這個現象），是最近這幾個世紀以來最令人驚訝的變化⑬。

最後，有些層面於第二次世界大戰之後不久就恢復、甚至超越第一次世界大戰之前的整合水準。國際貿易佔GDP的比率就是個最明顯的例子：在一九六〇年代期間，這個數字便超越第一次世界大戰的紀錄，於一九七九年首度達到百分之二十的水準；在接下來的二十五年間，甚至達到百分之二十七。如果按照這樣的成長速度推測，那麼貿易佔GDP比率在二〇三〇年之前，還不會達到百分之三十五。這樣的水準雖然是史無前例，但絕對稱不上是什麼巨大變化⑭。

在做這樣的推論時，各位不妨考慮這波趨勢背後的一些動力，也就是末世預言家對於跨國整合最強調的兩大要素⑮：

- 科技進步，尤其是通訊技術
- 愈來愈多國家對於全球經濟的政策轉變

在此我們要問的是：在這兩大要素的推動下，世界的整合真的迫在眉睫嗎？

通訊技術的日新月異

技術的日新月異似乎是全球化預言家最常宣稱的推動力量[16]。上一個世紀運輸（尤其是通訊技術）進步的程度最引人矚目。譬如，紐約打電話到倫敦三分鐘的通話成本，在一九三〇年是三百五十美元，到了一九九九年卻只要大約四十美分，現在更因爲網路通話技術的進步，逐漸達到零的水準。跟傳統普通的通話服務比起來，許多新型態的連接模式（因爲數位化以及通訊和電腦技術的整合而崛起）進步的速度快上好幾倍，網際網路本身就是其中一個明證。這樣進步的速度讓許多末世預言家大受啓發，在諸多相關書籍當中，凱恩克羅斯（Frances Cairncross）的《距離之死》（*Death of Distance*）算是比較高明的：

> 新的點子加速傳播，而且跨越國界。以往許多資訊都僅侷限於工業國家，就算傳播到其他國家，速度也極爲緩慢；可是現在貧窮國家卻可以立刻取得。以往只有

少數官僚可以把持的資訊，現在全體選民都可以得知。以往只有大型企業集團才能提供的服務，現在小公司也能躋身其中。在這股狂潮之中，通訊技術的革命具有高度的民主性，徹底解放、平衡貧富之間的失衡現象⑰。

凱恩克羅斯的論點確實有值得讚賞之處，科技以及正常化的發展的確促進人們遠距相連、合作。誠如凱恩克羅斯所主張的，某些服務的**執行**和**交付**分處兩地，這樣的分別確實可能十分重要。

儘管如此，如果因此宣稱通訊技術的進步讓「距離」消失，那就純粹是誇大其詞。各位要再想想網際網路本身。網路流量國際化的程度難以精確衡量，特別是因爲國內流量不容易掌握的問題。不過根據我所掌握的估計數字，國際化的程度還不到百分之二十，也就是百分之十的兩倍以內⑱。如果以變化的程度來看，而不是水準，那麼總流量當中國際流量所佔的比重（尤其是跨洲的比例）其實是下降的，箇中有許多因素，像是點對點技術（peer-to-peer, P2P）流量暴增，乃至於美國之外（美國幾乎向來是全世界的國際交換中心，這情形直到近年才改觀）還有許多其他選擇的發展。

企業案例可以更明確的數據清楚說明這個現象。人們常以資訊科技服務為例，說明科技進步怎樣促進全球化的發展。可是這類工作當中，只有百分之二或百分之十一（端視你們看的是整體潛力市場，還是只看近期可以進軍的市場而定）是在海外進行⑲。另外我們也可看看Google這個純粹網路導向的企業，這個案例有助於清楚呈現國界的障礙以及影響力。

該公司號稱支援一百多種語言，部分因為這樣，最近更被評選為頂尖的全球網站。二〇〇六年，Google在俄羅斯（共同創辦人布林〔Sergey Brin〕的祖國）的市佔率卻只有百分之二十八，當地搜尋服務市場的頂尖業者Yandex佔有百分之六十四，Rambler佔有百分之五十三——在俄羅斯網路搜尋服務的廣告市場當中，這兩大當地競爭對手佔了百分之九十一的市佔率⑳。Google的問題一部分反映出語言的複雜度：俄語的名詞有三個性別、六個代名詞變化，動詞非常不規則，而且文字的意思要看前後文或是結尾的方式。此外，當地競爭對手比較適應當地的環境，譬如，雖然缺乏信用卡以及線上付款基礎設施，但當地業者可以配合傳統銀行建立付款機制，以彌補不足。Google的市佔率在二〇〇三年雖然成長一倍，但還是得在俄羅斯成立實體據點，並聘用工程師——這一點也凸顯出，實體地點的重要性依然不減。

Google 在中國飽受網路檢驗制度之苦，這個廣為人知的例子充分說明國界依然不容輕忽的事實：政府對於建立封閉國家網路，以及施行當地法律更加駕輕就熟（網路地理辨識技術不斷進步也有些幫助）。不光是極權國家會以這些方式施展影響力，法國於二〇〇〇年禁止雅虎（Yahoo!）網站上納粹紀念品的拍賣，在許多專家看來，就是奠定法律重要先例的一大成功。美國政府於二〇〇六年禁止線上賭博遊戲的干預行動，對於經濟的影響力可說是至今最大的。

有一本討論網路的書，副書名是《無國界的幻象》（*Illusions of a Borderless World*），其主張：「昔日所謂的全球網路逐漸成為國家網路的組合」㉑，並深入探討這些國界障礙對於網際網路的影響。第二章會以比較宏觀的角度探討跨國經濟活動，並根據文化、政府／政治、地理與經濟（CAGE）距離架構進行分類，以思考各國之間的差異性。

政策的開放

許多國家（尤其是中國、印度，以及前蘇聯國家）對於跨國整合的態度原本冷淡，但在一連串的政策改革下，開始積極參與國際經濟活動——這也是造就跨國整合的第二股重大力量。經濟學家薩許（Jeffrey Sachs）以及華納（Andrew Warner）對於這些政策變化及其影響力的描述，是經過比較精闢的研究（但依舊不脫末世預言的色彩）：

> 在一九七〇到一九九五年這段期間的全球發展歷程——尤其是這過去二十年——各國之間目睹最驚人的經濟整合與機構調和（institutional harmonization）。儘管經濟整合活動在一九七〇年代及一九八〇年代日漸蓬勃，但直到一九八九年共產黨瓦解以來，整合的程度才突然受到各界重視。並在一九九五年崛起的全球經濟體系首執牛耳㉒。

確實，這樣的政策開放有其重要性，可是將此形容成變化的汪洋大海絕對是錯誤的。各位可別忘了，整合的程度還是相當有限。而且人類天性善變，我們建立的政策要逆轉也是快得驚人。所以，法蘭西斯·福山（Francis Fukuyama）在《歷史之終結與最後一人》（*The End of History and the Last Man*）一書中直指，「自由民主以及科技帶動的資本主義應該戰勝其他意識型態」的主張，現在看來格外奇怪㉓。尤其是在二〇〇一年九一一事件之後，杭廷頓（Samuel Huntington）的《文明衝突》（*Clash of Civilizations*）反倒比較有先見之明㉔。

不過即使各位的經濟觀點比較認同薩許以及華納這一派，也應該很快就會發現，開放政策照理來說應該是無法逆轉的，但種種證據顯示事實並非如此。「華盛頓共識」（Washington consensus）原本是友善市場的開放政策，但碰上亞洲貨幣危機之後便節節敗退——譬如一路朝著延燒整個拉丁美洲的新民粹主義（neopopulism）發展——到後來甚至出現「華盛頓共識已亡？」（Is the Washington Consensus Dead?）之類的研究主題。結果，「聚合俱樂部」（convergence club）（其定義是縮小和先進工業化國家在生產力以及結構上的差距）會員國家（拉丁美洲、非洲沿岸國家〔costal Africa〕，以及前蘇聯國家）數量銳減，驚人程度絕對不下於當初入會國家的數量㉕。從多邊會談的層面來看，二〇〇六年夏天多哈（Doha）回合的貿易談判暫停——這個事件更促使《經濟學人》（*The Economist*）在封面以擱淺殘骸的景象，搭配「全球化的未來」（The Future of Globalization）的專文報導——可不是個好預兆㉖。此外，若與上一波在一九九〇年代末期的併購熱潮相比，最近這一波的併購案似乎在更多國家吃到保護主義的閉門羹。

當然，這些風氣在最近幾十年來的變化不只一次，所以未來說不定還會有所改變。本書將在第八章進一步探討這類可能的變化。除了友善全球化發展的政策**可能**逆轉之外，本書更要強調，就在兩次世界大戰期間便有實際的案例發生。尤其是碰到國家主權時，國際經濟不見得能夠進行眞正深層的整合，這點可能性也是我們必須加以考慮的[27]。

儘管推動跨國整合的科技要素不見得會逆轉，我們不能因此認爲政策要素也是如此。對於各國會完全整合的末世預言而言，政策要素的基礎實在站不住腳——根據這種願景擬定的策略就更不用說了！

人們對於全球化的願景深信不疑，無視於實際上只有半全球化的事實，箇中原因實在令人玩味。拉封丹（Jean de la Fontaine）有句名言：「每個人都輕易地相信自己所聽到或所渴望的事物」——至少部分說明了這些原因：擔心這個世界爲跨國企業主導的偏執狂、菁英（「達弗斯人」〔the Davos Men〕之類的人物）自鳴得意的優越感、心中的不安全感、國際主義者天眞的烏托邦主義等等。可是如果繼續花時間探討這個議題，可能會像麥肯（H. L. Mencken）形容參觀動物園一樣：有意思、但沒什麼生產力。所以現在且讓我們看看可口可樂這個驚人的眞實案例，探討企業及其全球策略的影響。

可口可樂的案例

企業即使具備深厚的全球經驗、廣設據點、經營得有聲有色，照樣可能爲全球化的願景所蒙蔽——甚至因此置身險境之中。可口可樂就是一個值得警惕的例子。可口可樂的全球據點之廣可爲全球之冠，而且擁有世界公認最具價值的品牌，海外獲利甚至超過國內市場。可口可樂也是各界公認的全球管理典範；可是從一九九〇年代末期以來，公司卻從雲端跌了下來，至今還在努力恢復之中。現在且讓我們看看，近年來多位執行長管理可口可樂的情形。

背景說明

可口可樂成立於一八八六年，於一九〇二年首度跨出美國市場，進軍古巴——主要對手百事可樂（Pepsi-Cola）就是在這一年成立的。到了一九二九年（又過了五年之後，百事可樂才在加拿大成立第一個海外據點），可口可樂已行銷全世界七十六個國家。第二次世界大戰期間，美國政府規定海外駐軍不受戰爭時期糖配給制度的限制，都可獲得可口可樂的供給。這項政策使得可口可樂在全世界各地成立六十三家裝瓶工廠，大舉擴張全球據點。可口可樂戰後在伍德魯夫（Robert Woodruff）（他是公司於一九二〇年代初期到一九八〇年代初期的領導者）麾下，繼續積極拓展全球市場，誓言在世界每個角落插上公司的旗幟。伍德魯夫對這個野心也坦承不諱：「可口可樂在全世界每個國家都居於領導地位。我覺得我們得在每個地方插上公司的旗幟，即使連基督徒尚未駐足的地區也不例外。繼承這個世界的霸權是可口可樂的宿命。」㉘

不過儘管秉持這樣的勝利主義（triumphalism）（有位智者將此稱爲「可口可樂殖民主義」〔Coca-Colonization〕），可口可樂的策略在這段期間依然是以「複合地區本土化」（multilocal）爲重。各地營運或多或少都是獨立管理，公司這樣做的主要用意是支援一千多家瓶裝業者（這些瓶裝業者聘用的人員，比起可口可樂這艘母艦多出五十倍以上，並肩負可口可樂體系大多數的執行責任）。

古茲維塔：相似之處的運用

古茲維塔（Roberto Goizueta）在一九八一年接掌可口可樂執行長的職務，雖然延續伍德魯夫進軍國際市場的努力，但也積極調整方式。可口可樂在他任內成爲積極全球化的企業**表徵**：古茲維塔認爲其他國家和美國沒什麼不同，唯一重大的差異，在於海外市場的平均滲透水準較低，而可口可樂的策略也充分反映這樣的看法。誠如他在演講中所說的，「現在美國人的冷飲消費量超過任何其他液體（一般的自來水也不例外）。如果我們充分掌握商機，有朝一日（下一個世紀之後不久），我們將會看到海外市場一個接一個掀起同樣的狂潮。」㉙

他深信各國發展大同小異，這樣的信念也促使公司的全球策略更加注重國際成長，並秉持正常化（standardization）追求規模經濟（scale economies）、無國界（statelessness）、無所不在（ubiquity）以及中央化（centralization）：

- **成長的熱潮**：儘管可口可樂在美國銷售量的成長於一九八〇年代中期放緩，但古茲維塔還是堅持歷史使命，並更加重視海外市場的經營以貫徹目標。古茲維塔深信各國發展雷同，所以海外市場似乎也蘊藏著無邊無際的成長商機：譬如，在他擔任執行長的最後一年，美國市場對可口可樂的銷售量平均每人爲三十加侖（美國人口佔全世界人口的百分之五），可是海外市場平均每人的消費量卻只有三點五加侖。成長的空間還眞大！

- **規模經濟**：古茲維塔也深信無限的規模經濟，認爲市場佔有率會逐漸集中在可口可樂手中。他在去世之前曾對麾下瓶裝業者演講表示，「我們已經擁有全世界最熱門的品牌。其實，在五大冷飲品牌當中，我們就掌握了四個……在我看來，這可是個大好的優勢。在貿易壁壘分崩離析的年代當中，我實在想不出來還有什麼公司，會比我們處於更好的成功利基。」[30]當然，這個要素和他深信各國發展歷程雷同的信念絕對脫不了關係。
- **國界的瓦解**：古茲維塔在一九九六年宣示，「**國際**與**國內**的標籤雖然過去可以適切描述我們的商業結構，但已經不再適用。現在，我們公司已經成爲不折不扣的**全球企業**，只是剛好將總部設在美國而已。」[31]他也說到做到，將美國的公司組織正式納入以前的國際布局之中——不過事實上美國還是獨立運作。他會這樣做其實不難理解，由於他深信各國之間存在著高度的相似性，美國如果獨立於國際營運之外，根本就是重複的組織，而且可能造成功能不彰——形成各自爲政之類沒有必要的問題。

- **無所不在**：古茲維塔接掌公司執行長的職位時，可口可樂的營銷據點已經遍布一百六十個國家；當他離開公司時，這個數字更達到兩百個。其中一部分的拓展計畫（譬如在柏林圍牆瓦解時，決定進軍東歐市場）確實有其道理。可是有些市場的進軍計畫，卻似乎缺乏市場分析，只是憑著一股信心作爲支撐。譬如，可口可樂在蘇聯自阿富汗撤軍之後（當時情勢還相當動亂），在一九九一年搶在百事可樂之前重返阿富汗市場[32]。
- **中央化與正常化**：古茲維塔在追求這些目標的同時，也積極進行規模空前的中央化與正常化。除了各單位的整合之外，他並將區域組織的總部設於亞特蘭大（Atlanta）。消費者研究、創意服務、電視廣告，以及大多數的促銷工作，都歸於可口可樂內部廣告單位尖端創意（Edge Creative）監督，希望藉此將這些行銷活動正常化——並進一步增加總部的人力。除此之外，可口可樂也整合瓶裝業者。以往這些瓶裝配合廠商大都是獨立經營，但現在公司將業務分配給所謂的「主要業者」（anchor bottlers），這些業者的營運據點通常不只一個國家，而且可口可樂也可藉此握有百分之二十到百分之四十九的股權，所以可以更加深入參與國際決策。

他這樣重視中央化與正常化，所擬定的策略顯然偏向於「放諸四海皆準」的原則，在當時幾乎沒有人提出任何異議。可口可樂在一九九五年以及一九九六年，分別獲得《財星雜誌》（*Fortune*）評選爲全美最受景仰的企業，一九九七年也很有希望再度上榜。其實從客觀的角度來看，可口可樂在古茲維塔執掌的十六年中，市值從四十億美元增長到一千四百億美元，績效固然亮麗，可是反映的主要是可口可樂基本面的強勢，以及古茲維塔的玩弄手法（他在即將卸任之前積極收購和出售瓶裝公司，就是一種會計花招），並非因爲這種「放諸四海皆準」的策略確實健全。他的繼任者面臨許多苦難，由此看來，這套策略的正面評價實在言過其實。

艾維斯特：蕭規曹隨

古茲維塔在一九九七年突然去世，當時的財務長艾維斯特（Douglas Ivester）立刻繼任。可口可樂收購瓶裝業者之後轉手賣給旗下事業，並將買賣差價登錄爲營業收入；這種會計手法有助於掩飾獲利來源過於集中的壓力——這位財務長就是幕後操盤手。艾維斯特也認同古茲維塔的看法，認爲全球市場具有無窮無盡的成長願景——他上台之後，第一封致股東公開信標題就是〈襁褓中的企業〉（A Business in Its Infancy），文中更有一段小標是「十億瓶（可口可樂每天的供應量）爲什麼只是一個開端？看看另外的四百七十億瓶」㉝。艾維斯特也堅守古茲維塔全球策略的其他元素：有位記者曾問可口可樂會不會調整經營方針，他的回覆是，「不會左轉，也不會右轉」。

不過艾維斯特蕭規曹隨的策略很快就面臨挑戰，許多障礙都是跟市場需求有關。幾乎就在他接掌執行長大位的同時，全球經濟開始陷入不景氣，巴西與日本——可口可樂的兩大海外市場——經濟狀況更是急轉直下。亞洲貨幣危機在一九九八年燒得如野火燎原。到了一九九九年，他們在俄國的產能利用率只剩下百分之五十㉞。股票分析師以往因爲可口可樂全球廣設據點（presence）而一路看好，現在卻因爲同樣的理由——可口可樂在全球的「曝險」（exposure）——而唱衰。

艾維斯特認爲成長未如預期只是短期的挫敗，雖然下調盈餘成長目標值，但硬是不肯調降古茲維塔時代就已設定並達成的產量成長目標——百分之七到百分之八。不過到了一九九九年年底，可口可樂的股價就因爲這種種問題（像是和各國政府〔尤其是歐洲〕以及瓶裝業者的關係惡化），而大幅縮水，公司股票市值從昔日高點狂瀉大約**七百億美元**。後來可口可樂（在公司總部的主導之下）有意收購 Orangina 以及 Cadbury Schweppes，但卻踢到歐盟官員的鐵板，加上公司沒有在第一時間處理法國與比利時市場產品受到污染的問題，更令情勢雪上加霜的是，許多瓶裝業者也開始覺得可口可樂過於強勢。許多地區的瓶裝業者獲利都面臨壓力，而可口可樂在成長率受到壓力時企圖阻塞通路，更讓他們憤恨不平。艾維斯特爲了維繫業績，企圖調漲售價百分之七點六，更是壓垮駱駝的最後一根稻草。他們於是要求可口可樂的董事會（他們向來擁有私下直通董事會的管道）開除艾維斯特，董事會在龐大的壓力下也確實照辦。

達夫特：接受差異性

可口可樂主管中東以及遠東地區事務的達夫特（Douglas Daft）繼艾維斯特之後，執掌公司大權。達夫特深信，公司必須將決策權下放給各地執行主管，才能贏得全球市場。誠如他在二〇〇〇年一月所說，「沒有人會喝全球性的飲料。當地人口渴的話，會到零售商店買一瓶當地生產的可樂。」㉟二〇〇〇年三月，他更在一篇名爲〈當地思維，當地行動〉（Think Local, Act Local）的文章中進一步解釋：

> 這個世紀逐漸進入尾聲之際，這個世界已出現新的風貌，我們卻沒有跟著調整，這個世界需要的是更大的彈性與回應能力，以及對當地市場的敏感度，可是我們卻更進一步施行中央集權以及正常化作業，和「複合地區本土化」（multilocal）這樣的傳統策略愈行愈遠……如果各地同事開發出適合當地市場的點子或策略，也符合公司基本價值觀、政策，以及對誠實和品質的標準，他們就有權放手去做，而且也有責任確實實現這樣的願景。㊱

這可不光是讓當地人覺得開心的空談。達夫特驟然逆轉可口可樂的管理方式。他下令裁員六千名——大多數是在亞特蘭大總部的員工，並且積極進行組織再造等措施，將決策權下放給各地主管。他宣布公司不會再推出全球性的廣告——這個消息應該才是最令人驚訝的，並導致公司頂尖行銷人才紛紛出走。公司將廣告預算以及創意活動的掌控權交給各地執行主管，他們固然因此欣喜不已，但卻沒有做好準備，結果對品質造成的打擊，比公司當初追求規模經濟時還要嚴重。媒體出現各式各樣各地設計的廣告，有的是在海灘上裸奔（這是義大利的廣告），有的則是坐在輪椅上的祖母因爲孫女沒有拿出可口可樂，憤而離開家族聚會的情形（這是美國當地的廣告）。新的雨傘主題也很短命：「喜愛篇」（Enjoy）只維持了十五個月，「生命滋味美好」（Life Tastes Good）的廣告更只有五個月（相對於「永遠的可口可樂」〔Always〕這個廣告從一九九三年一直播到二〇〇〇年）。

在這樣連番打擊之下，也難怪可口可樂的銷售量成長率一直停滯不前。二〇〇〇年以及二〇〇一年成長率平均只有百分之三點八，相對於一九九八年以及一九九九年在艾維斯特領導之下的百分之五點二。

對於向來重視成長的公司而言，這樣的情形絕對是不被允許的。《華爾街日報》（*Wall Street Journal*）於二〇〇二年三月報導指出，「『當地思維，當地行動』的口號已經成爲過去式，亞特蘭大恢復對市場的監督」。亞特蘭大一百多位行銷專才經過重新整頓之後，成爲全球行銷單位的最高決策單位，爲核心品牌以及代理商合作等事務擬定策略，培養行銷人才，並協助各地市場分享最佳實務。不過人員聘用和整合所需的時間遠遠超過人員的開革，所以公司總部重建這些單位的進度並不如理想。而且，各地廣告各自爲政的情形還是沒有改變。結果，可口可樂的銷售量成長率在二〇〇二到二〇〇三年期間，只恢復到百分之四點七，遠低於長期目標百分之五到百分之六（達夫特在二〇〇一年已經調降過這個目標水準），公司股價也沒有起色。二〇〇四年二月，可口可樂宣布達夫特退休的消息。

伊斯岱爾：對於相似以及相異之處的管理

可口可樂在公司內外尋覓接替達夫特的繼任人選，最後決定由已經退休的執行主管伊斯岱爾（E. Neville Isdell）在二〇〇四年五月正式上任。可口可樂在他的領導之下，表現還有待觀察，但他曾經說過，公司在上一任執行長管理之下「鐘擺盪得太遠」。而他在上任之後頭兩年的舉措，也頗爲符合這番論點。伊斯岱爾積極重建公司總部的各項功能，並將行銷元素回歸中央管理，尤以規模更大、更強調全球性的廣告主題爲重，徹底摒除達夫特極端的本土化措施。他雖然排斥本土化政策，但古茲維塔與艾維斯特強調極端正常化的「放諸四海皆準」的措施**並未**因此死灰復燃：

- 由於伊斯岱爾將長期銷售量成長目標調降到百分之三到百分之四，讓公司的**成長熱潮**降溫。股票分析師再也不相信達夫特百分之五到百分之六的目標可行，所以對此舉的反應都很正面。
- 可口可樂再也不以**規模經濟**，以及銷售少數幾個既定蘇打品牌爲焦點，轉而擁抱創新（尤其是非碳酸飲料的產品）。
- **無國界**的思維遭到淘汰。伊斯岱爾在二〇〇六年年初，恢復十年前古茲維塔撤銷的一個職務：那就是主管北美區域之外所有國際營運的職位。他這樣做的用意，不光是改善海外協調工作的可能性，同時也是務實體認到國內市場獨特的挑戰和特質。以往人們以為像可口可樂這樣全球性的企業，國內市場與海外市場之間並無明顯的差異可言；但伊斯岱爾此舉徹底顛覆了這樣的看法。

- **無所不在**的觀點已經過時，但伊斯岱爾強調「觀察公司利潤最高的領域，並積極拓展這方面的產品」，確實顯示公司對於資源配置方面的決策更為細膩。
- 調和**中央化與正常化**的做法。相較於古茲維塔與艾維斯特時代，區域性主管擁有更高的權限，而可口可樂對於國家層級的策略現在也比較多樣化。尤其是在中國與印度，可口可樂採用當地的原料、調整瓶裝廠的運作，並對物流與經銷進行升級（尤其是鄉村地區），從而得以調降售價和成本。誠如各位所見，可口可樂現在的策略比較強調多樣性。

最後一點還有待進一步的討論。可口可樂總部在過去幾年中似乎已經領悟到，**一招半式闖江湖的做法似乎不太行得通**。

其實早在達夫特時代就已經體認到這一點：「我**不是**說，每個市場都會跟北美或澳洲市場如出一轍。在可口可樂最有發展潛力的市場中，消費者的需求發展可能會和我們既有的市場不一樣（甚至可能存有**極大的**差異）。」[37]

可惜的是，達夫特以百花齊放的政策來回應這樣的市場趨勢。可是這種策略既然讓人質疑，爲什麼還要讓整體凌駕於個體之上。如果各國之間的相似處並沒有意義可言，那麼當初各地市場爲什麼又要在同一家公司之下運作？

相對而言，在伊斯岱爾的領導下，可口可樂重新思考怎樣和其他業者競爭之道（而且留有跨國加值的空間）。只要某個市場的點子能夠順利運作，公司會積極發揮其最大力量。最明顯的例子就是，可口可樂根據日本的經營心得（請參考「可口可樂在日本」〔Coke in Japan〕的說明），思考怎樣降低其他市場對可樂這項產品的依賴。對於肥胖已經成爲一大隱憂的美國而言，這點尤其重要；中國也是如此，因爲當地消費者本來就排斥可樂，加上厭惡暗色的飲料，更是難以討好。公司同時重新聚焦於全球化非可樂的品牌，而不是單純將它們視爲本土化的附加產品。

整體而言，可口可樂在伊斯岱爾的任期內，所採取的策略都是爲了尋求更新、更好的方式，以便在海外競爭，而不是單單在古茲維塔與艾維斯特極端中央化和正常化，以及達夫特極端去中央化與本土化之間，尋求妥協——如果這樣做，說不定連公司的績效

可口可樂在日本

可口可樂在日本市場的主導地位，可以回溯到美國於第二次世界大戰之後佔領這個國家說起，當時美軍部隊駐紮在當地，使得可口可樂在日本享有頂尖的市場佔有率——日本市場成爲公司在海外獲利最大的主要市場，獲利比亞洲與中東其他國家的總合還要高。但這樣的主導地位並非因爲日本人愛喝可樂。事實上，可口可樂在當地銷售的產品當中，可樂只佔了一小部分。可口可樂在日本市場的主要營收和利潤來自銷售罐裝咖啡，以及兩百種其他的提神飲料，像是「眞金」（Real Gold）（宿醉的提神飲料）以及「愛體」（Love Body）（這是一種茶飲，有些人認爲有豐胸的功能）。可口可樂在日本市場的產品之豐富，反映出日本人對可樂的胃口有限，所以公司必須推出各種產品塡滿自動販賣機。而且爲了引領潮流，可口可樂每年在該地市場推出多達一百種的新產品。公司總部未必認同這樣的多樣性，事實上，可口可樂在日本的頂尖產品——喬治亞咖啡，就是瓶裝業者不顧總部的反對開發出來的，並以這個名字諷刺總部對他們的協助。然而，日本市場的利潤十分豐厚，可口可樂也就睜一隻眼閉一隻眼。

結果，日本可口可樂培養出自行開發產品的能力，而且有能力處理更多「規模比較小的」品牌。在伊斯岱爾的管理下，可口可樂瓦解他們在日本發展出來的「完全飲料公司」（Total Beverage Company）模型，並想辦法在其他地區降低對可樂的仰賴。

也會受到打擊。這套新策略的表現還有待觀察，但至少可口可樂已經擺脫在這兩種極端之間搖擺不定的困境。可口可樂找出新的方法，既不會忽略各國之間的差異性，也不會完全倒向本土化——可說是已經體認到「半全球化」的事實。

可樂之外

現在我們可以從可口可樂的案例進一步延伸。這一節一開始先探討，其他企業爲什麼也可能像可口可樂這樣，在古茲維塔與艾維斯特領導下，執迷於「放諸四海皆準」的策略。接著從達夫特領導之下偏向本土化的發展，探討爲什麼這類策略可能讓公司更加疲弱不振，而不是迅速恢復元氣。最後，我將以伊斯岱爾的策略進一步探討跨國競爭的第三個策略——這絕對不是在「放諸四海皆準」的全球化，以及狹隘的本土化之間，尋求折衷之道。

普遍的偏向

可口可樂的案例雖然精彩，但絕對不是特例。像他們這樣過度擴張以及過度退縮的例子比比皆是。伏得風（Vodafone）在瞬息萬變的環境中，雖然也曾在極端之中搖擺不定，但週期卻要短得多。公司除了在發源地歐洲之外，也在日本與美國大舉建立據點，但各地區的手機規格標準不同，卻使得他們追求規模經濟的努力落空。戴姆勒克萊斯勒（DaimlerChrysler）合併十年之後，分道揚鑣的傳言不斷，不論最後結果如何，當初合併時希望達到的成果顯然並未達成。

我們可從比較宏觀的角度，來觀察可口可樂在古茲維塔與艾維斯特管理時期的挫敗，從相關傾向的背景環境中探討這些案例，從而認眞看待各國之間的差異性。

- **成長的熱潮**：即使像可口可樂這樣國際性的公司，國內市場的滲透率平均還是將近國外市場的**十倍**。對於大多數企業而言，國內外市場滲透率的差異會更爲驚人！如果基於無國界的架構來看國內外市場滲透率的差異，很顯然可能會將外國市場的成長熱潮也納入其中（尤其是大多數企業在國內市場飽和之後，通常會跨界發展）。更糟糕的是，這類偏向在顧問的運用下，可能會更爲嚴重（譬如對這類交易有興趣的投資銀行家）[38]。我在寫這本書的時候，看過一份由某大策略顧問公司製作的投影片，把「全球策略稽核」（global strategy audit）相關服務和格式化的世界混爲一談。在北極的投影片上，他們用的標題正好凸顯出這類稽核的終極目標——**成長**。
- **規模經濟**：可口可樂執著於追求規模經濟，這純粹是忽略各國差異性的合理後果，並未發揮什麼神奇效果。誠如寇格特（Bruce Kogut）很久以前就說過的，要是沒有這些差異性，那麼「當我們從國內市場轉戰國際市場時，差異之處……只在於這個世界範圍比較廣，所以所有相關於營運規模的經濟面都會受到影響」㊴。文中確實似乎有些對規模經濟，以及集中度日益升高的執著，所以，我跟法瑞柏茲·嘉達（Fariborz Ghadar）針對企業主管進行的意見調查顯示，四分之三以上的受訪者都認爲，跨國整合的程度愈高，賣方集中度也會跟著增加——不過在這十八個全球或正在全球化的產業當中，我們蒐集到的數據，平均而言**並未**出現這樣的現象㊵。只不過在我們蒐集的數據樣本當中，冷飲業集中度增加的幅度剛好最大。

由此可知，業界對規模經濟的信心如果換了背景環境，可能就不適用。

- **無國界**：可口可樂在古茲維塔的領導下，宣稱公司並無總部可言——很少有公司會像他們那麼極端。然而，很多主管似乎相信，眞正全球性的企業應該致力於追求這樣無國界的境界。不過如果這樣想，他們很可能會大感失望，因爲外國企業似乎怎樣都無法擺脫本身的外國色彩（第二章對於外國色彩的負擔會有更詳盡的說明）。對於可口可樂這類具有美國象徵地位的企業而言，在仇視美國的地區尤其如此。但即使在國際舞台上比較低調的國家，企業同樣可能面臨這樣的問題：譬如在丹麥某大報社刊登有辱先知穆罕默德的漫畫之後，丹麥的產品在中東就遭到抵制。

- **無所不在：**很少有企業能夠做到像可口可樂這樣無所不在的地步，可是許多卻因此而感到不安——而且同樣也認爲得在世界上的每個角落競爭，才稱得上眞正的全球企業。加上「典型」跨國企業經營的國家數目遭到誇大，想當然耳，也隨之加深人們對於無國界世界的遐想。其實美國跨國企業通常只在一、兩個外國市場經營，企業如果只有一個外國據點，百分之六十的機率很可能是在加拿大㊶；所以受訪主管得知這點之後，似乎都很驚訝。而且，企業主管在這方面得到的建議很可能也是錯誤的：先前介紹的「全球策略稽核」中，頂尖的顧問公司把全球擴張的議題設定爲**何時**、而不是**何地**的問題。
- **中央化與正常化：**最後，如果各位（身爲企業領導者的你們）深信國界並不重要，那很可能會基於各式各樣的理由——從規模經濟乃至於難以掌握外國狀況等等——以國內市場同一套方式轉戰國際市場。加上本國市場的成功企業到了國外，往往依然執著於母國的商業模式，所以很可能過度強調各國之間的相似處。可口可樂一九六〇年代初期的品牌只有少數幾個，但在市場反應的壓力下，一直增加到現在的四百多個，而且儘管先前介紹過獲利最豐厚的主要外國市場——日本的偏好，但在古茲維塔與艾維斯特的管理下，可口可樂還是強調中央化與正常化。

所以，可口可樂在某些層面確實具有某種程度的獨特性，儘管如此，其他比較「典型」的企業同樣也可能傾向採取「放諸四海皆準」的策略。有些公司甚至可能在龐大的壓力下才這麼做！

災難性的後果

各位還記得，可口可樂在古茲維塔與艾維斯特的管理下，過度偏向「放諸四海皆準」的策略，可是在達夫特擔任執行長的頭兩年，這個鐘擺又盪得太遠。換句話說，可口可樂不但花了時間開發策略、還找出箇中問題和解決方案，可是他們找出的解藥卻往往反應過度。

他們會這樣反應過度，一部分原因出在情緒上的反應。如果你因爲過度執著全球化而受傷，「全球主義鬼話」（globaloney）——克萊兒・布茲・魯斯（Clare Booth Luce）五十幾年前對威克（Wendell Wilkie）宣稱「單一世界」遠景的反駁——雖然不理性，但卻可能是自然的反應。

另外一個原因在政治面。革命之後，人們大都會怎麼樣？答案是翻舊帳。在農民拿著長柄叉推翻政府時——達夫特時期的可口可樂就是如此——即使地方或區域性的替代方案還沒有成形，總部的各種功能還是很可能因此而瓦解。

基於以上這種種原因，許多企業一開始盲目投入全球正常化，後來又突然轉向發展本土化策略，都會因此受傷不輕。另外，有些公司則決定解甲歸田，放棄**所有**國際營運業務。這是爲什麼？其中一個原因出在，他們不像可口可樂享有龐大的跨國優勢。我們已經談過一部分的優勢：全球最有價值的品牌、主要產品大都正常化，以及產品經過整合。另外一個優勢在於，海外市場的獲利比國內還高，公司在各地據點分布廣泛、平衡——在財星五百大企業當中，大約只有十二家在北美、歐洲或亞太這三角區域當中任何一區的營收，佔總營收超過百分之二十，可口可樂就是其中之一——加上他們擁有強大的瓶裝業者網絡，多少對正常化的傾向形成牽制。

一般企業如果沒有這些保護或優勢，貿然跨國經營會造成更嚴重的錯誤——而且更難以恢復元氣。請針對「貴公司的全球化信念診斷表」（Your Company's Beliefs About Globalization: A Diagnostic）中的問題，評估可能犯下這些錯誤的機率。

貴公司的全球化信念診斷表

下列描述之中，你們公司對於全球化與全球策略的信念符合哪一項？請在適當的方格中打勾。

	是	否
一、全球化的發展會引導世界（幾乎）完全地跨國界整合。	□	□
二、全球拓展是當務之急，而不是有待評估的選擇方案。	□	□
三、全球化會創造幾乎無窮盡的成長契機。	□	□
四、全球化通常會讓產業變得更爲集中。	□	□
五、眞正的全球企業並沒有公司總部。	□	□
六、眞正的全球企業應該專注於在「幾乎」世界的每個角落競爭。	□	□
七、全球策略的重點在於利用各國之間的相似之處。	□	□

計分：回答「是」的答案，就得一分，把分數加總起來。我們可根據美國國土安全部以顏色區分威脅程度的做法，簡化對總分的解讀。〇或一分表示全球狂熱(globalmania)的威脅低（綠色）；二到四分表示升高（黃色）；五到七分表示威脅嚴重（紅色）。本書將在各章中進一步探討以上這幾項信念，以說明評分的含義：

- 第一項信念：本章一開始就已提及，第二章將進行更深入的探討。
- 第二項信念：將在第三章更深入討論並提出對策。
- 第三到第七項信念：本章在探討可口可樂的全球策略時便依序探討過，第二章與第三章將會進一步討論。

口號與解藥

要想避免上述偏頗的看法和災難已經夠難的了，加上許多令人混淆的空泛言論，使得這樣的挑戰更為艱巨。環境保護運動的口號就是個鮮明的例子。「**全球思維，在地行動**」

（Think global, act local）這個口號其實沒有什麼特殊的意義，但各人各有不同的解讀。所以，古茲維塔進一步引伸，藉此描述他爲可口可樂採取的極端正常化和中央化策略，尤其是在行銷方面。不過 Bain & Company 董事長蓋狄胥（Orit Gadiesh）則以「全球思維，地方行銷」（Think Globally, Market Locally），鼓勵品牌經理人「本土化、本土化、本土化」——和古茲維塔的策略正好相反㊷。所以「全球思維，在地行動」的口號有個很大的問題，人們將其應用在最本土化乃至於最正常化的策略，到頭來根本沒有具體的內容可言。

「全球思維，在地行動」的口號，以「當地客製化」與「全球正常化」兩大極端之間的平衡，爲全球策略挑戰的前提，也是一大問題。因爲這只能視爲兩個極端的特例——紓解跨國複雜度以及應用單純的單一國家策略——並不能適用於整體策略之中。如果各國市場眞的涇渭分明，那麼企業在各國都應採取單一國家的策略；如果各國市場確實徹底整合，形同一個龐大的國家，那麼單一國家策略應該也夠了。所以如果認眞看待跨國之間的複雜度，這並不是擬定策略最理想的參考點。

圖一．二以比較正面的角度重新強調這個重點——跨國整合進行到中階程度時，企

圖一・二：全球策略的明確內容

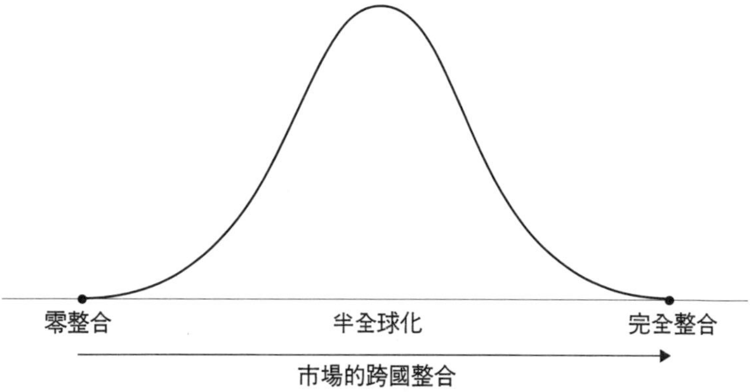

業在半全球化的世界裡，才有機會設計出有別於單一國家策略的全球策略。換句話說，本章第一部分對半全球化發展進行的實證分析，重要性在當時可能爲人所忽略。半全球化是眞正促進全球策略開發的力量。

這個機會雖然吸引人，但並不容易掌握。本書將循序漸進地探討，一開始先打好新的地基。所以本章（探討國界相關的議題）之後，我將說明了解**爲什麼**國界依然如此重要，箇中原因才是發展跨國經濟活動的前提。不過有些讀者抱持質疑的態度，可能覺得書中論點依然過於抽象；爲了扭轉他們的想法（同時也是因爲我自己也批評過「全球思維，在地行動」的口號過於模糊）——我在各章提出以下這些具體的建議：

- 從各國的差異性（文化、行政、地理以及經濟）中找出攸關你們產業的層面，並從當中找出差異之處：根據重要層面和母國相近與否的前提對外國市場進行分類。這是第二章的主題。
- 確實分析規模或範疇報酬率遞增，而不是單純的假設——或假設沒有這一回事——而且要超越對數量、成長，以及規模經濟的追求，探討所有經濟價值的元素，以評估跨國營運的替代方案。這是第三章的主題。
- 進一步延伸因應各國差異的對策，而不是侷限於國內的商業模式——並考慮怎樣從這些差異性中創造利益，而不是將此視爲價值創造的限制。第四章到第八章將對這些目標逐一闡釋，藉此激發讀者對於跨國競爭的創意思維。

結論

「全球概論」這個小方框總結本章的論點。現在各位讀者應該很淸楚，爲什麼半全球化不光是這個世界現狀的「折衷」之道。其實，這也攸關企業開創有別於單一國家策略的全球策略。

全球概論

- 這個世界的眞實狀態是**半全球化**。
- 這個世界在未來的數十年間依然是半全球化。
- 半全球化的觀點可讓企業避免在全球化的末世預言——成長熱潮、追求規模經濟、無國界、無所不在以及放諸四海皆準——之下做出各種決策。
- 半全球化讓企業有空間可以擬定跨國策略，內容和單一國家策略有別。

本章最後將重心從半全球化出發，進一步闡述認眞看待半全球化的重要性。尤其値得注意的是，半全球化牽涉到本土化和跨國互動（各國之間的障礙和橋梁）的整合考量，而不是單單聚焦於其中任何一項。換句話說，企業應該體認到這個世界處於「單一（孤立）國家」和「一個（整合）世界」之間的事實，不能單純根據各國情況**或**「放諸四海皆準」的基礎擬定策略，才是認真看待半全球化的現況。要做到這點並不容易，但會有其好處，像是策略發展的可能性更爲豐富，而不是侷限於零整合或是徹底整合這兩個極端之中。半全球化的發展既可解放桎梏，同時也充滿了挑戰。

2 四種最遠的距離

文化距離、政府行政距離、地理距離、經濟距離

世界一家，在外漂泊的人才是異鄉人。

——史蒂文生（Robert Louis Stevenson），

《銀礦小徑破落户》（*The Silverado Squatters*），一八八三年

第一章強調世界各國之間的國界依然有其影響力，半全球化才是這個世界的眞相。本章將會進一步探討箇中原因。其中比較明顯的答案在於各國重大差異性的出現，另外一個比較細膩的考量則在怎樣看待這些差異性。本章不會以絕對的觀點來看待各國的異同之處，而是容許相當程度的差異。我會以各國在文化、政府／行政、地理與經濟（Cultural, Administrative/political, Geographic and Economic, CAGE）層面建立ＣＡＧＥ架構模型，從中找出特定背景的主要差異，並根據主要層面距離遠近爲國家進行分類，進一步探究其中差異。

本章一開始以Google以及威名百貨（Wal-Mart）的案例，說明ＣＡＧＥ距離架構的影響力。接著循序漸進地摘要說明各個層面的距離依然有其影響力。然後會以ＣＡＧＥ架構，進一步探討各國之間的差異，並從美國的角度來分析中國和印度的發展。本章接著會說明產業特質對於各國在各層面的差異性有何影響，說明ＣＡＧＥ架構通常適用於某些特定產業，而不是跨產業的層級。本章最後將介紹幾個相關應用。本書第二部分有關具體策略層級以及全球策略的探討之中，還會再提到ＣＡＧＥ架構。

距離的雙重麻煩

第一章提到Google在俄羅斯和中國面臨種種困境，這些例子凸顯出ＣＡＧＥ距離架構各項要素的重要性：

- **文化距離**：Google 在俄羅斯最大的問題似乎出在語言相對較爲困難上頭。
- **政府行政距離**：Google 因應中國政府網路審查制度（censorship）面臨的困境，反映出政府行政以及政治架構方面，中國與其母國（美國）之間的差異。
- **地理距離**：儘管 Google 的產品可以數位化，但要遠端調適俄國市場卻有其困難，因此不得不在當地設立據點。
- **經濟距離**：俄羅斯付款基礎設施開發的程度不足，令 Google 在與當地對手競爭時面臨更大的障礙。

第二個案例是銷售業績全世界居冠的企業——威名百貨，他們雖然向外拓展得十分順利，但卻碰到許多各國差異性的問題。威名百貨近年來頻頻出現勞資問題，以及被一些不屬於市場的問題困擾，但在母國（美國）的組織卻很精簡，根據美國普查局（U.S. Census Bureau）數據，二〇〇五年其二千四百億美元的營收佔非零售銷售的比例將近**百分之十**。威名百貨的國際營收數字比國內少得多，只有六百億美元，但成長速度以及金額卻遠勝任何其他國際零售業者。可是和國內市場比起來，威名百貨國際營運的獲利能力卻要低得多。這是爲什麼？

箇中原因雖然很多，但在本章中，我將焦點放在威名百貨忽略廣義的**距離**差異。多年前有人問過威名百貨執行長史考特（Lee Scott）公司的國際願景。他回答說：「當我們跨出阿肯色州，進軍阿拉巴馬等地區（距離阿肯色不過六百英里）時，就有很多人唱衰。那時候我們甚至聘有專人處理阿肯色與阿拉巴馬州之間文化上的差異。後來當公司進軍紐澤西或紐約時，更有人說當地人不會接受我們的風格。」①

他的言下之意十分明顯：**儘管各方質疑，我們的商業模式在母國照樣執行得有聲有色，所以在海外市場應該也可以通行無阻**。結果可想而知：威名百貨把美國的基本商業模式移植到海外，在與美國相似程度較高的國家，表現會比差異性較大的國家來得好。

請看看威名百貨二〇〇四年主要國際市場的獲利能力。根據圖二・一的估計數據，該年九個國家中只有四個有會計獲利：墨西哥、加拿大、英國和波多黎各②。更有意思的是，這些獲利國家跟美國在文化、政治、地理以及經濟層面通常都有相似之處，至於沒有獲利的國家則差異很大。

圖二・一：威名百貨二〇〇四年國際營運毛利的各國比較（估計值）

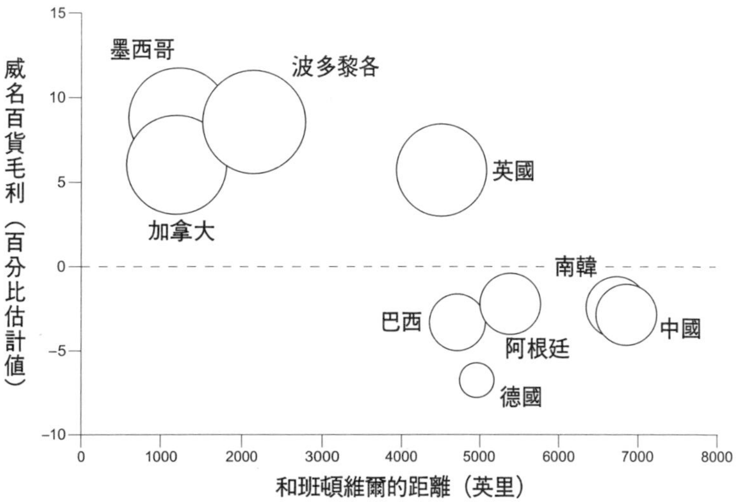

- 在獲利國家當中，加拿大與英國這兩個市場和美國的**語言相通**，至於其他沒有獲利的國家則沒有任何一個跟美國採用同樣的語言；而這三個國家更有**殖民地的關係**。
- 不同於其他沒有獲利的國家，獲利國家當中的加拿大與墨西哥這兩個市場和美國都存有區域性**自由貿易協定**——也就是北美自由貿易協定(North American Free Trade Agreement, NAFTA)，其他沒有獲利的國家中，沒有一個和美國簽訂這類條約。威名百貨所列的第三個獲利「國家」——波多黎各是美國正式的**未**

建制領地（unincorporated territory）。

- 這四個獲利國家中，每一個的首都在**地理位置**上都比另外五個不獲利國家的首都，**更接近**威名百貨位於阿肯色州班頓維爾（Bentonville）的總部（國際以及集團總部），而且，加拿大與墨西哥的**國界**都與美國**接壤**。
- **經濟面的差異性**似乎也很重要：雖然缺乏相關數據佐證，但威名百貨在比較貧窮的國家經營好像比較困難。

前面以這兩個案例說明距離對公司績效的牽制，我還要補充一句，距離未必不好。譬如，威名百貨從中國採購低成本的商品，節省的成本比公司從整個國際分店網絡賺到的還要多（這也就是利用經濟距離的優勢）。第六章將會深入討論這個例子，以及比較廣泛的套利策略（也就是利用距離的優勢，而不是將距離視爲需要適應或克服的限制）。到目前爲止的討論重點在於，我們**必須**認眞看待「距離」這項議題。

認眞看待距離的重要性

這番有關距離依然重要的主張，源自於一套有系統的數據。相關證明很可能極爲龐雜，就跟許多有關地理影響力的文獻一樣。不過這類文獻當中，許多都是以地點極爲鄰近（有些根本就是在同樣的地點——也就是有關於群聚經濟〔agglomeration economies〕的文獻）爲焦點。這個研究路線固然凸顯出地點的重要性，但才剛開始探索地點差異二分法之外的領域。若要精確指出經濟互動的密集程度怎樣受到地理距離（以及其他層面的距離）的影響，那麼國際經濟學中所謂的「地心引力模型」(gravity models）會是比較理想的起點。

數字告訴我們什麼訊息？

國際經濟學家根據牛頓（I. Newton）的地心引力定律描述國際之間經濟的互動③。所以，根據最單純的國際貿易地心引力模型，兩國之間貿易往來和其規模經濟（國家單方特質）直接相關，而且和兩國之間的實際距離（這是雙邊特質）成反比。換句話說，規模較大的經濟體可想而知，貿易活動的絕對值較大，而兩國之間的距離愈遠，貿易往來受到的牽制就愈大。至於比較精密的地心引力模型，除了考慮個別經濟體的規模之外，也會考慮到非地理層面的距離以及單方特質。我們根據這類模型解讀國際經濟活動的數據，對周遭的世界會有什麼樣的了解？

一開始讓我們先談談國際貿易。如果是合適的地心引力模型，兩國貿易的差異性有一半、甚至三分之二可以這類模型解釋；以經濟模型來說，這樣的程度已經相當驚人。參考過許多這類研究之後，我們發現經濟體的規模每增加百分之一，總貿易量估計通常會增加百分之零點七到百分之零點八。地理位置距離的影響正好相反，而且影響幅度更大：兩國之間的距離每增加百分之一（兩國的首都），貿易預期就會**減少**大約百分之一。換句話說，在其他要素不變的情況下，如果兩國之間的距離是一千英里，而不是五千英里，那麼貿易量預期會是距離五千英里的五倍之多④。

至於其他與距離相關的變數，其影響規模的估計數字更爲驚人。圖二・二摘要說明雙邊貿易流量的統計分析（這是我和馬利克〔Rajiv Mallick〕共同進行的）⑤。基本來說，這些數字顯示，如果兩個國家具備圖中顯示的五大相似之處，貿易互動（1.42×1.47×2.88×

圖二・二：相似與相異之處對雙邊貿易的影響

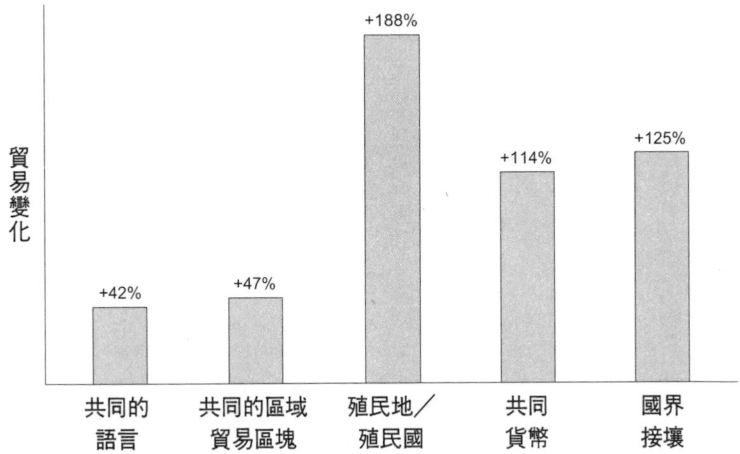

2.14×2.25）預料是另外兩個國家（完全沒有這些相似之處）的二十九倍之多。

這些估計值顯然並不精確，只能作爲參考之用，但數字凸顯的影響力確實和實際情況相符。譬如，加拿大根本不算全世界十大經濟體之列，但他們和美國之間的雙邊貿易關係到目前爲止，卻是全世界最大的。這兩國之間的地理位置相近固然有一部分影響，但加拿大和美國在圖二・二列舉的五大層面當中，有四項相似之處——全世界沒有任何一個國家能出其右⑥。

不過從加拿大—美國之間的貿易數據看來，經濟整合的活動離完成還有好一段路要走。其實，加拿大─美國雙邊貿易最讓經濟學家不解的，不是規模怎麼會這麼大，而是爲什麼沒有更多。要了解箇中原因，請參考一些更詳盡的貿易數據。在NAFTA成立之前，一直到一九八八年，加拿大各省間（也就是國內的）商品貿易水準，和他們與規模大小以及距離相仿的美國各州的貿易相比，估計是後者的**二十倍之多**。換句話說，當時「偏向母國」的傾向根深柢固，但到了一九九〇年代中期，在NAFTA努力之下，國內對國際貿易比率（也就是母國偏向）從二十比一降到十比一，雖然這個比例至今還是超過五比一，但至今可能又更進一步下降。這些比例只是商品貿易而已；至於服務，這個比率還是高出好幾倍。⑦

所以，即使兩個國家的主要層面看來大都相當近似，但國界的影響力還是相當重要。在此，我們碰到的同樣是半全球化的事實。

除了貿易之外，國際經濟其他形式的互動或多或少也印證距離的重要性──包括地理位置以及非地理的層面。所以，外國直接投資（FDI）、股票交易、專利權引用，以及電子商務交易都已發現「距離」具有極大的「整體」負面影響力──只是不同型態的互動受到的影響程度不同而已⑧。此外，有個針對十九份個別獨立統計研究進行的後設分析（meta-analysis）顯示，在二十世紀各個時期當中，距離的影響力一般而言尚未（不同於加拿大—美國的情形）大幅降低⑨。

國家分析的架構

以上介紹的證明顯示距離可能構成很大的影響。所以在此且讓我們進一步探討「國家分析」現有的工具——譬如，企業在考慮是否於新的國家成立分店時應該進行哪些查核工作——並探討距離的影響力。基本上，答案是沒有！

說明國家分析的架構並非這裡的重點，所以在此只要舉個例子即可⑩。請看看全球經濟論壇（World Economic Forum）發布的競爭力指標（competitiveness indices）。這個指標雖然看的是跨國數據，但涵蓋的項目（譬如財務、科技、勞工、管理以及機構）卻是以各國**單方**的特質爲主。公開度（openness）這一項（涵蓋關稅、隱性進口障礙〔hidden import barrier〕之類的數據）是屬於**多邊關係**：衡量一個國家和其他世界各國政府在行政上的「差距」。但這項數據還是看不出差異之中的差異：譬如，德國和南韓（這兩個國家從圖二・一完成之後，便不得不退出）跟加拿大或墨西哥比起來，和美國距離更遠的

「想法」(idea)——威名百貨對此的掌握就很好。這需要**雙邊**距離的衡量，才能掌握箇中的影響力。

對於其他應用廣泛的國家分析架構而言，這些競爭力指標也有其代表性。這些國家分析通常假設各國可根據共同的標準進行單方評估；不過問題是，有些情況應將國家視爲全球網絡之中距離各異的點時，這種衡量方式卻把國家視爲獨立的結構。不過CAGE架構之下，大家能對熟知的單邊或雙邊特質衡量箇中差距，是其對國家分析的主要貢獻。

值得注意的是，雙邊衡量的基礎在於母國和外國，或分析對象國家之間的差異，也就是說，他們是以焦點公司的母國爲主。第一章對無國界論的謬誤加以描述和解構，部分說明了以母國爲前提的理由。從實證的角度來看，公司對母國明確的認同一般而言並不困難，最近這數十年來說不定更加容易，所以雖然有少數案例有問題，但並未因此構成討論的阻礙⑪。公司發源地應該影響其發展方向的論點，若從說明的觀點來看，母國或一些其他已有活動規模的地點對於這個理念的發揮確實極爲重要。

國家層級的CAGE架構

誠如先前所說，CAGE架構涵蓋四個廣泛的距離要素：文化、政府、地理位置以及經濟。這四個要素往往彼此影響：譬如，各國之間除非在文化、地理位置或經濟層面相近，否則很難想像他們在政府層面也會相近（譬如同屬自由貿易區域）。儘管如此，這四個要素還是應該加以區分，因爲基礎各異，所以所構成的挑戰與機會也大不相同。此外，這四大要素也是實用的分類方式，我們可針對特定國家的單邊影響力，以及特定兩個國家的雙邊關係（以及多邊關係），將跨國互動進行分類。表二・一摘要說明這幾種不同的影響力，雖然重點主要在於雙邊影響力，但同時也反映出箇中新意以及地心引力模型的影響力。

將實體距離納入跨國策略的考量並非新意，其實早在三十年前就有人提出，有意國際化發展的企業，應該先打入**實體距離**最小的國家——也就是「母國市場與外國市場對於文化理解和觀念，以及商業差異性的距離」⑫。不過CAGE架構對於距離的觀念更爲廣泛，實證基礎也更爲穩固。

表二・一：CAGE國家層級的架構

	文化距離	政府行政距離	地理位置距離	經濟距離
兩國之間（雙邊）	• 不同的語言 • 不同的種族，種族缺乏關聯，或缺乏社會網絡 • 不同的宗教 • 缺乏信賴 • 不同的價值觀、規範，以及傾向	• 缺乏殖民關係 • 缺乏共同的區域貿易區塊 • 缺乏共同的貨幣 • 政治面的敵意	• 實體的距離 • 國界沒有接壤 • 時區不同 • 氣候不同，以及疾病環境差異	• 貧富差距 • 有關下列各項品質或成本的差異 ——天然資源 ——財務資源 ——人力資源 ——基礎建設 ——資訊或知識
國家（單邊或多邊）	• 孤立 • 傳統主義	• 非市場或封閉經濟 • 母國偏向的程度 • 缺乏參與國際組織 • 機構組織疲弱，腐敗	• 內陸 • 缺乏內部適航性（navigability） • 地理規模 • 地理位置的遙遠程度 • 交通運輸或通訊聯繫不佳	• 規模經濟 • 人均所得低

文化距離

在這裡所說的**文化**是指社會的維繫主要是靠人與人之間的互動，而不是靠國家（像是法律制定者或執行者）。國與國之間的文化差異通常會降低經濟互動。在這方面，語言效應可能是最明顯的：請看圖二・二的第一欄。從普度雞業公司（Frank Perdue）廣告詞翻譯的謬誤，便可了解各國差異性有多大——「雞肉要打到嫩，大男人才辦得到」，在西班牙被翻成「要讓雞充滿愛，需要性欲高漲的男人才辦得到」⑬。

至於種族與宗教的差異性、缺乏信賴，以及平等主義的差異（這是社會不容許對市場與政治力量的濫用）等其他層面的文化距離，經過有系統的衡量，也顯示會對經濟交流構成打擊⑭。儘管如此，其他文化特質卻是高度自發性（也就是對特定膚色的偏好），或極爲細微，即使本身行爲受到這些文化特質引導的人，都幾乎感受不到。

中國向來姑息侵犯版權的行爲，以這個例子來說，許多人認爲這樣的社會型態可以歸諸中國近代史上的共產黨。但誠如威廉・艾佛德（William Alford）在《偷書是高尚的犯行》（*To Steal a Book Is an Elegant Offense*）一書中所說的，這種行爲可能反映出儒家鼓勵人們仿效有智慧的行爲：「吾人深信，崇景古人智慧，應當傳承，而非創造」[15]。其實早在中國近年崛起之前，西方出版商便深爲盜版所苦，譬如，一九二〇年，韋氏字典（Merriam-Webster）正準備在中國推出雙語大字典時，卻發現當地出版商已經開始自行發行未獲授權的版本。

除了文化差異的雙邊特質之外，跨國經濟活動也可能受到單邊文化特質的影響。所以，可想而知，本身文化比較獨樹一幟、甚至傳統的國家會比較孤立，對於國際貿易與投資通常也比較封閉。

國家之間經過長時間的接觸，或許有助於降低本身文化差異的影響力。這樣的接觸可以增加彼此的了解，爲跨國經濟活動所需的組織與機構「播下種子」，並舒緩文化上的調適。廣義來說，價值觀、規範、傾向，以及單邊、孤立特質上的差異，似乎比語言、種族以及宗教上的差異，更容易適應環境，即使在中期而言也是如此。

政府上的距離

政府相關特質包括法律、政策，以及機構（這些通常是政治流程相關機構，並由政府管理、執行）。各國之間的國際關係（包括條約與國際組織）也涵蓋在內，因爲創造或支援這些國際關係的國家同時也會維繫這些關係。

根據地心引力模型，會影響跨國經濟活動的政府或政治要素包括殖民關係、參與同樣的貿易區塊，以及使用同樣的貨幣。圖二・二的統計數據分析顯示，殖民國—殖民地之間的關係會讓貿易往來增加三倍，即使這樣的關係已經是久遠的歷史——箇中原因應該包括文化的熟悉度、乃至於法律系統的相似程度。以FDI來說，由於系統數據有限，以具體的例子說明會比較有效率。在一九九七年到二〇〇一年之間，西班牙的FDI大增，其中將近一半是對拉丁美洲（大約是拉丁美洲佔全球FDI比例的十倍），歐洲其他規模較大、實際距離更近的區域經濟反而退居第二。這個模式淸楚反映出，十九世紀正式建立的殖民國殖民地關係當中，遺留下來政府（以及文化）上的相似之處，而不是規模或地理位置的距離影響。

貿易最惠國待遇以及共同的貨幣也會大幅增加貿易往來——兩相結合之下，甚至超過殖民國—殖民地的關係（請參考圖二・二）。過去半個世紀以來，歐盟國家的整合應該是最好的例子，充分顯示貿易夥伴爲了降低各國政府之間的距離而做的努力。相對而言，惡劣的關係可能會使得政府之間的距離愈行愈遠。印度和巴基斯坦雖然同樣有殖民地的過去，接壤的國界很長，而且有語言上的關係，但長期以來的敵意，卻使得雙邊貿易連地心引力模型預期的十分之一都不到。而且有鑑於杜拜港口世界公司（Dubai Ports World）之類的緊繃關係，迫使他們不得不出讓已經收購的美國五大港口設施，許多觀察家都注意到，中東投資人開始撤出美國轉往其他地區的趨勢。

誠如以上兩個例子所顯示，政府層面的距離可以透過單方措施增加或減少。其實，對於跨國貿易而言，個別政府的政策可說是最常見的障礙之一。在某些案例中，企業面臨的困難其實就出在母國之內。譬如，經濟合作暨發展組織（OECD）會員國的企業，就必須遵守國內對行賄的禁令，以及相對較爲嚴格的健康、安全以及環境標準——而這種種限制都可能對他們在全球各地的營運過程構成障礙。不過這類障礙通常來自企業打算投資的目標國家，這些政府會透過貿易配額、對FDI的限制，以及優惠國內競爭對手（以補貼以及在規範、採購上偏好這些國內業者）爲手段。

以上這些例子在在說明，政府的力量足以影響結果。但目標國家的機構基礎建設**不佳**，也可能對跨國經濟活動構成障礙。譬如，許多企業對於貪污腐敗橫行、法律體系不可靠，或社會衝突聞名的國家都避之唯恐不及（有些研究報告指出，當地這些負面狀況如果不加以克制，對於貿易與投資構成的打擊，會遠遠超過任何政府方面的限制）。相對而言，如果一個國家擁有強大的機構基礎設施，那麼跨國整合的程度很可能會比較高。

地理位置的距離

跨國經濟活動的地理特質主要是自然現象，不過部分的人爲干預也可能會造成影響。CAGE架構中，大多數人聽到**距離**這兩個字時，最先想到的就是字面意思。而且人們通常聚焦於實體的距離，這點和實證（以及嘗試）——在其他要素不變的情況下，一個國家的距離愈遠，愈難在該地經商——吻合。

不過地理位置的距離並非單純兩個國家首都之間的實際距離。其他也要考慮到的地理位置特質包括，有沒有接壤的國界，時區與氣候的差異，（以雙邊而言）靠近海洋與否，地形圖（topography），以及國內和國界的距離（這讓我想起加拿大前任總理金恩〔William MacKenzie King〕抱怨說「我們相隔太遠」〔We have too much geography〕這番話）。此外，人造的「地理」特質（譬如一個國家的運輸以及通訊基礎設施）也可能得納入考量

——儘管這些要素也可視爲經濟要素，而不是地理位置的特質。

在此還要進一步對實體距離的影響力加以說明。實體距離遙遠造成的影響，想當然耳是增加實際運輸的成本。這些因素對於貿易會比對於ＦＤＩ更爲重要——這也是爲什麼ＦＤＩ通常傾向隨著距離增加。不過地心引力模型指出，ＦＤＩ也可能隨著距離增加而下降——反映出實體距離會增加通訊成本以及交通運輸成本。各位還記得Google的例子吧，公司必須在俄羅斯設立據點，才能加強對當地的了解，以及強化回應能力。

我們可以從中得到什麼心得？廣泛而言，當你們在考慮地理位置對跨國經濟活動的影響時，請將「資訊的地理位置」以及實體運輸的地理要素納入考量。

經濟面的距離

經濟面的距離是指除了以上介紹過的文化、政府，或地理位置要素之外，會影響到跨國經濟活動的經濟機制差異。在這一點，地心引力模型強調的不光是規模經濟（規模經濟會增加貿易的絕對值，但貿易佔ＧＤＰ的百分比則會下降），還包括人均收入。富有國家從事的跨國經濟活動（相對於其規模經濟），超過其他比較貧窮的國家，而且人均Ｇ

DP與貿易和投資流之間存有正面關係。由此可知，這些國家通常是和其他富有國家從事這些活動。

當然，人均收入高，意味勞工成本也比較高。我們可以比較直接以及比較分散的角度來看——換句話說，也就是不同的技術程度或訓練種類。其他像是土地、天然資源、資本，以及比較先進的人造資源，譬如基礎建設以及資訊，這些生產要素的成本或品質同樣也可這樣檢驗。

最後，值得一提的是，富國與富國以及富國和貧國之間的互動，通常與各種經濟功能的表現相關（儘管並非完全）。尤其是富國與貧國之間的互動通常包含套利，也就是公司切割國際價值鏈，讓供應與需求的配合跨出國家市場之外，在各國之間進行。儘管文化、政府以及地理位置的差異都可能形成套利，但誠如第六章所說，經濟套利活動尤其明顯。所以，值得注意的是，「距離」對於整體跨國經濟活動雖然可能造成打擊，但在具體的情況下，卻可能鼓勵這類活動。

國家層級的案例：從美國的角度看印度 VS. 中國

經常有人問我這個問題：**怎樣從美國企業的角度看待印度與中國之間的異同**，在此且以CAGE架構來探討這個主題⑯。表二・二摘要說明這兩個國家的比較，並在以下篇幅中加以解說。

表二・二：美國企業眼裡的中國和印度

	文化吸引力	行政吸引力	地理吸引力	經濟吸引力
印度	•英文語言 •西化的菁英	•共同的殖民國 •普通法 •政治友誼 •長期風險較低？		•專業勞工 •獲利能力 •公司策略以及升級 •軟性基礎設施
中國	•語言和種族的同質性 •外僑	•易於經商 •內陸	•接近美國西海岸 •比較優良的港口和其他基礎設施 •東亞的生產網絡	•市場較大 •收入較高 •勞工投入以及生產力 •資本可用性 •供應鏈 •外國企業作爲出口的橋梁

文化要素：印度和美國在文化層面的相似處主要在於廣泛使用英語。印度會說英語的人口，據估計從不到一億人到三億人以上（我認為應該在這個區間的低檔），但一般而言，大家都認同印度說英語的人口比中國多。一般而言，中國的優勢在於幅員廣大，以及海外華人的商業導向——不過印度的外僑（尤其是在美國）教育程度通常較高，屬於比較近年的移民，而且比較可能跟科技產業有關。

這兩個國家在單方文化的特質比較沒有明確的結論。中國的語言和種族同質性較高，不過這一點特質究竟有助於國家追求進步，還是過於遺世獨立，還有待討論。廣泛而言，印度社會結構的種姓與階級制度雖然可悲，但西化的印度菁英卻可能讓印度與美國之間的經濟關係更為緊密。

政府要素：印度與美國都曾經是英國的殖民地，所以有許多相似之處。其中最重要的一點就是，這兩個國家的法律體系都是根據英國的普通法（common law），重視先例與引用。中國的法律系統正好相反，是以民法（civil law）為主——德國版——強調的是絕對原則，所以沒有必要隨著背景情況調整。此外，美國與印度之間目前的政治關係非常緊密。這個情況雖然可能會有所改變，但可以確定的是，中國和美國之間政治緊繃的氣氛，至少還會繼續好幾十年。

至於單方政府與政治指標則要看時間框架而定。短期而言，跨國企業似乎認爲他們在中國經商時，政府與政治問題構成的阻礙比印度少，這一部分是因爲中國廣設特殊經濟區以及香港之類的特區，以及外商在中國享有的優惠稅率（這政策一直到近年才有了變化）。不過長期而言，在建立法治、保護私有財產、對破產的國營事業和銀行進行組織再造，以及因應政治變化等層面，中國面臨的挑戰會比印度更爲嚴峻。

地理要素：印度的欽奈（Chennai）和美國貨運港口——加州長灘（Long Beach）的距離，比上海遠百分之六十。不過船運距離並不是印度物流唯一的問題：印度的港口運作缺乏效率、緩慢，使得船運到美國所需的估計前置時間多達六到十二個禮拜，中國只要二到三個禮拜，這一點充分凸顯出印度基礎建設相對較差的問題。

地理要素還有一大重點——中國在活躍的東亞附屬經濟區形同發電機，這個區域的夥伴佔其內向（inbound）FDI的一半以上，進口的四分之三。中國和美國的貿易關係也在這廣泛的網絡之中（從某個層面來看，也有提振的作用）。印度的情況正好相反，周邊的附屬區域經濟動態要差得多，而他們與南亞鄰國的貿易往來，還不到總貿易量的百分之五。

經濟要素：經濟要素之中，單方要素尤其值得注意。據報導，中國的規模經濟是印度的兩倍以上——不過中國的官方統計數據可能誇大實際的經濟成長率百分之二到百分之四[17]！此外，許多具有收入彈性（income-elastic）的產品市場，在中國的規模是印度的五倍以上，反映出人均GDP較高的影響力。中國的勞工收入較佳，生產力相對而言也比較強，教育水準通常也較高——不過在某些高階項目則落後印度（譬如，經驗豐富的主管，以及說英文的大學畢業生），而且由於中國奉行一胎化政策，所以人口結構的發展前景會較差。到目前爲止，由於農村勞動力轉向製造業，以及動員更多的國內資本，中國的成果較爲亮麗——其官方公布的儲蓄率（這可能也有些誇大）佔GDP比率達百分之四十到四十五，印度只有百分之二十到二十五[18]。

中國的資本充裕有個缺點，除了壓低投資報酬率之外，還可能造成企業不知節制、過度投資（尤其是營建業以及基礎建設）。印度企業的獲利能力一直較高。此外，中國政府積極扶植部分國內企業，企圖將他們打造爲全球企業；相較之下，印度國內頂尖企業獲得的政府資源較少，通常較有節制，不會密集大舉投資。

外資企業佔中國工業生產大約百分之二十的比例，這個水準低於印度。外國投資的企業對於中國出口的影響極大，外資企業佔整體出口的百分之五十以上，有些附加價值較高的項目，比例更高達百分之八十。印度出口當中，外資企業所佔比例不到百分之十，而且印度出口近年也僅有中國的十分之一，所以中國的外資企業名目出口約爲印度水準的五十倍之多。這些數據也多少反映出這兩個國家供應鍊發展程度的相對水準。

廣泛而言，中國似乎佔有地利之便，以及經濟優勢，因此比印度更受一般美國投資人的青睞。但中國在許多文化以及政府層面對外商較缺乏吸引力。

在此我要提出四個重點，大膽作出評論。第一，關鍵在於選擇什麼角度的觀點，如果從西歐的角度來做比較，結果會截然不同：中國在地理位置較遠，但另外一方面，印度的英文能力比較沒那麼重要。相對於中國或印度，東歐與北非可能更受有意境外發展的企業青睞。

第二，中國與印度都是大國，國內具有多元的選擇。譬如，這兩個國家的海岸區域都比內陸地區活躍得多。顯示CAGE架構除了國內之外，同樣適用於國際。玻璃製造商聖戈班（Saint-Gobain）致力經營南部的海岸城市，而不是北方，順利打敗許多在印度歷史更悠久的外商競爭對手。

第三，許多人在比較中國與印度的異同時，總是以表二・二最後一欄為主，尤其是中國的市場更為廣大，勞工生產力較高。不過這個表也提醒我們，必須抱持更為廣泛的角度來看，其中最令人意外的是——印度和美國在文化以及政府行政上較為相近。這兩項在CAGE之中最常為人所忽略，這點可不是偶然。

第四個重點是第三點的自然衍生，**有些產業對於文化或政府行政距離的敏感度較高**。印度想當然耳，會比中國更受這些產業投資者的青睞。軟體服務產業就是一個很好的例子。從文化層面而言，英文能力對於公司尤其重要，而且印度在美國的外僑（佔矽谷科技公司勞動力的三分之一，而且在當地的新興科技公司更佔有百分之十的比例）具有直接的助益。此外，印度距離美國的地理要素愈來愈不重要，尤其是因為重心逐漸轉往境外發展，以及印度擁有更爲可觀的大學畢業生，對國家經濟發展頗有助益。結果：印度在美國委外提供的軟體服務當中佔有三分之二的比例，而中國只有大約十分之一。⑲

我們從軟體服務產業這個例子，可以直接導入**產業層級**的CAGE分析。請看以下的討論。

產業層級的CAGE架構

對於基金投資經理人而言，他們可能只想知道**一般而言**中國相對於印度的吸引力。但對於大多數企業執行主管而言，卻可能想要從所屬產業的觀點，來觀察這兩個國家的異同。在這兩種情況下，這兩個國家差異的影響力會因爲產業特質而不同，所以企業在擬定策略時，必須考慮到這一點。表二・三摘要說明對於距離要素特別敏感的產業和案例，並於本章其餘部分更進一步加以闡述。

文化敏感度

哪些產品或服務對於文化差異的敏感度最高？我們前面曾經說過，語言是決定文化距離的關鍵要素之一。有鑑於此，語言的敏感度顯然是一大指標：語言差異在軟體或電視節目的重要性，會比（譬如）水泥業更爲重要。此外，對於族裔或宗教差異特別敏感的產品也是同樣的道理。所以，根據跨國統計迴歸分析，食品也名列對文化差異最敏感的產品之列，一部分因爲這些種族與宗教的因素，一部分因爲食品會讓消費者激發對於特定社群的認同感。譬如，美國人把稻米視爲大宗物資（就跟麵條或馬鈴薯一樣），但對於日本人而言，稻米卻具有更爲重要的地位。

產業層級的其他文化差異性有一部分來自（所以也相容於）經濟面的差異。譬如，日本消費者偏好小型的汽車，因爲這一點反映出社會的常態、經濟面的考量，以及追求便利性（在土地空間有限而且寸土寸金的國家尤其如此）。

最後，我們先前在討論國家產值的文化要素時曾經說過，這類差異性往往會降低跨國之間的經濟活動，不過若從產業層級來看，卻可相當程度地逆轉這樣的趨勢。而箇中

表二・三：產業層級的CAGE架構：對於敏感度的關聯性（括號之中是相關的例子）

文化距離	政府行政距離	地理距離	經濟距離
文化差異對於以下產品的重要性最高 •具有高度語言內容的產品（電視節目） •跟文化或國家認同有關的產品（食品） •具有以下差異的產品 ——規模（汽車） ——標準（電器設備） •具有國家特定品質相關性的產品（葡萄酒）	政府參與度高的產業 •民生必需品（電力）的生產商 •其他「人民應該享有的商品」（藥品）製造商 •大型雇主（農場） •對政府的大供應商（大眾交通） •國家引以爲傲的產業（航太） •攸關國家安全（電訊） •天然資源開採（石油、礦業） •沉沒成本（sunk cost）高昂的物品（基礎建設）	地理位置在以下情況的重要性特別高 •價值－重量比或價值－批量比低的產品（水泥） •脆弱或會過期的產品（玻璃、水果） •當地監督以及對於營運的要求很高（許多服務業）	經濟差異性在以下情況的影響力最大 •需求的本質會隨著收入水準變化（汽車） •正常化或規模經濟有限（水泥） •勞工與其他要素成本的差異明顯（成衣業） •經銷或商業體系不同（保險業） •企業需要具有高度的回應能力以及靈敏度（家用電器）

主要力量來自於發源國強大的**垂直區隔**（vertical differentiation），讓各國顧客將他們的產品視爲「最棒的」。譬如，法國頂尖的香檳製造商印證了業者可憑當地特徵打造出全球性的事業。美國大宗文化的供應商（從迪士尼〔Disney〕乃至於丹寧牛仔褲）同樣也印證這一點。由此可知，強大的發源國效應未必跟頂級品質有關。

人們總說，奢侈品以及年輕族群是消費性產品當中最全球化的兩大領域；以上介紹垂直區隔的這兩個例子（香檳與米老鼠）也符合這個說法。有關跨國差異性的消費者偏好分析，另外還有兩個廣泛的重點：

- 區分垂直區隔與水平區隔（horizontal differentiation），水平區隔的定義是：同樣一種產品在不同國家受到的消費者評價大不相同（口味不同，而不是相似）。
- 進行微觀分析，譬如，針對香檳進行研究，而不是統一稱之飲料，或是把烘焙產品（這種對距離敏感度相對較高的產品）與蛋白質產品（譬如豬肉與家禽類，距離敏感度相對較低）加以區分，而不是把這些產品項目全部歸類爲「食品」。

政府行政的敏感度

政府行政的距離往往出於保護或規範國內產業的渴望：當地政府認爲有必要干預，保護產業免於外界競爭壓力、並建立某種型態的障礙（也就是關稅、規範、當地內容法）。一般而言，如果國內產業符合以下一項（或多項）條件，那麼政府就很可能建立這些障礙：

- **民生必需品的生產**。如果這些商品被視爲攸關國民日常生活，那麼政府很可能會對國內市場進行干預。譬如，食品、燃料以及電力都屬於這一項。
- **人民應該享有的商品或服務**。有些產業（譬如健保業）被視爲國民應該享有的基本人權。政府通常也會干預這類產業，建立品質標準，並控制定價。
- **大型雇主**。產業如果涵蓋相當廣大的投票人口，政府通常也會以補助或進口保護等形式給予支持。農民、紡織與成衣勞工都是屬於這一類。
- **政府的大型供應商**。如果政府是大型買主（譬如大眾運輸設備），那麼很顯然，政府干預的範圍也會隨之擴大。

- **國家引以爲傲的產業**（national champion）。有些產業或企業是國家現代化或競爭力的象徵。譬如，波音（Boeing）與空中巴士（Airbus）在大型載客噴射機市場的殊死戰，在大西洋兩岸也激盪出激烈的火花。這個產業的重要性，不光是直接相關的就業以及美元（或歐元）匯價而已。
- **攸關（或是被視爲攸關）國家安全的產業**。政府會干預、保護他們視爲和國家安全密切相關的產業。所以，上述的杜拜港口世界公司（Dubai Ports World）案例，以及中國海洋石油總公司（China National Offshore Oil Corporation）企圖收購美國能源公司優尼克（Unocal）遭到阻撓，都是美國近年發生的例子。
- **控制天然資源**。以石油與天然氣而言，玻利維亞（Bolivia）最近將天然資源儲備重新收歸國營。此舉充分顯示，這個國家的天然資源通常被視爲國家遺產之一，想要開採的外國企業會被視爲掠奪者。
- **沉沒成本（sunk costs）高昂的產業**。這類產業需要的投資額具有金額龐大、覆水難收、而且因地制宜等特質——上述的重工業就是如此；一旦投資下去，多少得受到政府的制衡。

電力產業符合以上大多數的描述，而且因爲忽略其重要性而飽嘗苦果。這裡所說的電力產業包括發電、傳輸以及經銷。這個產業在十九世紀末可說是主要的「高科技」領域之一。雖然初期訂單的資本密集程度和蒸氣火車鐵軌相當，但還是吸引到相當可觀的外國投資。不過俄國大革命爆發之後，世界各國在政府壓力下（政府對這個產業的外資持股比例影響力特別大），展開一波「國內化」（domestication）的風潮。這個趨勢一直延續到一九七〇年代末期以及一九八〇年代初期才告結束。

在這波去全球化的風潮之後，世界各國紛紛對電力產業鬆綁，重新點燃外國直接投資的興趣，於是引發一波全球投資熱潮的泡沫，尤其以發電這個領域爲最[20]。這個龐大的泡沫於一九九二年到二〇〇二年之間，吸引到四千億美元以上的ＦＤＩ，結果一千億美元以上的價值化爲烏有，其中大多數（尤其是新興市場）是因爲當地政府市場重新談判以及徵收所導致。這種政府以安全爲由干涉的錯誤示範比比皆是，如果從此銷聲匿跡，才眞的會讓人跌破眼鏡。

地理位置的敏感度

哪些產業對於地理位置最敏感?答案（以貿易流來說）其實大都可想而知:價值對重量／批量比偏低的產品（譬如水泥），運輸過程中容易腐壞的產品（速食），或是必須出於當地的產品。

不過跨國投資的影響力則比較難以釐淸，因爲這類投資可能是貿易的替代品，也可能是互補作用。所以，有的研究人員認爲，當地表現亮麗或監督要求條件高的環境下，通常會**減少**FDI(因爲會限制貿易);有的則認爲會增加FDI(因爲投資替代貿易)。不過，各位要記得的是，事實證明，實際距離對於整體FDI以及貿易會造成負面影響。這也增加了貿易和FDI同進退的可能性。

墨西哥希麥克斯水泥集團（Cemex）的案例，也充分印證地理距離對FDI確實具有舉足輕重的影響力，第三章將針對這個案例深入探討。希麥克斯公司企圖拓展國際版圖，起先在新興市場大舉進行收購，並在悉數掌握拉丁美洲的商機之後，更進一步進軍印尼（對於墨西哥而言，這應該是地球上最遙遠的國度了）。不過近年的收購案（以及消息來源）在在顯示，希麥克斯水泥集團再度聚焦於西半球，希望在周遭地區建立地理位置的堡壘。

經濟的敏感度

如果從微觀、產業層次的角度來看經濟距離，不妨從產業界挑出具代表性的公司，並將其價值解構爲供應面的**成本**（costs）以及需求面的**願付價值**（willingness to pay）。第三章將針對這項微觀的經濟觀點深入說明。在此要強調的重點是，供應面以及需求面對於經濟距離敏感度的決定要素。

以供應面而言，如果成本結構主要要素的絕對成本在世界各國差異極大，那麼經濟距離對這類產品會發揮最大的影響力。在這類產品當中，勞力密集的產品尤其明顯；「半全球化」的事實再度提醒我們，即使是資本之類的要素，其成本還是會因爲地點以及相關變化受到相當程度的影響。

在需求層面，願付價值的差異大（通常和人均所得有關）會令企業產生向外發展的念頭。不過，如果所得差異意味著消費者會偏好種類大不同的產品，那麼所得上的差異可能對國際經濟活動造成**傷害**，而不是幫助。如果產業需要大量的多元發展、靈敏度、回應能力，那麼跨國交流的程度會因爲過程複雜所額外衍生的成本而降低。

其他衡量經濟敏感度的指標雖然比較不具體，但同樣也很實用。譬如，當衡量距離在產業層級的影響力時，各國因爲經濟距離造成顧客、通路或商業體系（更廣泛而言，產業結構也包括在內）有所差異的程度，也要納入考量。所以，有份研究報告指出，國內要素（國內運輸、批發，以及零售成本）對美國構成的進口障礙，比國際運輸成本以及關稅整個加總起來還要大㉑。

總結而言，CAGE架構通常最適合產業層級的分析。換句話說，分析重點不光是了解各國之間的差異性，同時還要**理解相關產業中哪些差異對你最爲重要**，方能將宏觀層次的分析引入微觀的角度。

部分應用案例

CAGE架構在產業層級的應用方式各異。在此介紹以下最重要的五項。

凸顯差異性

CAGE架構的用途之一就是凸顯各國主要的差異。這個用途雖然不言自明，好像無須贅述，但衛星電視（Star TV）的案例卻顯示出，這一點還是値得我們額外重視㉒。

衛星電視在一九九一年成立，以衛星作爲發射訊號的龐大天線，克服各地電視業者過去因爲地理距離受到的牽制，爲亞洲百分之五的頂尖菁英提供衛星電視服務。當時衛星電視預期泛亞地區的都會菁英能夠負擔衛星電視服務、吸引廣告商，而且願意收看二輪的英語節目，所以以這個階層的觀眾爲主打標的（這樣一來，衛星電視就省下製作當地語言節目的成本）。梅鐸（Rupert Murdoch）的新傳媒（News Corporation）看準衛星電視的商機，而不是有線電視的發展；基於這套商業模式，以及在亞洲各地播放英文節目（尤其是二十世紀福斯〔20th Century Fox〕的電影和電視節目資料庫）的理念，於一九九五年年中以八億二千五百萬美元的金額，向衛星電視創辦人——香港億萬富翁李嘉誠買下衛星電視。

衛星電視到了二〇〇六年終於轉虧爲盈。不過對於新傳媒而言，這項投資的績效實在不怎麼樣。箇中原因其實和距離有關。衛星電視**確實**降低地理距離的影響力，但卻無法克服其他層面的距離問題——而且公司發現時已後悔莫及：

- **文化距離**：衛星電視起初以爲亞洲觀眾樂於觀賞英語節目，只是因爲目標區域的人口統計顯示，許多人都是以英文作爲第二外國語。公司卻沒有注意到，那時候歐陸已有證明顯示，觀眾雖然都通第二外國語，但在有選擇的情況下，卻強烈偏好當地語言的節目內容。
- **政府的距離**：有鑑於電視對人心的影響力，政府對於外資在這個產業的持股比例總是相當關切，但新傳媒對於政府規範似乎充耳不聞。就在收購衛星電視之後不久，梅鐸便宣稱，衛星電視讓人們無需侷限於官方的新聞來源，「對於世界各地的集權政體是一大威脅」[23]！結果中國政府的因應之道，就是禁止國內觀眾接收外國衛星電視服務。梅鐸給自己挖了個大洞，怎樣開脫成了他後來中國政策的主軸。

以梅鐸本身的發展歷程（當初他爲了買下專門放映福斯電視網〔Fox network〕節目

的電視台，還因此成為美國公民）以及政治敏銳度，居然會忽略後面這一點，實在令人驚訝。不過因為他和新傳媒的國際經驗都侷限於英語人口；結果事實證明，他們並未對中國市場做好準備。

廣泛而言，我要強調的重點是，凸顯差異性（CAGE的用途）之所以重要，一部分是因為這個世界十分多元，許多企業主管在做出跨國決策時，其實並不了解外國的環境。在這樣的情況下，光憑個人經驗是不夠的。美國負責寫稿的人未必會想到這番反集權的說法可能引起反彈。如果仔細考慮CAGE架構下的每一個層面，便能將這樣的盲點降到最低程度。

了解身為外國業者的負擔

第一章介紹過，跨國企業在全球化的願景下，對於拓展版圖往往胸有成竹；CAGE的第二大用途便在破除這樣的迷思。這套架構可以精確指出，國與國之間哪些差異性可能令跨國企業不敵當地競爭對手——身為外國企業的原罪——更廣泛來說，也就是會影響跨國企業相對優勢的差異性㉔。所以對於跨國企業、當地競爭對手，或雙方而言，這都是相當實用的知識。

表二．四列舉跨國企業相對於當地競爭對手所有可能面臨的劣勢，希望藉此協助人們克服跨國企業所向無敵的迷思。以美容產業的例子來說，許多跨國企業（以法國的萊雅〔L'Oréal〕以及美國寶鹼〔Procter & Gamble〕爲首）的全球集中度，在過去這幾十年當中大增，在許多主要市場都居於龍頭地位。但南韓卻是一大例外，當地的愛茉莉太平洋集團（AmorePacific），在化妝品市場佔有百分之三十以上的比重——當地主要競爭對手的市佔率只有百分之八，頂尖跨國競爭對手萊雅也只有百分之五——營業毛利在世界各地的同業之中更是名列前茅。跨國企業爲什麼這麼難以打入南韓這塊市場？

CAGE架構顯示這個問題有幾個答案。首先，自我表達的產品（ego-expressive products）會受到文化偏好的影響。而其中又以美容保養產品爲最。尤其是南韓，保養品與化妝品在這個市場大行其道，這些產品領域之中，亞洲人獨特的膚質以及對美的概念（尤其是東亞市場對美白的執著）具有水平差異性。在這些因素的影響下，跨國企業的全球產品線的文化吸引力大受限制。此外，跨國企業也面臨政府的各項限制，其中包括關稅、不公平的產品規範，以及各種宣傳計畫（譬如韓國化妝品產業協會〔Korean Cosmetics Industry Assocation〕推出廣告大打「韓國商品適合韓國人」〔Made in Korea products are good for Koreans〕的訊息）。而在經濟層面，挨家挨戶的行銷方式在南韓是很重要的經銷通路，但跨國企業卻苦無門路，只能侷限於小型、高價的百貨公司通路，無法發揮規模經濟的好處。跨國化妝品集團在考慮進入或拓展韓國市場時（或重新思考在當地據點的表現時），以上都是極爲關鍵性的重要考量。

外國業者若要克服種種障礙，收購當地競爭業者說不定是最明顯的權宜之計。不過這也要看情況而定。許多人認爲，當初如果梅鐸在初期保持和李嘉誠的合作關係——藉此打入李嘉誠和中國政府間深厚的人脈關係——而不是徹底買斷，衛星電視在中國的發展說不定會比較順利。

即使跨國企業有信心能夠順利擊敗特定市場的當地競爭對手，還是可以CAGE架構進行更細微的分析，了解各國跨國企業的相對優勢。譬如，各位不妨想想古巴在卡斯楚（Fidel Castro）去世之後的發展。假設這個國家會更進一步地開放，歐洲或美國企業在當地有脫穎而出的機會嗎？

表二・四：跨國競爭業者相對於當地業者可能面臨的劣勢：CAGE分析

文化劣勢	政府劣勢	地理劣勢	經濟劣勢
難以換上當地面貌的劣勢：語言、傳統、身分認同（電視節目vs. 水泥） 因應偏好異質性（水平距離）的劣勢 •特異的品味（魚香腸、四角褲） •不同的設計（家電產品） •不同的標準（電器設備） •不同的尺寸／包裝（加工產品） •不同的目標區塊（美國vs.日本的可攜式收音機和錄音帶播放器） 對當地產品的品味根深柢固 當地的需求偏好（「買本地貨」的口號） 缺乏社會人脈或網絡	地主國的政府歧視外國產品／公司。最可能受到歧視的標的爲： •政府參與程度高 ——法規（健康醫療） ——採購／資金補助（營建） ——政治顯著性（電視播放） ——國營（基礎設施） ——國家重點產業（航太） ——攸關國家安全 •國內有系統地排斥外移（農業、紡織） •國家遺產效應（國家的資源） •規模／特點／策略特質（汽車） •資產具體性以及把持問題（基礎設施的程度） 企業和地主國政府的談判因爲其他地區的活動而受阻（譬如迪士尼和中國對於達賴喇嘛的爭議） 地主國政府的牽制（收賄） 各種規範條件 受限於主客關係（譬如摩托羅拉在中國） 在健康、安全以及環境議題方面，容易受到母國的影響（更廣泛而言，也就是社會影響力）（譬如，美國製鞋以及成衣業在亞洲的發展）	運輸成本高昂。最可能出現在： •價值—重量／批量比率低的產品 •運輸過程危險／困難的產品 •可能腐壞的產品 缺乏或是需要運輸／通訊基礎設施 當地必須密切監督 當地其他對於價值活動的表現要求（許多服務）	成本劣勢（勞工、經理人、組織再造或調適所需的成本） 了解供應商、通路、商業體系或法律規範差異性的know-how劣勢 多樣性／靈敏度以及回應能力的劣勢 容易受到全球定價的擠壓（國內股東不熟悉當地市場） 群龍爭霸的當地環境之中競爭的效率，在當地拓展市場稀釋獲利能力 後行者（late-mover）的劣勢 外界認爲比較不認眞經營特定市場

古巴與歐洲目前的關係大爲改善，而且和歐洲國家（西班牙）具有語言以及殖民關係。地理位置的相近性是顯而易見的：在天色清澈的夜晚，從哈瓦那的港口就可以看到邁阿密紫紅色的燈光閃爍。而且在文化層面，至少有一個相近之處：古巴也是熱愛棒球的地區，而不是其他球類運動（譬如足球）。西班牙雖然佔有語言優勢，但西班牙語在美國也是第二外國語，尤其是在邁阿密地區（這裡雖然不屬於拉丁美洲，但卻成爲拉丁美洲商業的區域中心），這個事實也讓美國扳回一城。邁阿密也是古巴在美國眾多僑民的交流中心，這兩個國家之間的交流管道（雖然目前並未善加利用）很可能會因此拓展。

此外，古巴雖然不曾淪爲美國的殖民地（儘管美國一再企圖收購這座島嶼），但美國的大型企業（還有黑社會組織）卻主導古巴經濟長達數十年之久，直到卡斯楚的革命爆發後才爲之改觀。這些企業以及古巴在美國的僑民對卡斯楚政府提出龐大的索賠尚未定案，預料古巴在後卡斯楚正常化（normalization）時期，應該會出現大量的資產轉移。有鑑於此，除了部分歐洲企業比美國業者具有「先行者優勢」的產業之外，我敢說，美國企業應該會領先歐洲業者。

這樣的分析就跟先前的主題一樣，也可衍生到產業層級。各界一直想要預測，產業層級中哪些國家的公司在哪些市場能夠脫穎而出，據報導這方面的研究最近已有不錯的成績。譬如，美國企業在印度整體而言，會比在中國更能夠居於市場領導地位——他們在墨西哥的發展更是亮麗，不論是程度、還是範圍，連西班牙都望塵莫及㉕。不過我們在談過「自然所有權」（natural ownership）的優勢之後，還是得體認到其他要素（譬如，特別好或特別差的國際策略）仍有可能會輕易地壓過這些優勢。

市場的比較

CAGE架構也可從特定公司的角度對市場進行比較，先前我已針對這個主題講過一些基本概念，在此我要以愛茉莉太平洋集團在中國與印度發展的比較來做說明。

從韓國企業的角度來看，中國比印度更有吸引力。其中最明顯的，應該就是新德里距離首爾將近三千英里，北京的距離卻不到六百英里。而且，韓國與中國還有許多歷史上的關聯：種族上的相似之處——部分也反映出這兩個國家人民的跨國遷徙、儒家思想，以及佛教的影響；古代的高句麗帝國（從中國東北部一直延伸到北韓）以及韓國使用中國文字長達一千年。近年來，韓國的電影、電視節目以及音樂工作者在中國大受歡迎，這兩個國家的媒體都將這個現象稱爲「韓流」。

從產業層級來說，中藥對於韓國的影響極大（韓國在歷史上向來是中國對日本輸出中藥的轉運點），而從公司的層面來看，愛茉莉太平洋集團以人參、綠茶、竹瀝作爲周邊的原料，這點也和中國傳統相呼應。印度在這些層面當中，沒有一項跟南韓這麼接近，所以似乎構不成挑戰。

考量距離的影響

以上所舉的例子屬於質性分析（qualitative）。但我們也可以**量化**（quantitative）的方式來評估距離的影響力。各位不妨想想國家投資組合分析（country portfolio analysis，CPA）的例子，這是企業在決定進軍什麼市場時最常見的分析工具，主要以市場規模作爲衡量要素。可惜的是，這跟我在第一章說明的「規模主義」（size-ism）如出一轍。但我們可以衡量距離的影響力（廣義），以降低（具體而言，也就是分散）單單衡量市場規模或潛力的做法。「距離」這個要素的衡量雖然牽涉到無數的估計值，但有鑑於距離的重要性，將其納入考量總比視而不見要來得好。

各位看看Yum!這個品牌的例子，這是百事可樂在一九九七年獨立出來的集團，旗下事業包括必勝客（Pizza Hut）、Taco Bell以及肯德基（KFC）等速食連鎖店，當時該集團的國際業務十分分散，在二十七個國家都設有分店（可是三分之二的國際營收和更高比例的利潤，卻集中在其中七個市場）。而且，還付本息（debt-service）以及有限的國際獲利能力牽制著該集團在海外投資的能力，資本連頭號競爭對手麥當勞（McDonald's）的十分之一都不到。所以，Yum!品牌國際營運主管拜西（Pete Bassi）決定把國際營運市場的數量減到十個，但是要選哪十個呢？

圖二・三以人均收入、人均速食消耗量，以及速食市場總規模（圖中圓圈的部分）標示出Yum!二十個主要國際市場。如果根據這種國家投資組合的邏輯來看，公司很可能會把十個主要市場集中在右邊以及中央圓圈較大的部分。可是這樣一來，公司會徹底忽略距離的影響力！

各位不妨看看墨西哥的例子，以了解「距離」構成的差異性有多麼明顯：這個國家在速食消耗總量這一項，在二十個主要市場之中排名第十六名[26]。不過如果把每個國家和達拉斯——公司總部所在地——的地理距離要素納入考量，市場規模數據經過調整之

圖二・三：主要國際速食市場：人均消耗量 vs. 人均收入

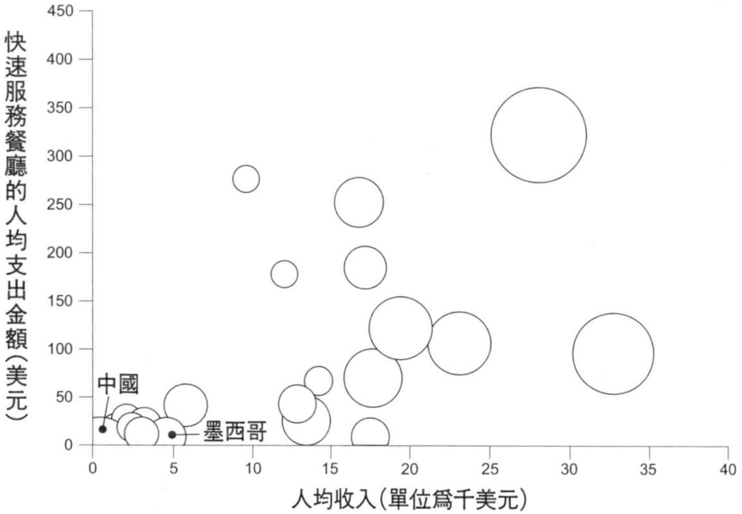

後，墨西哥在商機上的排名隨即躍居第六位。而且，這些數據如果經過進一步的調整，反映接壤國界的要素(假設缺乏接壤的國界會令商機減半)，以及墨西哥和美國同屬NAFTA(如果沒有這一點，同樣也會令商機減半)，這下墨西哥更進一步攀升到第二位——僅次於加拿大。當然，並不是所有調整的要素都是正面的——墨西哥和美國缺乏共同的語言，因此使得排名下降(只不過仍和加拿大以及英國並列前三名)。但整體而言，這傳達出的訊息十分明顯：在合理反映距離要素之後，墨西哥顯然擁有龐大的商機。相對而言，國家投資組合分析沒有把距離要素納入考量，Yum!公司可能因此決定自墨西哥撤資！

拜西怎麼看呢？「墨西哥是我們首要的前二名或前三名。」

我先前警告過這個程序中牽涉到種種的估計值，在此要再提出另外兩點。首先，距離要素的效力要視情況變數而定。**當總部和各國市場之間的距離差異極大**時的效果最好——Yum!案例就很符合這個條件。

第二（也是最重要的一點），市場分析只是一部分的成功要素——有時候甚至只是一**小部分**而已。若要大獲成功，通常得發揮創意思考，了解策略在經過改善之後對競爭地位以及其他層面有何影響，而不是一味機械性地衡量市場潛力。

拜西領導下的Yum!積極調整美國境外營運的結構，這就是一個絕佳的例子。公司在中國的分店數於一九九八年爲兩百六十三家，到了二〇〇五年已增至一千八百家，而且營業所得比公司於一九九八年國際營收總和還要高。公司對中國投資資本報酬率超過百分之三十，資本成本爲百分之九，Yum!現在更表示將在中國打造主導品牌作爲**集團**的主要策略。公司也表示，肯德基在中國的發展有朝一日會「和麥當勞（在美國）一樣龐大」

㉗。這樣驚人表現的背後有什麼因素？

答案很簡單，Yum!體認到中國近年發展極爲迅速，但市場上缺乏一般大眾可以消費得起、輕鬆的用餐地點，注重品質的餐廳更是價值不菲，因此決定重新界定肯德基在中國的定位，增添新的口味、提供完整的餐桌服務，以及更完善的設施。在這個蓬勃發展的領域中，中國Yum!至今尚未遭逢重大挑戰。

值得注意的是，這樣的成果和一九九八年市場分析預測結果的差異有多大，當初如果如以上所說，沒有把距離要素納入考慮，那麼中國根本擠不上前十名。進一步來說，企業通常都會針對地理因素進行調整。不過他們得經過精心設計的競爭定位和其他的策略要素**互補**，而不是取而代之；我會於第三章以及之後的篇幅介紹這個部分。

結論

「全球概論」這個小方框摘要說明本章的重點結論。前面一章（有關半全球化）闡述母國與外國之間差異的重要性；本章更進一步強調國與國之間的差異性有程度之分。本章主要重點在於CAGE架構，從各個層面對距離的衡量闡述「差異中的差異」。傳統分析國家的模型納入這種雙邊距離的衡量要素之後，全球網絡之中的各個國家可以距離各異的節點代表。

在探討過CAGE的距離架構以及可能的應用方式之後，另外值得一提的是，企業在擬定國際策略時**不能**光看「距離」這項要素，這也是為什麼本書後面還有許多重點需要闡述。CAGE架構讓我們得以鋪陳全球版圖。但我們必須更進一步了解各國之間成本與效益的關係，才能判斷出怎樣開疆闢土。譬如，請想想威名百貨進軍市場的策略。公司各地據點距離班頓維爾（圖二・二）愈遠，獲利能力就愈低；這樣的關係固然驚人，但在此不妨更進一步解析，了解威名百貨在獲利市場佔有百分之五以上的零售銷售，在虧損市場卻佔了不到百分之二。很顯然的，威名百貨得在當地市場佔有相當比例，其採購與物流策略方能發揮作用。這樣一來，問題便聚焦於：基於距離要素（也要配合公司的策略思維等），公司在特定目標市場眞的能夠達到所需的市佔率嗎？第三章將更進一步分析這些價值創造以及成長動力的議題。

全球概論

一、在一個半全球化的世界，國與國之間的差異須列入考量。

二、差異度與相似度對跨國性經濟活動產生的效應是巨大的——不要認爲這些效應已日漸消失。

三、距離可以作爲捕捉各國差異度的絕佳衡量指標。

四、距離必須被視爲擁有四種構成要素的多重空間架構：文化的、政府行政的、地理的、經濟的。這些在CAGE距離架構裡都已做了扼要說明。

五、CAGE距離架構在工業層級獲得極具代表性的應用，也就是說，國與國之間距離的重要性取決於各國工業的不同特色。

六、CAGE距離架構的應用包括：凸顯差異化、了解身爲外國業者的負擔、市場的比較，考量距離的影響，並減小市場規模。

3

創造全球價值：$\frac{1}{10}$與4之間

從在地到跨國，ADDING價值計分

在我看來，人類絕大多數的苦難都是源自對價值的錯估。

——富蘭克林（Benjamin Franklin），《口哨》（*The Whistle*），一七七九年

我們在第二章討論過國與國之間的異同，並從國家與產業層級探討CAGE距離架構和其重要性。本章將探討在這個「距離」依然舉足輕重的世界中，企業**爲什麼**（如果還有這個必要的話）應該全球化。

本章一開始將簡短介紹企業面對「爲什麼全球化？」的問題時，通常會採取什麼樣的全球策略因應（或沒有加以因應）。接著，我們將說明（以墨西哥希麥克斯水泥集團自

一九九〇年代初期首執全球市場牛耳的案例）ADDING 價值計分卡，怎樣在跨國背景延伸、應用單一國家的增值概念。本章將深入探討 ADDING 價值計分卡及其箇中元素，並以具體問題引導讀者分析應用的原則和方法。最後，本章將簡短地介紹如何進一步探討永續經營的能力，發揮判斷力三方調查，以及怎樣跳脫單純分析哪些策略方案比較能夠產生優勢策略的思維。

爲什麼全球化？

坊間許多著作雖以全球化爲題，但並未探討企業爲什麼應該全球化。這些作者避之不談的原因有很多，其中最重要的應該是各界普遍相信全球化的末世預言，自然沒有必要進一步探討箇中原因。

第二則是可能受到排擠效應的影響，從一九八〇年代末期以來，許多相關著作都是從企業的角度探討「怎麼做」，而不是「爲什麼」：怎樣聯繫彼此相距遙遠的單位、建立全球網絡、尋覓以及訓練全球管理者、建立眞正的全球企業文化①。而且，從某個程度來說，這些著作探討的是全球策略，而不是全球組織；強調怎樣建立全球據點——打入適當的全球市場、選擇正確的收購標的，或適合的全球合作夥伴②。這些重點探討「地點」與「對象」的相關重要議題，但還是沒有著墨於「爲什麼」。

第三點是從實際的角度來看，人們往往以爲全球策略極爲複雜、充滿不確定性，所以相關策略的成功與否幾乎全憑信心而定。單一國家擬定策略的方式也反映出這樣的心態；對於比較無關緊要的決策，他們會進行深入的成本效益分析，可是碰到重大決策，就只能雙手一攤，全憑動物性的直覺——已故的巴金生（C. Northcote Parkinson）最早發現這個現象，並提出定律加以闡述，只是這個定律比較不爲人知而已③。

不管眞正的原因是什麼，全球企業（或有意進軍全球市場的企業）的執行主管面對全球化的原因時，往往只會喊口號，而不是具體的回答。維丁（Paul Verdin）以及海克（Nick Van Heck）特地把這些口號集結起來，內容之貼切頗爲驚人，否則其實還滿好笑的（參考圖三・一）。

而且，不光是外行人會爲這些口號所吸引。各位還記得第二章談過，一九九〇年代初期，電力事業掀起龐大的對外直接投資熱潮，結果卻都鎩羽而歸。在針對一九九三年到二〇〇二年之間，美國二十四家公用事業兩百六十四件對外投資案進行分析後顯示：

圖三・一：國際化口號

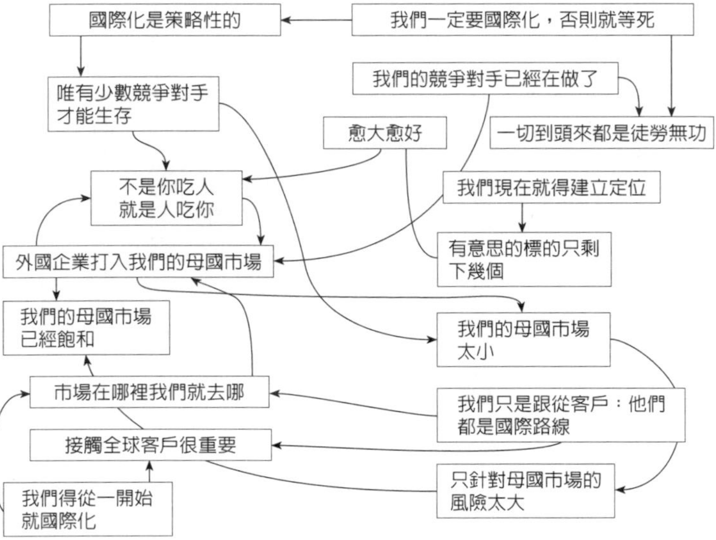
國際化是策略性的
我們一定要國際化，否則就等死
唯有少數競爭對手才能生存
我們的競爭對手已經在做了
愈大愈好
一切到頭來都是徒勞無功
不是你吃人就是人吃你
我們現在就得建立定位
有意思的標的只剩下幾個
外國企業打入我們的母國市場
我們的母國市場已經飽和
我們的母國市場太小
市場在哪裡我們就去哪
我們只是跟從客戶：他們都是國際路線
接觸全球客戶很重要
只針對母國市場的風險太大
我們得從一開始就國際化

- 「地位崇高」的企業（也就是董事成員當中有人在財星五百大企業擔任現任（或卸任）總監或高級主管的企業）特別容易大舉進行FDI。
- 股票分析師在二〇〇一年一直特別注意大舉進行FDI的企業，並建議投資人買進他們的股票。
- 在一九九八年之前，股市對FDI的反應一直都是正面的，投資潮本身在一九九八年到二〇〇一年達到高峰——在FDI對企業財報的負面影響開始明朗化**之後**④。

當然，說到跨國投資，不是只有企業主管和金融市場才會一頭熱——國際商業相關著作的作者通常也有這個問題。讓我再以三個簡單的例子來強調這一點。威名百貨（儘管第二章探討過各種考量）以其國際規模和成長速度，在國際間向來享有零售巨擘的稱號，但近年卻開始撤出部分發展比較不成功的市場。有本熱門的國際商業教科書（這也是許多商學院喜歡採用的案例）形容希麥克斯水泥集團對資訊科技的運用，堪稱同業間的領導者，而且善於照顧旗下經銷商；可是誠如我們將在本章所見，這些都不是公司亮麗的主要原因。而飛利浦（Philips）（第四章將針對該公司的發展歷程加以介紹）雖然瀕臨破產邊緣，但許多書中還是把公司寫成是各種現代組織模型的典範。

以上這些案例都有個共通之處：那就是對於創造經濟價值的忽視。我們在這種種例子當中看到的，盡是對價值的忽視或是分析淪爲表面文章，生存被視爲價值創造的表徵，或只看績效的衡量指標。很顯然的，企業必須將焦點進一步擴及價值創造（這一點已經事實證明有助於單國策略的發展）。本章稍後會對此加以深入介紹，不過在此還是要先探討以價值爲焦點的觀點有多麼重要。

希麥克斯水泥集團：在水泥產業以跨國拓展市場創造價值

水泥業界實在不像是國際化的環境。判斷ＦＤＩ傾向的兩大指標——研發對銷售（R&D-to-sales）以及廣告對銷售（advertising-to-sales）比率都非常低。產品價值對重量比（value-to-weight ratio）也是如此（這點更印證了地理距離的影響力）。此外，產品在船運（這是長途運輸唯一符合成本效益的方法）過程中一旦受潮，就無法使用。

這些基本條件雖然看來實在不怎麼樣，但從一九八〇年代以來，水泥產業的全球集中度便大幅增加——當時水泥業界五大競爭對手只掌握全世界市場的百分之十一左右，但拜跨國收購之賜，現在更朝著百分之二十五逼近；這個數字顯示水泥產業全球集中度的增幅，在我收集資料的主要產業當中絕對是數一數二的！水泥業界的主要業者（在這段期間依然獲益豐厚）似乎透過跨國收購大舉擴張版圖。其中最值得注意的是希麥克斯水泥。該公司在一九八〇年代末期所有產能都在墨西哥，根本擠不進五大龍頭之列；但自此之後卻搖身一變，晉升全球第三大競爭對手，獲利能力更是傲視群雄。希麥克斯水泥怎樣締造這樣優異的表現？更重要的是，全球化在當中扮演什麼樣的角色？

數大就是美

跨國拓展業務版圖最常見的理由——追求更大的數量以及掌握市場佔有率——似乎也符合希麥克斯水泥的案例。各位不妨將希麥克斯水泥和巴西的沃多拉丁水泥公司（Votorantim）進行比較。沃多拉丁水泥集團總部也設在拉丁美洲，一九八八年時，其規模在全球排名第六大，略大於希麥克斯水泥。但不過十五年的光景，希麥克斯水泥卻晉升爲全球第三大龍頭，而沃多拉丁水泥的排名卻下滑到第十名。這段期間到底發生了什麼事？簡單來說，沃多拉丁水泥進行水平多元化發展，進軍紙漿、造紙、鋁業、以及其他金屬產業。希麥克斯水泥卻正好相反，針對地理位置多方拓展版圖。從某個程度來說，希麥克斯水泥跨國發展是**勢在必爲**，因爲他們在墨西哥的母國市場太小——遠遠小於沃多拉丁水泥在巴西的母國市場——而且在一九八九年之前，希麥克斯水泥已經掌控墨西哥三分之二的產能，所以國內市場能夠繼續成長的空間相當有限。

然而，希麥克斯水泥爲什麼能夠維繫如此優渥的毛利（從更廣泛的角度來說，也就是採取收購其他國家現有產能的策略以創造價值）？誠如電力產業其他外資投資人所發現的，光是「追求數量」的收購策略，不足以因應國際企業創造價值最根本的試驗，也就是所謂的**相得益彰測試**（better-off test）：結合以及整合各地活動所創造的價值，是否超過各單位獨立運作的價值。除非答案是肯定的，否則這種收購策略就得靠價值轉移（value transfer）——也就是以低於真正價值的價格水準收購資產，才能順利創造更優渥的價值。如果可行當然很好，但這通常是行不通的，尤其是因爲收購議價以及交易成本的影響。

毛利

基於對數量的討論，我們必須評估希麥克斯水泥全球拓展的行動對毛利的影響，才能應用「相得益彰測試」。毛利與其兩大要素（價格與成本）的比較是個不錯的起點，但許多（或許應該說大部分）對希麥克斯水泥的分析都是在此走偏——單純以價格百分比來說明成本與毛利——這種錯誤雖然單純，但卻也很嚴重，結果就像圖三・二這樣。圖三・二針對希麥克斯水泥與其最大的全球競爭對手——霍爾辛水泥（Holcim）（當時這兩

圖三‧二：希麥克斯水泥與霍爾辛水泥：營收百分比

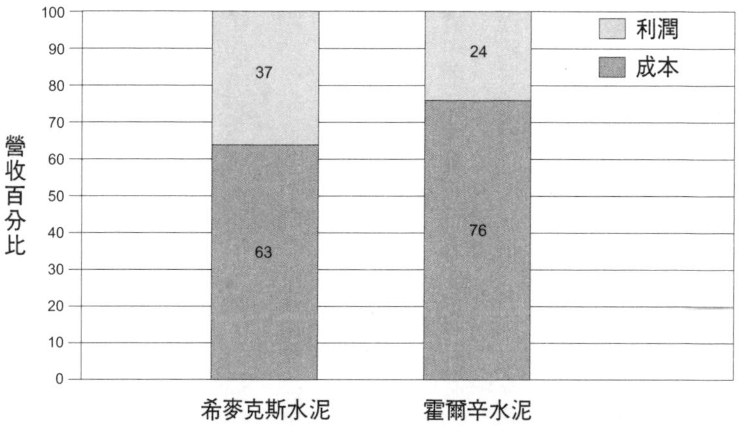

圖三‧三：希麥克斯水泥與霍爾辛水泥：每噸金額

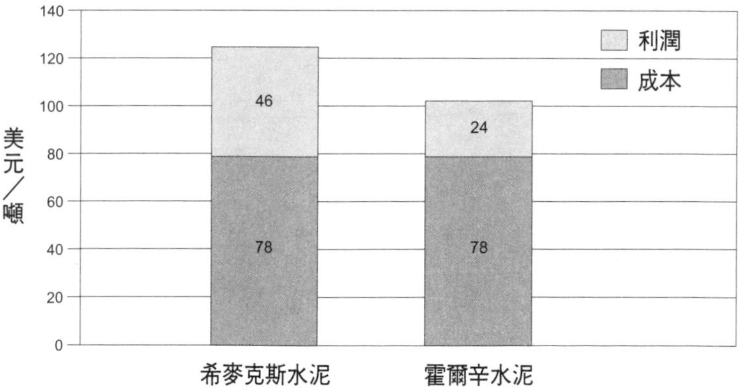

家公司都還沒有大舉進行多元發展）進行比較，結果不但證實希麥克斯水泥的平均毛利高於霍爾辛水泥，而且顯示希麥克斯水泥的成本較低。

圖三．二有個問題，那就是把成本與毛利說成營收的百分比，把成本以及價格差異混為一談。各位不妨比較希麥克斯水泥與霍爾辛水泥**每噸**的經濟效益（圖三．三），就會了解這兩者差異可大了，因此不能混為一談。圖三．三清楚呈現希麥克斯水泥的優勢來自平均價格較高，而不是平均成本較低。

成本

圖中顯示希麥克斯水泥與霍爾辛水泥每噸營運成本相當，人們可能因此以為希麥克斯水泥的成本沒什麼值得注意之處。可是我還是要說，別這麼快下結論。希麥克斯水泥成長的速度要快得多，這一點通常會令複雜度以及營運成本大增——尤其是大舉進行收購活動的情況下（換句話說，數量增加在短期到中期而言會使得成本跟著增加）——可是營運成本卻和對手相當。公司在合併之後的整合流程尤其令人驚訝。整合速度愈來愈快，而且更加周密。所以，希麥克斯水泥在一九九〇年代初期收購該西班牙業者之後，

圖三・四：希麥克斯水泥的資本成本

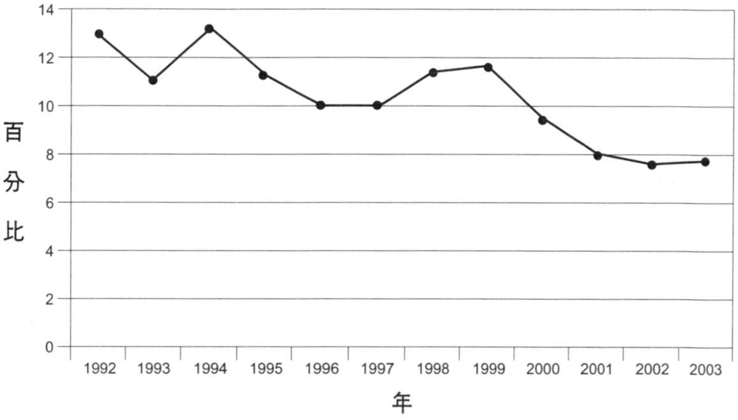

花了大約二十四個月的時間進行整合、正常化營運平台；八年之後，他們在美國收購規模相當的公司，卻只要四個月便整合完畢。

第二，營運成本的比較並未考慮到資本或融資成本，這一點對於資本密集的水泥業影響十分重大。這些成本可以進一步解構爲資本加權平均成本（weighted average cost of capital, WACC）乘以產能每噸的投資額。希麥克斯水泥的投資與收購成本和其競爭對手似乎旗鼓相當。不過，圖三・四顯示希麥克斯水泥在一九九二年到二〇〇三年初之間，資本成本卻呈現相當穩定的下跌趨勢。

圖三・四的曲線逐漸下降，其中有許多因素，而希麥克斯水泥和墨西哥某家銀行（該銀

行於一九九〇年代初期民營化，希麥克斯水泥也有收購部分股權）保持密切的關係，可能也有影響。不過在此我要將重點放在全球化相關的要素上，資本加權平均成本下降的趨勢背後似乎有兩大因素。第一，各產品市場的整合有助於降低希麥克斯水泥現金流量的波動程度（我將於「風險」的部分對此進一步說明）。此外，誠如公司執行長詹布南諾（Lorenzo Zambrano）所觀察的，資本市場全球化帶動產品市場的全球化（至少有一部分是如此）。希麥克斯水泥還是本土公司時，幾乎完全仰賴當地的融資管道。不過在大舉併購西班牙的競爭對手之後，希麥克斯水泥開始透過西班牙營運的融資管道推動其他的收購案。因爲在西班牙的利息可以抵減稅額（但在墨西哥不行），而且西班牙有許多投資的優惠措施，以及在已開發國家資產有抵押價值，不會受到「墨西哥風險」（Mexico risk）的影響。許多墨西哥企業在國家於一九八〇年代完全開放之後，都積極爭取外資，但希麥克斯水泥在這方面卻捷足先登，很早就開始仰賴歐洲（而不是美國）方面的資本，以海外收購的資產作爲抵押品，企業的融資小組已經發展得相當完善。

希麥克斯水泥雖然擁有歐洲的融資管道，但相對於主要競爭對手（這些對手的公司總部都設在歐洲）卻**未必**有助於優勢的創造。但可以確定的是，至少公司不至於因爲資本成本高而面臨重大劣勢。尤其是水泥業屬於資本密集的產業，即使只是一點點的資本成本劣勢，也可能對公司跨國拓展的策略構成致命打擊。所以，根據分析師報告的假設前提，進行過大略的敏感度分析（sensitivity analysis）之後顯示，希麥克斯水泥的資本加權平均成本減少百分之零點五，市場價值就會增加百分之五。經過兩相比較之後，希麥克斯水泥估計，他們將收購融資轉移到西班牙，可讓資本加權平均成本減少百分之二點五之多！

價格以及願付價值

希麥克斯水泥和其頂尖全球競爭對手之間的差異，眞正讓人驚訝的在於希麥克斯水泥的平均定價要高得多。希麥克斯水泥在收購國內品牌的同時，也開始推出國際品牌，這一點或許有相當的影響，尤其是採取少量袋裝的策略，而不是大批出售。而且因爲達美樂披薩（Domino's Pizza）的靈感啓發，公司對大批購買的客戶保證，可在十五分鐘之內交貨，讓客戶得以降低昂貴的停機時間（downtime），進而提高買方價值（buyer value）以及願付價值。

圖三・五：希麥克斯水泥於一九九八年到二〇〇二年之間，於各國或各地區的獲利能力

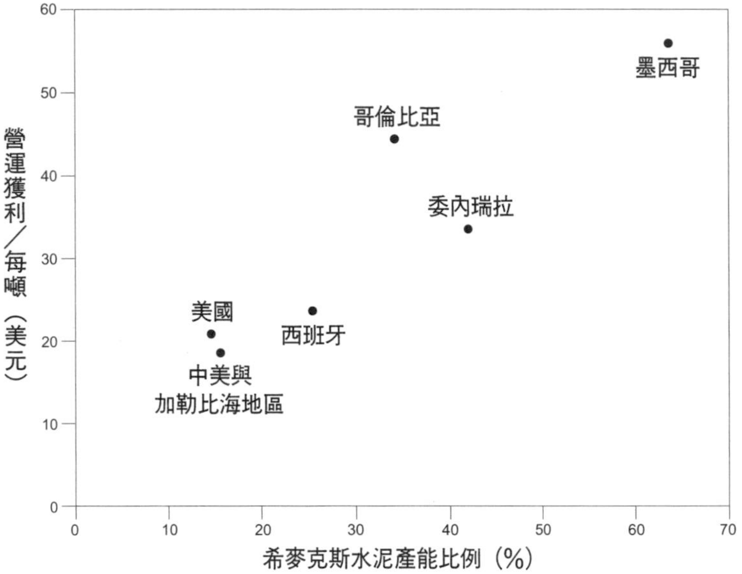

許多觀察家會以這些策略說明差別定價的影響力，即使在水泥這樣的大宗商品也不例外。可是常識告訴我們，這充其量只是部分原因而已，一般而言，希麥克斯水泥的價格比霍爾辛水泥的高出百分之二十。誠如大家所知，水泥業的廣告密度（advertising intensity）很低，公司保留國內品牌的做法，應該會令他們打造全球品牌的努力大受牽制；另外像是交貨保證之類的重大策略，一直都侷限於墨西哥的母國市場（直到近年才有改變）。價格面的重大推動要素應該是議價與市場力量才對，我們將在以下加以討論。

價格與槓桿力量

一般認爲在成本或願付價值沒有差別的情況下，價格差異會反映出槓桿力量或議價能力的差異。這一點對希麥克斯水泥而言顯然是個重大因素。希麥克斯水泥的收購標準十分嚴謹，收購對象的國家或地區必須符合以下這些條件：有助於公司⑴減少競爭同業的數量，⑵在競爭對手中拿下最大的市佔率，以及⑶得到收購公司的控制股權。圖三‧五摘要說明公司根據這些標準收購的結果。

值得注意的是，希麥克斯水泥的主要市場營業獲利和市佔率之間存在明顯的關聯。其實，這些關聯是基於議價能力，並不是效率：希麥克斯水泥「在打理一個國家的市場時」（也就是整合市場的意思），當地其他業者通常也能因此受惠：這個事實證實了這樣的理念。譬如，希麥克斯水泥在墨西哥其他規模較小的競爭對手，也擁有驚人的獲利能力。

不過如果國內價格只要一超過某個水準，外國進口商品就可蜂擁而入的話，這樣的國內市場整合也無助於獲利能力的提升。但希麥克斯水泥也掌控了所謂「策略峽灣」（strategic narrows）的軍事策略，在其主要市場擁有左右進口商品水準的影響力。尤其重要的是，希麥克斯水泥在全世界各地擁有六十座海運站（marine terminal）的網絡，光是在西班牙海岸就有九座，有助於防禦低球策略（lowballing）入侵的競爭對手（以低價產品入侵市場）——甚至對外國市場構成威脅。這樣一來，他們可以**出口**，但自己的市場卻幾乎滴水不漏，讓外國競爭對手不得其門而**入**。希麥克斯水泥身爲全世界最大水泥交易商的角色，更強化本身的掌控能力——大多數水泥產品都是第三方業者生產。這樣的業務本身獲利能力並不高，但買賣其他業者的產品讓公司得以保護主要市場，以免低價競爭對手進口，也有助於在其他市場累積經驗，在當地尋覓值得收購的工廠。

諷刺的是，希麥克斯水泥就是因爲這個層面的威脅，才會想要積極全球化。具體來說，就是霍爾辛水泥一九八九年在墨西哥的投資案，使得希麥克斯水泥在一九九二年開始，大舉進軍對手投資基礎雄厚的西班牙。此舉顯然顯示墨西哥一旦爆發價格戰，西班牙肯定也會跟進。不過結果並**沒有**爆發價格戰。當然，這樣的主導地位以及互依關係（尤其是和其他全球競爭對手），已引發反托拉斯（antitrust）的調查以及官司訴訟，有些案件到現在還在進行當中。

風險

全球化也有助於希麥克斯水泥管理風險（所以誠如以上所說，進而有助於降低公司的資本成本）。營建業（水泥產業的推動力量）向來會受到地方或地區景氣循環的重大影響。希麥克斯水泥把營建業景氣循環不同的市場進行整合，有助於降低現金流毛利的標準差，從一九七八年到一九九二年的百分之二十二（就在如火如荼收購西班牙業者的這段期間）一直降到一九九二年到一九九七年的百分之十二。要不是如此，一九九〇年代中期墨西哥的貨幣危機期間，希麥克斯水泥就得被迫接受全球競爭對手的收購案。希麥克斯水泥經過全球化之後，就跟全球競爭對手一樣，當地競爭對手受到當地景氣循環的打擊時（譬如一九九〇年代末期的亞洲貨幣危機），便可以小部分的重置成本（replacement cost）買下對手的公司。

知識

在此要討論的最後一個重點是，全球化對於知識的創造與轉移有何影響。當你一旦跨出墨西哥的國門，生產、銷售水泥時，也有機會學習各種實用的新事物。圖三・六摘要說明，希麥克斯水泥在一九九〇年代與二〇〇〇年代初期全球各地最佳實例的起因。這種跨國學習有一部分是剛好碰到，但有一些是公司在全世界各地刻意追求資訊以及堅持施行的成果⑤。公司更以「希麥克斯水泥之道」（The Cemex Way）統合各地組織機制——全世界各地都採用共同語言（英語而不是西班牙語）、輪調全世界各地主管、採用國際顧問以及持續投資科技（其中包括資訊科技）——學習怎樣實現未開發的潛能。這種種舉動更充分反映出公司的決心。

表三・一摘要說明這個部分。灰色部分尤其重要，充分說明爲什麼公司沒有以全球化之名（以這個案例而言），利用國內營業獲利資助海外虧損的業務。

希麥克斯最佳實例挑選的起因
西班牙，一九九〇年代初期
・簡化衡量方式以及預算流程
・加強對財務談判的控制，以及提升相關資訊
・工廠管理技術以及工具
・水泥乾燥爐採取石油焦煤
美國，二〇〇一年
・卡車維護以及零件替換更有效率
・新的產業安全訓練程序
巴哈馬，一九九〇年代中期
・興建水泥集裝架
墨西哥，一九八〇年代至今
・船隊管理與物流效率
・強大的現金流預測以及付款與收款的管理
・經銷管理的正常化 IT 平台
・特許授權經銷網絡
南美洲，一九九〇年代中期至今
・簡化以及加強更新監察與會計
・加強顧客服務文化
亞洲，一九九〇年代末期
・在菲律賓、台灣以及新加坡進行運用測試之後，採用新的 IT 網路以及生產力標準

圖三・六：希麥克斯水泥的知識轉移

表三・一：全球擴張的 ADDING 價值：希麥克斯水泥的案例

價值要素	希麥克斯水泥的成就、努力或企圖	效果與評論
追求數量或成長	成爲前六大，接著擠入前三大	× 績效是和國家或是當地規模有關，而不是全球規模（否則第三名就不會創造最可觀的獲利）
減少成本	減少營運成本	+？效果可能有限，因爲希麥克斯水泥收購在當地市佔率高的競爭對手，而不是進行組織再造的公司；每噸營運成本不會比霍爾辛公司低
	合併之後的整合（PMI）成本	+？PMI流程進行更新，從兩年（一九九二年的西班牙）壓縮到一百天，減少意外干擾，以及收購之後的整合成本
	收購成本	× 透過收購推出低價供應（bottom-feeding）的策略雖然收關成功，但並未影響買方和收購者之間分配大餅的比例
	透過抵押、稅務套利、風險手段減少資本成本	+ 相對於富有國家的競爭對手未必構成優勢，但至少能夠避免巨大劣勢。跨出墨西哥國門是重大關鍵
市場區隔或提升願付價值	塑造品牌	× 塑造的品牌大都是當地的；製造業的廣告對銷售與研發對銷售比低
	營建產品零售	× 互補產品的條件通常比較有競爭力，限制產品搭配出售的可能性
	十五分鐘的交貨保證	+ 只在墨西哥提供（雖然可能在其他地方推出），但在全世界引起許多話題 + 由於跨國差異性不大，避免顧客願付價值降低

表三・一 將希麥克斯水泥增添價值的方式解構爲六個元素：追求數量（adding

ADDING 價值計分卡

提升產業吸引力或議價能力	當地比例高或集中標的提升	＋主打地方或國家規模或集中度，令集中地方市場的價格和獲利能力大獲提升（墨西哥、哥倫比亞和委內瑞拉三家公司的集中比例超過百分之九十）
	主要市場（最大的經銷商）進口的多樣性	＋強化對當地競爭的掌控：這類交易讓收購的標的軟化 －反托拉斯案：墨西哥、哥倫比亞、委內瑞拉
風險正常化（最適化）	每季現金流毛利標準差降低：百分之二十二（一九七八年到一九九二年）降到百分之十二（一九九二年到一九九七年）	＋重要，且具一定規模的標準差降低；資本密集度；基於橫跨國界有限的水泥價格差異。
	競爭風險降低	＋重要：其他爲跨國企業看中的地方業者 ＋風險以及成長的選擇也增加：以東南亞的產能取代西班牙的產能
創造知識（以及其他資源和產能）	希麥克斯水泥之道和最佳實踐的結合與推廣	＋產業同質性、技術標準化、產出的可衡量性讓知識轉移變得容易
	全球思維：輪調、採用英語、美國顧問、系統	＋以全球爲重，而不是水平擴張和密集的掌控、干預（中央化以及標準化的支持）

rolume）、減少成本（decreasing costs）、市場區隔（differentiat）、提升產業吸引力（improving industry attractiveness）、正常化風險（normalizing risks），以及知識（和其他資源）的創造與部配置（generating and deploying knowledge）。而這些元素即構成我們所謂的「ADDING價值計分卡」。這樣的縮寫，一方面是爲了協助各位記住計分卡的各項元素，更深層的用意是強化各位讀者對價值創造的思考，以希麥克斯水泥的例子來說，這些都是一般的價值。這些分析價值的要素具可公度性（commensurability），可以加總判斷整體價值增減。

ADDING價值計分卡秉持以及延伸企業界對於價值創造的重視（企業界顧問以及學校課堂上，對這類價值創造都進行過周詳的測試），並進一步應用到單一國家的策略。値得注意的是，「價值」乃數量與毛利的產品。在單一國家策略之中，毛利本身已解構爲這兩大要素，可以呈現企業營運環境中一般的吸引力，以及企業相對於一般競爭對手的優勢或劣勢⑥。廣泛來說，跟一般所謂企業的基本方程式有關：

你們的毛利＝產業毛利＋你們的競爭優勢

麥可・波特（Michael Porter）已於著名的產業結構五力架構（five-forces framework）中，探索產業毛利或獲利能力的策略決定因素——也就是方程式等號後的第一項⑦。波特與其他學者（尤其是布蘭登柏格〔Adam Brandenburger〕以及史都華〔Gus Stuart〕更針對競爭優勢的決定要素（也就是等號後的第二項）進行研究，強調願付價值以及（機會）成本⑧：

你們的競爭優勢＝（你們公司的願付價值－成本）－（你們競爭對手的願付價值－成本）＝你們的相對願付價值－你們的相對成本

換句話說，在單一國家策略之中，競爭優勢的重要性已逐漸演變爲所謂「競爭契機」（competitive wedge）的經濟型態。如果公司在「願付價值」以及「成本」這兩項，擁有比競爭對手更大的競爭契機，便可說是也具備優於對手的競爭優勢。

ADDING價值計分卡是基於單一國家策略六大價值要素之中的四個：追求數量（或是在比較動態的架構之下追求成長）、減少成本、市場區隔或增加願付價值（increasing willingness-to-pay）以及提升產業吸引力。另外兩個要素——正常化風險，以及知識和其他資源的創造（反映出各國之間極大的差異）已在第二章討論過。這些是企業可以根據本身情況在國際策略中附加的要素，希麥克斯水泥的案例也充分說明箇中潛在的重要性。我比較喜歡採用「知識創造」（knowledge generation），並將其他可能因爲全球化而創造（或過時）的要素納入。這樣有助於避免過度強調學習——學習固然重要，但國際策略對此卻有些過度執著——而且，其他可能影響公司未來商機的資源（即使目前並未立刻呈現在公司的現金流上），也可因此獲得重視。

這應該足以解釋圖三・七的邏輯，這些表格和表三・一的計分卡是一樣的。此外，這套邏輯跟可公度性（commensurability）與加總（adding up）有關，企業界其他常見的價值計分卡，大都單純列舉多少偏於武斷的分類項目，這點讓 ADDING 價值計分卡顯得尤其與眾不同。

進一步討論如何分析圖三・七的內容之前，我們應先談談幾個廣泛的分析原則：周延思考價值創造、各種類型的解構、單純量化以及比較的重要性。

圖三・七：ADDING 價值要素

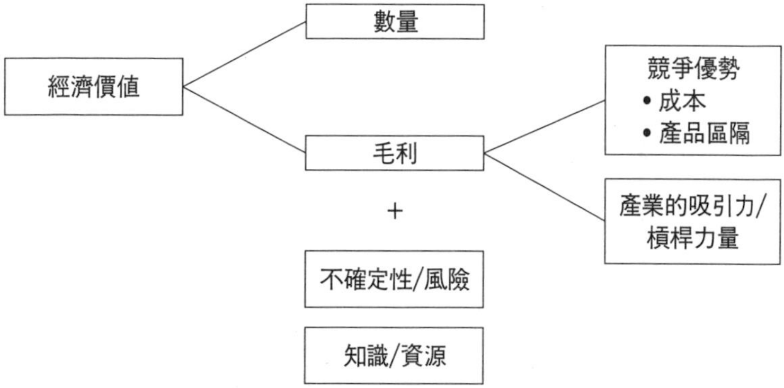

周延性

ADDING價值計分卡的策略用意在於超越規模主義的思維，廣泛探討跨國發展的價值創造。規模主義追求的標準隱含著這樣的意思：**這個世界很大，現有的（或正在進行的）數量可觀，我們得撈到自己的這一份！**這種主張常見的推論是：**我們可以跨國追求更大的數量以降低成本**。這兩個概念未必有道理，完全要看情況而定。但表三・一以及圖三・七強調的重點是，這些都只是ADDING價值計分卡中的分項。如果你們廣泛了解企業跨國發展可能怎樣促進價值的創造，會更有機會發揮最大的潛力。

當然，我不是說這些要素對於每個產業或每家公司都同樣重要。而且，在公司發展的歷程當中，各種價值要素的重要性在不同的時間點也一樣。譬如，花旗銀行（Citibank）在順利打入第一百個國家的市場之後，才開始認真將國家風險納入進軍市場的考量之中。所以，以下各章討論的例子只會介紹圖三‧七之中最具關聯性的要素，不會企圖面面俱到。但在實際的分析中，一開始就要做得周延：這六大價值要素當中，有一些或許比較不引人注意，但至少全部都要**考慮**到才行。

解構

除了強調周延性之外，也要考慮到解構（unbundling）（也就是「分解」〔disaggregation〕）的重要性。這一點光是從計分卡結構本身便可看出。在分析價值創造的過程中，其他類型的「解構」也相當實用。分析人員通常會分解公司的活動或流程，進而分析各環節對於ADDING價值計分卡要素的貢獻。而價值要素本身或許也值得進行分解：希麥克斯水泥將營業成本與資本成本分開分析的做法，就是個很好的例子。

當然，各位也要記得計分卡背後的策略用意：對於價值創造的各種可能性建立周詳的全貌。所以，當你們在對各個要素逐一進行分析之後，一定要接著建立或重建整體的願景——表三．一有關希麥克斯水泥的案例就是如此。

量化

分析中多少要納入量化的計算，才能發揮力量。所以，我和許多研究小組討論過希麥克斯水泥的案例，他們大都把重心放在公司降低成本以及提升售價的努力上頭。但我們還得經過一些計算，了解其相對規模，才能對未來市場選擇之類的議題有深厚的認識（譬如，如果希麥克斯水泥利潤比較高是因爲成本優勢，那麼市場吸引力對於公司選擇市場的決策考量，就不會那麼重要）。

我要強調的是，「量化」所增添的價值大都來自單純的計算——其中大多數和希麥克斯水泥分析案例一樣——了解各種影響力的相對規模、主要利潤來源、公司和競爭對手在經濟層面有何差異，以及進行損益平衡分析（breakeven anaylses）。所以，如果有客戶問我該不該進行某樁收購案，我可能會在某個時點建議進行折價現金流量分析（discounted cash flow analysis）——但大多數時間應該還是花在上述的這些分析上頭，以了解這類分析應該納入考量的現金流量。

當然，就算是簡單的分析，還是應該建立假設，分析結論對於這些假設的敏感度，如果有必要的話，甚至要重複進行。另外值得一提的是，並不是所有的重點都能夠量化。有一種方法是盡量量化分析各種活動的相對預期價值（expected value），接著和沒有納入量化計算的質化考量要素（qualitative considerations）進行比較。這樣的流程可以大約看出這些質化考量要素需要多少分量，才能和這些分析數字相抗衡。

除了經濟價值之外，這類方式也可用來評估其他類型的價值。就算你們的決定不會因爲經濟價值而動搖，但最好還是先了解本身偏好的方案對公司經濟面有何影響，再做出最後的結論。

進行比較

分析結果通常需要經過比較，才能發揮眞正的影響力。可能的比較類型包括以下幾種：

- **A方案與B、C方案的比較**：這種比較方式尤其適合決策之用。在面臨許多方案的情況下，將各項方案彼此進行比較通常較為理想，而不是逐一分析各項方案做與不做的利弊。其中部分原因是因為，有些考量因素難以單獨進行分析（譬如以上所說的質化要素），但在這種聯合評估的方式下則有機會納入考量⑨。
- **比較不同時點的立場**：這種比較方式尤其適合監督、診斷之用，所以，與其檢討有沒有改善，不如評估改善速度是否令人滿意（也就是說，改善速度有沒有超過目標，還是說達到某些績效目標便已足夠）。本章稍後在討論「永續經營的能力」時，將對這類分析進行更進一步的討論。
- **和競爭對手的比較**：這種比較方式對於診斷用途通常會有直接的幫助——當然，我們也可針對分析結果凸顯的差異之處，找出補救或加強的方案。慎選標竿分析的競爭對手，攸關這類分析方式眞正價值的發揮。
- **和市場委外契約（market contracting）的比較**：這裡的問題在於，結合和整合各地活動會不會創造出比各單位單打獨鬥更大的價值——「相得益彰測試」已探討過這一點。這種角度的比較方式讓企業不得不重新思考內部的作業情形，所以對他們評估收購者以及延伸策略思維特別有幫助。

當初分析希麥克斯水泥的案例，雖然是爲了了解該公司績效爲什麼超越競爭對手，但分析過程當中還是涵蓋了上述所有的比較方式。

現在我們可進而討論 ADDING 價值計分卡的六大要素。

ADDING 價值計分卡的要素

透過希麥克斯水泥的具體案例，各位對於 ADDING 價值計分卡的六大要素已有些了解，但我們得從一般觀點進一步探討，才能眞正發揮計分卡的價值。如表三・二所示，以下討論會根據六大價值要素逐一推薦適合的分析方式。

表三・二：ADDING價值計分卡的應用

價值要素	原則
追求數量或成長	• 注意數量增加在經濟面創造眞正的獲利能力 • 了解額外數量創造規模經濟（或是範疇）的水準：全球、國家、在工廠或顧客層級 • 衡量規模經濟（範疇、受影響之成本或營收的百分比）的力量 • 評估數量造成的其他影響
減少成本	• 成本的影響力和價格的影響力脫鉤 • 將成本解構爲分項項目 • 考慮成本的增加（因爲複雜度以及適應）以及降低，並取得淨值 • 觀察規模或是範疇之外會影響成本的要素 • 觀察所屬產業（或是公司）勞工成本對銷售比
市場區隔或是增加願付價值	• 觀察所屬產業研發對銷售以及廣告對銷售比 • 專注於願付價值，而不是付出的價格 • 思考全球性對於願付意願的影響 • 尤其要分析跨國（CAGE）的偏好異質性對於產品願付價值的影響 • 妥善區隔市場

提升產業吸引力或議價力	• 考慮產業在世界各國獲利能力的差異 • 了解所屬產業的集中動態 • 探索產業結構改變的影響 • 尤其要思考競爭敵意的加速發展或減緩 • 體認到你們爲競爭者成本或其產品願付價值的所作所爲會有何影響（侵蝕其地位對於價值創造的影響程度，不下於本身地位的提升） • 注意法規方面以及其他非市場性的限制——和倫理
正常化風險（或是最適化）	• 爲所屬事業的主要風險來源和程度分類（資本密度、不可逆轉性的其他關聯、需求的波動性） • 評估跨國營運對於風險增加或減少的影響程度 • 了解風險增加會帶來多大的利益 • 考慮各種管理曝險的模型或是探索各種選擇方案
知識的創造（以及其他資源和能力）	• 評估和當地相關的知識以及知識的移動性 • 考慮各種創造知識的模式（以及知識的擴散） • 以類似的方式思考其他的資源或能力 • 避免重複計算

追求數量或成長

誠如第一章所說的，企業追求全球化最主要的原因，很可能是因爲母國市場已經沒有什麼發展空間。但如果這是企業向外發展的唯一原因，那麼一動還不如一靜。所以，誠如我在討論希麥克斯水泥的案例時所說的，在市場大餅沒有增加的情況下，要想透過收購來創造價值，只能以低於眞正市值的水準收購才行——這個目標雖然值得贊許，但並不是單方面可以達成的。

麥當勞這家具有全球象徵地位的企業，最近才自行領悟到這個道理。根據公司執行長史金納（Jim Skinner）的說法：「事實證明，我們雖然規模愈來愈大，但並沒有變得更好，而我們必須不斷追求進步才行……我們在四年當中耗資四十億（或五十億）美元的資本支出，在各地興建新的分店，可是公司的營業收入成長和此並不成比例，所以我們決定專心經營現有的業務。」⑩

不過雖然許多公司領悟到數量的累積不見得會創造獲利，但卻有更多的公司依然執迷不悟。到底有什麼方法可以讓他們改善績效呢？

專注於經濟利潤，也就是獲利減掉資本回收成本。會計獲利減掉資本成本的計算方式有助公司聚焦於眞正的價值創造——可是許多跨國企業長期以來在各國的投資組合，一直締造負面的經濟價值，這些企業投資的國家數量眾多，似乎很難聚焦於此（參考第八章說明）！這些赤字一旦凸顯出來，有助於企業探討這些投資案是否思慮周密，營運成果是否理想。

了解規模（或範疇）經濟眞正的影響力。規模經濟是ADDING價值計分卡之中數量與其他要素最直接的關聯。但對策略的影響力則要看額外規模（或範疇）的重要程度而定：全球規模、國家規模、工廠規模、顧客荷包的規模等等。這也是環球油漆公司（International Paint）長期以來在國際舞台上的績效不盡理想的原因——和希麥克斯水泥的案例大相逕庭——因爲這個行業的主要規模經濟屬於國家層級，可是他們的經營重點卻放在全球規模。另外說個正面的例子——高盛（Goldman Sachs）公司專注於全球少數客戶的投資銀行業務，所以績效表現相當亮麗。尤其是，公司可以透過整合策略，特意追求額外的規模經濟（參考第五章）。

衡量規模（或範疇）經濟的力量。很顯然的，規模（或範疇）經濟的力量以及其所在之處極爲重要。所以，家電市場領導龍頭惠而浦（Whirlpool）在一九九〇年代末期，曾經試圖在全世界各地推出許多產品平台，但沒有多久便宣告放棄（參見第四章）。由於母國家電產業的規模經濟有限，公司在這項計畫下減少的成本估計只有營收的百分之二——不足以協助惠而浦克服其他因爲距離因素對成功執行策略構成的阻礙。相對而言，汽車業者（惠而浦當初就是企圖仿效這個產業的做法）因爲所屬產業對於規模經濟的敏感度較高，所以這類策略施行起來的效果要理想得多。

評估其他增值的效果。以上的討論重點在於規模經濟，尤其是在成本層面。不過數量增加對公司的經濟面也會造成其他影響——並非全部都是正面的。譬如，數量增加的情況下，如果主要投入要素供應不足（或是因爲合併完成之後的整合相關成本），成本會不降反升。ADDING價值計分卡的其他要素顯然也會受到影響，本書將在稍後的篇章中進一步加以討論。

減少成本

企業在考慮跨國發展時，考慮的重點通常是希望藉此減少成本。不過企業要想透過跨國發展減少成本的話，還有很多改進的空間，許多主管對於本身達成這個目標的能力往往感到失望⑪。

解構成本以及價格效應。以希麥克斯水泥的案例來說，我們了解到，與其把毛利視爲營收的某個百分比，還不如把成本以及價格的影響力分開來看比較理想。單一國家策略體認到，對於非大宗商品的產品而言，這種解構的分析方式確實有其重要性。可是在半全球化的跨國環境中，這種解構法很可能也攸關水泥這類的大宗商品。

把成本和價格效應分開來看，而不是以營收比例的形式來分析，這樣一來，另外還有什麼正常化（normalization）的基礎可以採用的問題也跟著浮現。希麥克斯水泥的分析是以每噸作爲營收、成本以及利潤的分析基礎。在其他情況下，以投入要素單位爲基礎進行正常化，可能會比較理想，而不是以產出的單位爲準。以這個背景而言，資本雖然是最常見的資源，但可能還有其他的資源需要考慮，這得看各個產業的特質而定。所以，軟體服務業雖然資本密集度極低，而技術勞工的密度非常高，但從每名員工的單位來看成本與營收，通常會比較有道理，這一點我們會在第六章進一步說明。

將成本進行分類。希麥克斯水泥的案例分析在此同樣也凸顯出，把成本分爲營業成本以及資本成本的好處。固定成本以及變動成本是另外一種主要的分類方式，尤其適合損益分析之類的用途。其他主要的分類方式則要看分析的案例而定。以家用電器產業而言，銷售、一般以及行政成本尤其複雜，所以值得對成本進行分項以便分開追蹤。

考慮成本的增減。本書先前已對這點略有著墨，但值得再進一步說明。在此不妨以戴姆勒克萊斯勒這個各界普遍視爲失敗的跨國合併案爲例。這樁合併案問題重重，其中關於附加成本的問題尤其重要——特別是從昔日賓士（Daimler-Benz）股東的角度來看——像是付給克萊斯勒（Chrysler）股東百分之二十八的溢價，投資銀行收取好幾億美元的費用和交易成本，而且公司還得持續支付德國和美方主管好幾億美元的額外薪酬。公司當初希望藉此合併案節省成本，可是節省的成本主要侷限於採購以及後端活動（像是財務、控制、資訊科技，以及物流），相較之下，這些額外支出數字對公司形成巨大的陰影。

除了規模和範疇之外，觀察其他會影響成本的要素。以上的討論雖然以規模和範疇為主，但策略分析人員知道，另外還有許多因素可能影響成本：像是地點（這一點對於跨國的背景環境尤其重要）、產能利用率、垂直整合、時機（像是先行者優勢〔early-mover advantages〕）、各部門政策，以及公會化之類的機構要素和關稅之類的政府規範。公司得全面性地觀察所有會影響成本的要素，才能加強本身降低（至少控制）跨國拓展相關成本的能力。

在考慮降低絕對成本的可能性時，把勞動力和人才密度的關係納入考量。在經濟套利（economic arbitrage）的可能性當中，勞動力或是人才密度雖然只是其中的一個層面，但卻值得特別注意。所以各位不妨把所屬公司和跨產業的平均水準（美國製造業）進行比較——以平均水準而言，四分位數（quartile）最底部的業者人員支出費用佔營收的百分之十七，中值（median）是百分之二十三，前四分之一佔百分之三十一。你們公司和這些標竿兩相比較之下，價值愈高，表示你們透過勞動力套利（labor arbitrage）降低絕對成本的潛力就愈大。

這些都只是應用ADDING價值計分卡時要考慮的部分成本相關議題。我會以更簡短的篇幅帶過其他相關的要素。當機會成本和實際成本（價格低廉的投入要素供應短缺的情況下）相去甚遠時，應該聚焦於前者。許多企業的成本計算系統雖然沒有問題，但其實並不適切——經常性支出的成本（overhead costs）尤其如此——成本數字必須加以整頓之後，才能用來進行策略分析之用。分析師有時候也會把公司成本的差異之處和產品組合的差異混爲一談，而不是觀察對等的產品。另外，我會在討論正常化風險的部分，說明跨國震盪（匯率波動）的問題。最後，誠如接下來要討論的，企業對於差異性或是顧客願付價值的考量，不應因爲成本這個焦點而受到排擠。

市場區隔或提升願付價值

企業對於跨國成本分析的工作並不確實，說到願付價值或市場區隔，情況往往更差。他們可能以爲，在母國市場行之有道的方式，到了海外照樣可以順利（甚至更好）進行。但他們不能因爲這樣的假設，就忽略對這個價值要素進行深度的分析。以下是一些實用的指導原則。

在分析市場區隔的可能性時，所屬企業或是產業的研發對銷售和廣告對銷售比率應該也要納入考量。研發以及行銷相關廣告的支出是跨國企業歷史最悠久、而且最明顯的兩大指標。這也是爲什麼產品區隔（product differentiation）會被視爲（水平）跨國企業的主要特徵⑫。在美國製造業當中，四分位數底部的業者研發支出佔營收的百分之零點九，中值爲營收的百分之二，四分位數頂部的是佔百分之三點五。相對的，廣告對銷售比率分別爲百分之零點八、百分之一點七、百分之三點五。希麥克斯水泥的案例可以充分看出這一點。值得注意的是，在美國製造業中，水泥業在廣告密度以及研發密度這兩項，都接近底部的十分位數（bottom decile）。這不是說完全沒有區別的機會：希麥克斯水泥爲大批進貨的買家設計創新的交貨承諾，並爲購買包裝的個別顧客打造品牌，提供融資等，都展現了創造力。而是說，區別的空間在這個產業受到侷限的程度，比起洗衣粉、軟性飲料或是藥品之類的產業要大得多，這一點應該務實以對。

聚焦於願付價值而不是支付價格。如果從價格的角度探討買方願付價值的好處，至少會有兩個問題。第一，誠如我們在希麥克斯水泥看到的例子，價格和產業吸引力以及議價能力（bargaining power）等其他影響因素混爲一談。第二，公司以願付價值爲焦點的話，比較能夠想像情勢可能的發展，而不是著眼於實際的情況。我會在本章稍後討論創造力的部分，比較有系統地討論以上這些以及其他可能逆轉局勢的策略。

思考全球能力對於願付價值會有何影響。許多企業大談多麼希望成爲全球社群的一分子，西班牙的時尚零售業者 Zara 就是如此：這讓人們不禁以爲，追求時尚的消費者在某個程度上，也會關切其他國家同好在穿些什麼。然而，全球化本身就能夠加強願付價值的例子卻非常罕見，尤其是消費性產品（以企業對企業的產品與服務而言，買方本身很可能也全球化，所以比較行得通）。起始國優勢（country-of-origin advantages）的重要性雖然好像不遑多讓，但往往遭到冷落——這種優勢是指和特定國家或地區扯上關係，而不是一般性的全球化——從某個程度而言，這是可以透過策略左右的[13]。哈根達斯（Häagen-Dazs）冰淇淋公司就是一個很好的例子：這家公司其實是位於美國紐約布朗區，創辦人爲了讓其冰淇淋增添北歐風味，才取了這樣的名稱。

跨國發展雖有許多可能的優勢，但我們還是得權衡外國業者肩負的原罪，以及特定國家難以擺脫的起始國劣勢。以愛拉（Arla）這家真正來自丹麥的乳製品製造商而言，因爲丹麥某大報社刊登有辱伊斯蘭教的卡通，在中東掀起公憤而受到重創。值得注意的是，起始國劣勢（譬如，愛拉屬於丹麥品牌）不見得侷限於知名或廣爲各界唾棄的國家而已。

分析跨國（CAGE）偏好異質性對產品願付價值的影響。我在第二章已深度探討過這個主題，所以我在此只提醒各位一些相關的挑戰。偏好異質性（preference heterogeneity）看似簡單，而且道理不言自明，但若要有效處理，還是需要一些變革。二〇〇六年年初，《麥肯錫季報》（*McKinsey Quarterly*）針對未來五年全球企業界最有可能出現的大趨勢，進行意見調查，結果是「新興市場的消費者人數日增」這個趨勢雀屏中選[14]。若和第二章討論過的其他跨國差異性相較，收入相關的差異性似乎十分直截了當。可是若將先進市場的商業模式直接套用在新興市場上，成功的可能性很難預料，所以可能得額外努力。第四章將針對實際應用進行探討。

妥善進行市場區隔。市場區隔顯然能夠凸顯願付價值之間的差異（有時也會凸顯成本的差異）。一般而言，要考慮的市場區隔愈多，所凸顯出的顧客需求就愈多元，而且，公司也愈容易針對顧客需求製造產品或服務。市場區隔也能夠改變人們對於情勢的看法，調整策略思維，所以市場區隔可以扮演更為廣泛的角色。市場區隔的好處在跨國環境中通常比單國更為重要，因為跨國差異性通常會超過單一國家。不過，加強跨國思維的好處對於單國環境也有幫助。美國某大消費性產品跨國企業的歐籍主管這樣對我說，「我們正重新教育公司總部對市場區隔的觀點。」

圖三‧八：四十二個國家的平均獲利能力，一九九三年到二〇〇三年

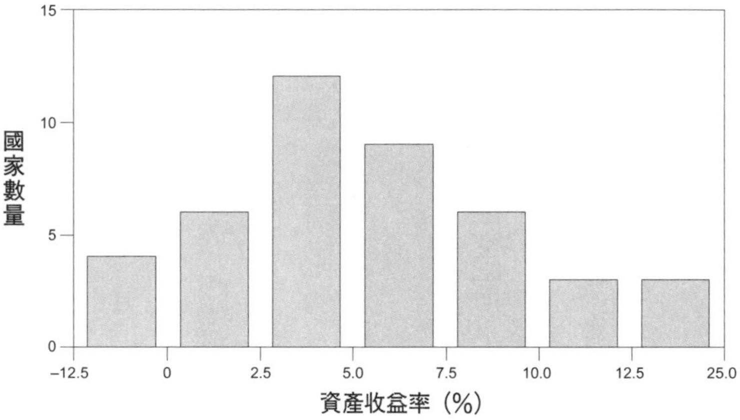

總體而言，願付價值的影響力雖然比成本更難明確定義（尤其在「偏好」這個主觀要素的影響下）。不過，我們不能因此坐視這個領域常見的錯誤，各位可根據以下的指導原則著手加以改善。

改善產業吸引力與議價能力

我們以效率作爲「減少成本」（decreasing cost）以及「市場區隔」（differentiating）（也就是ADDING價值計分表中的兩D）的討論重點。誠如希麥克斯水泥的案例所示，產業吸引力或議價能力也必須納入考量。以下是一些具體的指導原則。

將國際差異性納入產業獲利能力的考量之中。要強調世界各國的產業獲利能力各有差異時，最簡單的辦法應該就是從各國平均獲利能力巨大的差異著手，請參考圖三・八，圖中所顯示的數據來自四十二個國家四千多家公司。各產業平均獲利能力的差異也會構成跨國差異性，當然，其他要素還包括各國相同產業獲利能力的相異之處。這兩種系統性變異（systematic variation）實在太大，讓人不得不正視。

了解所屬產業的集中動態。第一章指出，企業主管普遍相信全球整合度日漸提升，並隨之帶動全球集中度——但事實並非如此。這個錯誤的概念不光是以偏概全而已：有些企業主管其實並不了解所屬產業集中度的動態！

汽車產業就是個明顯的例子。大家普遍相信這個產業不斷加速集中（戴姆勒克萊斯勒等汽車業者大型併購案就是基於這個理由）⑮。儘管如此，相關數據反而顯示，第二次世界大戰之後全球集中度下降，接著持平在遠低於數十年前的水準（參考圖三・九）⑯。其實，汽車產業全球集中度的輝煌年代是在八十年前，當時福特汽車（Ford）的T型車在全世界的汽車產量當中，佔了一半以上！這樣的差異性確實很重要。如果規模經濟增

圖三・九：汽車產業全球集中度

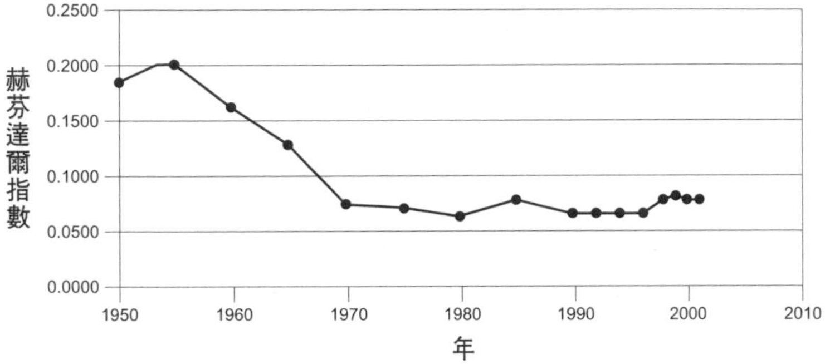

加會提升全球集中度的話，那麼大型併購案確實有其道理；可是汽車產業普遍的情況是日漸分散，而且產能過剩。在這樣分裂的局勢中，汽車業者爲了讓死對頭在競爭舞台上徹底消失，私下付出了沉重的代價（由產業之中所有公司分攤）大舉併購。其他的競爭同業固然樂觀其成，但對公司股東卻未必有利。

宏觀看待產業結構的（其他）變化。上個重點在於我們不能**假設**全球化會提升產業集中度，而是必須看證據。同樣的道理，我們也得觀察產業結構的其他要素（麥可・波特於五力架構強調的要素）有沒有改變。譬如，隨著跨國活動的日益蓬勃，企業對新興市場的行銷與生產跟著改變，而且可能更容易受到全球買主與供應商的掌控。

思考競爭敵意降低或升高的原因。人們普遍以爲（而且通常沒有任何道理）競爭對手的行徑不脫以下這幾種——模仿（譬如打入新市場的做法），碰到威脅就撤退、落荒而逃等等，但企業必須具備完善的結構以及對競爭對手進行分析，才能加強了解競爭對手可能出現的反應。某些產業（譬如水泥業）的業者若跨國發展好像有助拉抬價格，但另外其他產業（譬如輪胎）卻會因此陷入價格戰，若要了解箇中原因，同樣也需要進行詳細的分析。

了解你們採取的行動對於競爭對手的成本或其產品的願付價值會有何影響。競爭對手的成本增加或願付價值降低，都有助於改善你們公司的絕對競爭優勢，進而提升毛利。所以，像是ＩＢＭ與埃森哲（Accenture）之類的西方企業在印度建立大量據點，和當地軟體服務業的低成本競爭對手相抗衡。而此舉的用意在讓印度競爭對手的勞工成本增加，以及降低本身負擔的成本。

注意法規或非市場要素的限制——以及道德規範。各國對於以上所列這兩種策略的法律規範都不一樣。其他限制行爲（尤其是建立議價能力的行爲）的非市場要素和規範，也因此引起更廣泛的討論。這也難怪希麥克斯水泥的案例中，除了水泥價格獲得提升之外，這類行爲更掀起法律以及道德層面的問題。

我跟企管班的學生強調這類案例的幾個重點。第一，如果他們曾經考慮跟競爭對手坐下來，協議共同調升售價的話，那他們很可能得再考慮一下：橫條紋看起來要比細條紋糟糕得多。第二，我也請他們考慮以下的幾種行爲：

一、體認到主導地位或互依關係有助於調升價格（譬如透過默契的協調）

二、利用當地人脈（透過遊說尋求保護）

三、直接建立市場力量，迴避政府對集中度的限制（例如交叉持股）

四、有機會就重新進行談判（譬如地位建立之後，就威脅要撤銷服務，這種做法在自然壟斷的情況下最爲有效）

五、和政府官員私下達成祕密協議（也就是在民營化之後〔發現〕有利可圖的稅務

漏洞，大量降低民營化的代價）

六、想辦法透過（半）合法管道給政府官員好處（譬如透過中間人）

希麥克斯水泥的案例只有前面兩個（對我許多學生而言，這兩點也是問題最少的）可以成立。不過還有許多其他的例子（問題比較嚴重的行爲）更是不勝枚舉。至於學生個人願意做到什麼程度也是因人而異。不過我總是警告說，如果他們對於以上所列行爲都不以爲意，那麼很可能表示他們根本欠缺道德觀。這一點也正是我要告訴各位的。

正常化風險

我特地用正常化的框架來強調這個價值要素，而不是企圖中和風險，是爲了凸顯風險在最適化以及最小化之間，可能存在巨大的差異。此外，儘管金融理論對於如何計算經風險調整後的折價率（risk-adjusted discount rates）（屬於現金流分析的分母），闡述得十分明確，但風險相關的策略觀點卻強調，應該加強掌握這類分析中分子的現金流變化。這是個深具挑戰性的任務，但在此所列原則可爲各位讀者提供一般性的參考。

描述你們公司主要風險來源與程度（資本密集、其他不可逆轉的相關要素、需求的反覆無常等等）。從戰略觀點來看，把風險分類爲以下這幾大類，不失爲一種方便思索的粗略分析方法：

- 供應與需求面的風險
- 金融面的風險，譬如外匯波動，以及當地投資收益與全球投資組合之間的系統相關性（systematic correlation）
- 競爭風險，其中包括不投資的相關風險（譬如，任由競爭對手在其母國市場享有獲利的庇護所〔profit sanctuary〕）
- 非市場的風險

在進行這類（或其他方式）的分類時，各位務必要記住可別重複計算。另外也要注意相關風險會隨著策略以及產業的變化而有不同：企業的全球化策略若以跨國供應鏈爲重，所面臨的風險自然和在其他地區獨立營運的企業大不相同。「學習—燒錢比率」（learn-to-burn rate）是摘要風險分析很實用的方法：這個比率看的是以資訊化解不確定性的速度和燒錢（不可逆轉的）速度比較。速食業的學習—燒錢比率看起來比其他產業（譬如電子業）要高得多。

評估跨國營運的做法能夠減少多少風險——或是反而令風險增加多少。希麥克斯水泥就是個很好的例子，充分顯示跨國經營有助於降低營業風險。不過可口可樂的例子正好相反：從亞洲金融危機爆發以來，公司供應面的成長情形就迭有波動，而這樣震盪的情形，幾乎可說是因爲可口可樂在美國境外營運發展比較不成熟所致。擴大全球營運範疇的做法，也會使得跨國市場蔓延效應（multimarket contagion）的風險增加：就以安德森（Arthur Andersen）會計師事務所的例子來說，要是他們和安隆（Enron）屬於分別獨立運作的實體，那麼安隆事件在美國爆發之後，這個問題也不會影響到他們在其他地區的營運（譬如法國）。研究報告也印證這種風險共擔（risk-pooling）反例（counterexample）的重要性：研究指出，跨國企業經營多元市場的投資報酬，通常會比當地競爭對手在同樣市場的報酬水準更具相關性。

注意風險增加可能隨之帶動的利益。風險正常化的概念似乎是說風險一定要降到最低程度。不過從經營的層面來看，風險卻可能有其價值存在，這道理就跟金融選擇權的價值會隨著（價格）波動幅度增加一樣。希麥克斯水泥在一九九〇年代末期撤出低風險、低成長的西班牙市場，轉戰高風險、高成長的亞洲地區，充分彰顯他們也認同許多來自成熟、已開發市場的跨國公司——把新興市場視爲龐大的策略方案，而不是風險陷阱的可選擇性（optionality）。

考慮各種管理曝險或是探索可選擇性的模式。風險管理的方法有許多。企業進軍外國市場的管道可能包括完全獨資經營、收購、和合作夥伴合資經營，或是純粹出口到當地市場——每一種管道的風險（以及投資報酬）通常會有很大的差異。如果股東非常分散（不同於希麥克斯水泥的案例，控股家族絕大多數的財富都掌握在公司手裡），那麼仰賴股東消除產業相關風險、據此進而擬定公司策略，或許會比較有道理。公司面臨風險

—報酬的抉擇時，將各種可能性廣泛納入考慮，可能有助於做出更理想的取捨。

創造知識——以及其他資源和能力

知識（以及其他資源和能力）的創造比起ADDING價值計分卡上的任何其他要素，對於公司所謂策略性資產負債表的貢獻（而不是策略性的損益表）都要來得大。重點在於長期以往的**培養**（developing）和**部署**（deploying）資源與能力，而「知識」應該是其中最廣爲各界研究的主題。

評估地點相關的知識以及行動知識，並了解該如何運用。希麥克斯水泥案例正是知識轉移的成功案例，而且爲環境特質所大幅簡化——水泥就是水泥，所以某地產生的知識可以相當輕易地在其他地區應用（無須過多的轉移）。要是在許多其他環境中，各國之間多重層面的距離可能會構成比較大的挑戰，企業得更加費心去除知識所屬的環境要素，經過去脈絡化（decontextualization）與再脈絡化（recontextualization），才能順利轉移這些知識。否則，知識轉移反而可能造成反效果。

思考管理知識創造和擴散的各種模式。有關知識轉移的研究，似乎總以跨國企業內部的正式知識轉移爲重點，把其他跨國的知識培養和部署模式排除在外：透過個人互動；和買方、供應商，或是顧問的合作；開放性的創新；模仿；委外使用知識等等⑰。甚至於內部知識轉移的效果也會有很大的差異，這要看管理的方式而定。

譬如，韓國美容化妝品公司愛茉莉太平洋（AmorePacific）捍衛母國市場的做法雖然可圈可點，但卻很難掌握和整合韓國境外某些地區的知識。所以，該公司在法國的營運雖然成功推出新的香水（尤其是Lolita Lempicka），可是知識的回流卻很有限，因爲當地營運和母公司的聯繫非常弱。日本化妝品製造商資生堂（Shiseido）在這方面的做法，就比較讓人佩服：公司在法國成功製造以及推出香水產品之後，便以法國設施開始生產日本（在此進行大多數的概念開發以及最後的香味調整工作）的「資生堂產品線」，然後把法國管理技巧的部分心得轉移到日本的其他產品線上⑱。

思考類似條件下其他的資源和能力。知識的轉移依然帶有技術性或是科技色彩。跨國轉移其他類型的資訊——譬如資生堂的管理創新——也可能發揮相當的實用性（資訊科技通常會有很大的幫助）。更廣泛而言，另外還有許多種類的資源和能力，也可以納入這種價值要素的考量之中。

「關係」是個很重要的例子。希麥克斯水泥順利克服在母國面臨的反托拉斯官司，以及圍堵對手對墨西哥進口水泥的企圖——Mary Nour這艘船一直企圖在墨西哥各海港卸下俄羅斯的水泥，六個月之後終於知難而退——這些例子說明了什麼？公司執行長詹布南諾在國內綿密的人脈網，很可能就是其中一部分的原因：他和墨西哥頂尖事業家族的血緣關係，像是莎達斯（Sadas）以及賈札斯（Garzas）家族；和這些企業以及墨西哥其他頂尖企業董事會的關係盤根錯節；擁有墨西哥企業家理事會（Consejo Mexicano de Hombres de Negocio）這個強大商業協會的會員身分；以及和政治組織保持密切的來往。

這個例子雖然是以國內爲焦點，而且同樣也有些道德爭議，但可以輕易比對跨國關係所欠缺的層面。所以，即使當地法規沒有規定，跨國企業在當地市場還是會和當地業者合作，圖的就是當地合作夥伴在國內的人脈網絡。

避免重複計算。重複計算在ADDING價值計分卡的應用上雖然是個常見的問題，但計分卡這個要素尤其容易出現這個問題。如果你們已經把成本、願付價值等要素的產生（或消失）影響納入考量——也就是以上所建議的——就應該避免在計分卡的這個部分重複計算。

ADDING價值計分卡之外

企業可以ADDING價值計分卡這種模式對策略的效果進行評估。此外，思考周延的策略方案也應該涵蓋以下這些問題（雖然屬於附屬問題，但不減其重要性）：

一、所選的策略方案有沒有可能維繫價值的創造和掌握？

二、經驗和分析結果是否相互呼應還是彼此矛盾？

三、是否用心思考任何可能更理想的方案？

以上這三大額外的考量當中，每一項都可用一章的篇幅介紹；事實上我在本書也確實這樣做⑲。不過在這裡因爲篇幅有限，只能簡略地加以說明。

維繫能力

策略方案眞正的重點不在於能否在某個時點上增添價值，而是長期下來，能不能不斷地增添價值。如果確實能夠長期維繫創造價值的能力，公司面對其他競爭對手，能夠掌握或分配所增添的價值嗎？

體認到比較優異的績效通常只是曇花一現。認眞看待維繫能力的第一步，就是體認到你不能把這視爲理所當然。在產業層級，實質價格容易快速下降的產業——每年以百分之三的速度下降就是一個建議的門檻——就是屬於**快速循環**週期的產業，除非公司能夠持之以恆地追求創新，否則就算偶有比較亮麗的績效，往往也只是曇花一現。譬如，消費性電子產品價格下降的幅度就超過這個門檻，但水泥業則不會如此。公司層級也有許多指標可以觀察，如果公司得大量仰賴生命週期短暫的資源才能創造盈餘的話，就是屬於「不具維繫能力」。

思考所屬的環境可能演變的情形。「可維繫能力」以及「不具維繫能力」的分析指標雖然是實用的敏化（sensitization）工具，但各位不能因此就不思考在所屬環境中，特定策略行動是否符合大環境的發展趨勢。

現在，讓我們再看看新傳媒收購衛星電視的案例。新傳媒此舉的用意，原本是重新利用資料庫裡頭的英語節目，降低節目錄製成本，從而增添價值。可是新傳媒在收購時，要是預料得到亞洲電視市場排山倒海而來的變化，肯定會對這項策略的可行性大打折扣。尤其是，新傳媒一直想要迴避製作特定語言和針對特定國家製作節目的成本，隨著觀眾的快速成長，可以預期這類節目對於每名觀眾的重要性（per-viewer importance）會隨之下降。除了這種種變化之外，各位也可從相對成本看得出來（國內製作的節目比較有吸引力的原因——常識就可以知道，要不然也有最新的數據〔圖三・十〕可以為證），長期下來，英語節目策略的可行性愈來越低。

圖三・十：外國的電視節目以及國內市場規模

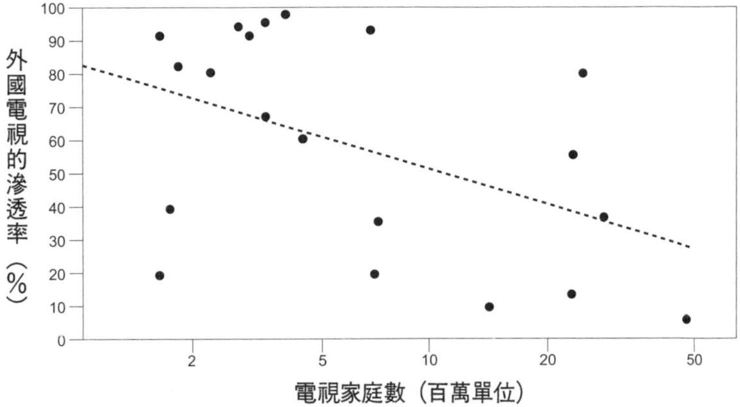

預期價值體系之內的其他對手可能會有何作爲。除了要思考大環境變化的趨勢之外，你們也可站在對方的立場思考，這樣不失爲了解可延續性的好辦法。我們前面已經探討過進行周延的分析，探索直接的競爭對手可能有何因應之道。在此也可進行類似的分析，了解可能打入市場的對手、顧客、供應商以及產品和你們的屬於替代品或互補品的公司。如果他們要爲自己創造最大的價值，可能會怎麼做？基於本身的屬性，他們實際上可能怎麼做？此外，你們這一方的哪些舉措，可能令他們決定進攻或配合？

觀察值得效仿（或調和）的對象。對價值

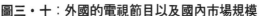

體系內的競爭對手或其他對手資料進行周詳的分析，雖然是爲了了解他們可能的回應方式，但隨著競爭對手日漸增加，這種分析很快就會變得難以掌控。這時候比較理想的做法是判斷能不能起而仿效對手創造價值的方式，如果稀有性價值會因此降低，那麼不妨直接觀察此舉能夠仿效（或是調和）的程度如何。

思考行動的順序。行動的順序安排如果妥當，往往能夠建立可維繫性，更廣泛而言，商機也會隨之開啓。有鑑於此，我們應該預期並釐清行動或各專案之間的關聯，一切釐清之後，才能決定要不要投資。這種展望未來的預期工作往往不容易，但基本邏輯應該很明確：策略分析人員應該對整體策略進行評估，而不是只看策略當中個別的專案或是行動。

記住，有些行動就算無法創造可維繫的優勢還是值得採取。如果你們不採取某些行動，你們公司將會陷入難以自拔的劣勢之中。這點再度印證我們先前所強調的重點：儘管你們可從和競爭對手的比較當中得到相當實用的資訊，可是最終的目的卻是爲**你們**公司創造價值，而不是在競爭之中勝出。

判斷力

大多數策略性的決定都需要判斷力和分析。所謂的「判斷力」是指，你得體認到分析工作難免有錯，所以你得評估分析結果的推薦是否**合理**，以便增加做出正確決策的機率。

三方分析的方法有很多，不過以下這三種可說是攸關策略性決策的判斷力：

- **獨樹一幟的能力**：你們公司在具有獨到能力的領域裡頭，好壞機會的比率很可能會比在能力區域之外的比率來得高。
- **資源平衡**：在進行重大的決策時，你們得多加注意維繫主要資源（包括資本在內）供需雙方大致上的平衡。
- **結構背景**：你們在考慮的策略方案是怎麼浮現和接受評估的？你們務必要對此思考清楚，通常而言，多加注意幕後推動者也有助於釐清這方面的疑問。

譬如，請各位想想二〇〇四年，西班牙山塔德（Santander）以一百二十五億英歐元收購英國艾比國家銀行（Abbey National）這樁交易，這項收購案的目的，是創造全世界第十大市值的銀行。山塔德對艾比國家銀行的評估，涵蓋ADDING價值計分卡上的所有元素。不過我和山塔德董事長波丁（Emilio Botín）訪談之後，才發現到上面介紹的這三種判斷力全部都有發揮作用。第一，山塔德認爲本身擁有收購的本錢：該公司對於組織再造零售金融業收購標的方面的經驗豐富；他們從一九八八年以來，就在英國擁有收購窗口，因爲他們和蘇格蘭皇家銀行（Royal Bank of Scotland, RBS）的策略聯盟，讓山塔德可以密切觀察對方怎樣把國立西敏寺銀行（National Westminster）這家規模要大得多的銀行收編旗下。第二，這樁收購案（雖然是山塔德資產負債表上規模最大的交易）有助於促進當時已開始顯露衰退跡象的營收。最後一點，波丁和密友英熙迪（Juan Rodríguez Inciarte）同爲山塔德在蘇格蘭皇家銀行董事會的代表，英熙迪先前已成功推動幾樁成功的交易，而他也對艾比國家銀行帶來的商機進行過審愼的調查。

創造力

說到這裡，本章的重點一直著墨於怎樣改善對於策略方案的評估。可是一再測試之下，卻沒有改善的其他方案可以參考，很容易就會造成分析癱瘓（也就是說，毫無行動可言）的現象，所以對於策略開發而言，改善考量方案的創造力可說是極爲重要且具有互補性的元素。

創造力絕對無法完全系統化，不過對於在考慮中的各項策略方案，還是有一些顯而易見的方式可以豐富創造力。本章前面已經大略提過，各位可以考慮五大具有互補性的方法。其中大都是屬於一般性的（也就是說，這些方法也可以應用在單一國家的策略），不過本書會配合全球策略的部分加以闡述。

控制、開發型態、範疇、時機以及其他要素的考量方案各異。國際企業注意到參與產品市場有許多可能的模式：出口、供應協定、授權以及特許、策略性聯盟、合資企業以及完全獨資經營，其中尤以最後這兩項最受矚目。擁護所有權的人士強調，他們在安全性以及掌控方面的優勢。另外，支持合資事業的人士則指出，這種做法方便他們取得當地各項能力和建立人脈網絡，也可以降低適應上的挑戰，我們將在下一章對此進一步討論。

這方面的辯論肯定會無止無休，但我還是要強調，從管理的角度觀之，市場參與模式的選擇往往要視情況而定，而且一般性質的評估不太可能有什麼幫助。反倒是，主管得了解ADDING價值計分卡每項元素的影響力，以及長期下來能夠掌握的價值比例。值得注意的是，投入要素市場的參與模式（譬如境外自營〔captive offshoring〕以及非境外自營〔noncaptive offshoring〕）也可應用類似的主張，內部開發以及收購也是同樣的道理。

擴大審視的範疇。我們對於「可維繫性」的討論中提供了一些這樣的建議，像是專注於變化，從中發掘新的契機，將你們對外審視的範疇擴大，把所屬產業的整個價值體系都納入，而不是侷限於直接的競爭對手而已，以及置身於競爭對手的處境思考。當然，在全球的環境當中，著眼於多重地理位置顯然是擴大審視範疇最明顯的途徑。所以，即使你們公司在印度或中國並無直接利益可言，但不妨觀察競爭對手在這些地區擬定的策略。譬如，每家無線服務業者應該都至少知道，印度頂尖業者巴提電信（Bharti Airtel）大舉委外的先驅策略，此舉讓巴提電信得以將每分鐘通話費率壓低到不到兩美分的水準，遠低於許多已開發市場業者的二十幾美分。就以我自己的行業來說：許多商學院（尤其是美國）大都以國內市場爲導向。不過，向外求經同樣也能讓他們受惠不少，好比印度的ＩＣＦＡＩ商學院（強調可延展性〔scalability〕、遠距學習以及重視市場需求）——在十年當中，ＭＢＡ入學人數增加十倍之多，躋身全世界規模最龐大的商學院之列。當然，這類案例因爲距離、文字翻譯等因素，如果套用到其他背景環境未必行得通：可能得密切進行知識的去脈絡化（decontextualization）與再脈絡化（recontextualization）。

觀點的改變。說到調整觀點的做法，觀察競爭對手在其他地理區域所作所爲只是辦法之一。本書先前已經提到許多其他方法，其中少數幾個值得在此進一步說明。譬如，瓦解假設（不論是一個、多個、甚至於全部），也就是說，思考某個問題如果重新來過或撇開金錢因素，或許可以用什麼方法解決。從所屬產業以及競爭對手的作爲當中，找出不成文的規定，並試圖加以破除。對於威脅和契機同樣都要予以重視，以加強掌握變化的能力。除了從外而內（從企業面臨議題——威脅和契機——可能的答案）之外，也要秉持由內向外的道路（從議題向外推演解決之道）。想清楚怎樣會和自己眞正想做的事情背道而馳，然後就和**這種做法**反其道而行。問問自己，「爲什麼不行？」以「人定勝天」的態度面對目前的處境。思考其他可以逆轉情勢的辦法（譬如，改變受薪的對應關係）。要懂得利用促進橫向或水平思考的技巧，並進一步置身於競爭對手的處境思考，從**他們的**觀點來分析你們所屬的公司。

以上介紹的這些建議聽起來或許有些抽象、過於分散，不過實際的案例說明，應有助於各位了解徹底扭轉觀點的重要性。鑽石生產商戴比爾斯（De Beers）起初反對對衝突鑽石的交易設限，但後來腦筋一轉，立刻發覺這樣的禁令其實可能有助於因應鑽石市場供應過盛以及逐漸大眾化的問題。歐洲的低價航空公司Ryanair，不但對飛往冷門地點的遊客收取較高的費用，對於爲他們帶來太多旅客的機場和觀光當局也要收取費用。西班牙時尚零售商Zara認爲，只要加速設計和製造的週期，就可以減少庫存過高的壓力，提升顧客的願付價值，所以根據當季潮流製造主要款式，而不是預先猜測。現在執掌Arcelor-Mittal鋼鐵公司的米塔爾（Lakshmi Mittal），從一九九〇年代中期開始，在東歐前共產國家（EasternBloc）大舉收購鋼鐵廠，他認爲這種整合鋼鐵廠的價值主要可能在於採礦權，而不是製鋼能力本身。

管理整個組織內的創造力。要想延伸對於策略方案的思維還有個辦法，那就是跳脫策略創新「單一大腦」的模式之外，調整組織流程、反映出我們所知道的創意。在此也要簡短地提一下幾點建議，像是培養開放的氛圍、促進勇於冒險的氣魄，以及致力於學習的精神；容忍不同的思維、培養適合的感應能力；策略規劃應該以探索爲導向，或是比較像是延伸的對話；強調豐富的資訊流以及精通業務細節；以數據爲導向的分析；克服已知的偏見（譬如「不是此地發明」〔not invented here〕的症狀）；仰賴內在的承諾設計（commitment devices）（譬如熱情）以及外在的承諾設計（譬如獎勵）；以及不斷追求生機、挑戰，就算對公司造成騷動都在所不惜。這些組織特質顯然會對他們的世代以及新方案的評估造成影響。

這些機制雖然都是一般性的，但在半全球化的環境中，掌控整家公司在各國的能力，就跟可口可樂的案例一樣特別能夠引起共鳴。所以，伊斯岱爾自從接掌可口可樂執行長以來，便雷厲風行進行改革，像是重新舉辦內部展覽以及其他全球性的聚會。據報導，在達夫特時期並沒有這樣的聚會，這也反映出他「在地思維，在地行動」的傾向。在古茲維塔時期採取的行動，則是基於「單一大腦」的前提——換句話說，他們只是公司總部告訴前線人員該怎麼做的管道而已。

請看本書的其他章節。要想促進全球策略中的創意，最後還有一個辦法，那就是本書其他章節要介紹的內容。本書到目前爲止強調的結論——我們身處半全球化的世界裡，各國差異依然影響極大——本書第二部分將會廣泛探討幾個因應這些差異性的策略。這種有系統的探討方式，有助於各位讀者對價值創造建立一套思考模式，能夠和全球策略形成互補，但比本節探討過的其他促進創意的辦法更具客製化的色彩。

結論

「全球概論」這個小方框摘要說明本章的具體結論。廣泛而言，本章爲企業跨國創造價值的策略奠定了周詳且穩固的基礎。用意在於提供各位讀者，分析這些策略比較切合實際的辦法。然而，現實主義並不表示就能夠取代創意，而是應該說，這兩者的結合能夠讓公司績效達到最理想的境界。

全球概論

一、診斷結果是：我們身處半全球化的世界，各國之間的差異依然影響深遠；這樣一來，我們不得不面對「爲什麼要進行全球化」的問題，並認眞分析以找出答案。

二、ADDING價值計分卡可說是這種分析工作的基石，把增添的價值分爲六大元素——追求數量、減少成本、市場區隔、提升產業的吸引力、正常化風險以及知識（以及其他資源）的創造和配置。

三、在應用ADDING價值計分卡時，不能光是把這六大價值要素謹記在心，還要解構、量化（盡量量化），以及進行比較。

四、應用ADDING價值計分卡時，配合對「可延續性」的重視，對於分析工作也不失爲一大助益。

五、對於分析結果，你們可以（而且應該）加以判斷。

六、豐富在考慮當中的方案以及改善評估方式，都能夠帶來很大的收穫。

現在介紹過ADDING價值計分卡，本書第二部分的重點在於廣泛探討如何因應各國差異的策略——當然，也要說明各國的相似之處和探索。本章說過希麥克斯水泥公司的案例，在這方面相當單純，因爲水泥就是水泥——就算在這個產業，地理距離的影響也不大。接下來將會更進一步探討各種做法，說明怎樣實際應用第一部分介紹的各種概念和工具，以因應差異層面多且突出的情況。

II

創造全球價值的三 A 策略

第二部分的重點在於，企業面對各國市場巨大的差異下，可以怎樣增添價值。第四章到第六章介紹回應這些差異的 AAA 策略：調適（adaptation）、整合（aggregation）以及套利（arbitrage）。第七章以及第八章的重點則爲讀者提供整體的觀點。

- 第四章的重點在於「調適」策略，也就是怎樣根據各國差異進行「調整」。由於大家對於這類因應各國差異的策略多已耳熟能詳，所以本章進一步延伸，強調各種可行的權衡辦法與相關工具，以加強調適的效果。
- 第五章重點在於「整合」策略，將各國之間的相似之處分門別類，以「克服」箇中的差異性。儘管整合的基礎各有不同，但本章將重點放在各地區的地理整合，致力於追求深度，而不是廣度。
- 第六章的重點在於「套利」策略，充分「利用」各國之間的差異性，而不是將這些差異視爲牽制。本章根據第二章的 CAGE 差異性來探討套利策略，但也涵蓋經濟套利，其中尤其會更進一步探討勞工套利。
- 第七章說明 AAA 策略的優缺點，以及同時採取這些策略的可行性，以及建議的理想程度。換句話說，本章探討的是怎樣配合各國差異開發整合性的策略。
- 第八章將探討全球化的未來，先前介紹全球化樂觀與悲觀的前景，在此將畫下結論。本章將援引先前各章重點，釐清箇中爭議——並且提出建議，說明企業如何按部就班地提升全球的價值創造。

4 調適——因地制宜

越單純越好，但不是簡化：本土化 vs. 標準化

每件事都應該愈單純愈好，但可不是簡化。

——愛因斯坦（Albert Einstein）

本書第一部分說明半全球化的背景環境，爲各國之間的差異性建立思考架構，並根據這些差異性擬定評估跨國策略方案的模式。現在我們將進而探討這些差異性的**因應**方案，首先從**調適**策略（也就是配合各國差異性進行調整）講起。

對於跨國企業而言，都不免有某些程度上的調整。各位不妨回想第一部分講過的兩個案例：

- 希麥克斯水泥公司的產品幾乎是純粹的大宗商品，具備成熟的技術；可是各國對於袋裝水泥、散裝水泥的需求不一，能源價格也不同，這點是公司依然必須面對、調整的課題。
- 威名百貨各地分店距離阿肯色州愈遠，績效就愈差，這點屢試不爽，其中最明顯的原因似乎出在僵化、不知變通上頭。巴西風靡的是英式足球，可是公司在當地進的貨卻是美式橄欖球，這些在採購上的問題都明顯凸顯出這個問題。但除此之外，據我估計公司五十項國內政策當中，就有三十五項幾乎原封不動套用於國際營運之上，另外至少有十二項則是部分套用——這個產業在各國之間的差異性極大，可是威名百貨國內外政策的一致性卻高得驚人。

威名百貨的案例尤其凸顯出企業的跨國策略往往不知變通的現象①。誠如先前所說，我們應該分析各國之間的明顯差異，而不是視而不見，自以爲這些差異性沒什麼關係，早晚會變得無關緊要。但除此之外，企業也必須思考如何調適這些差異性的各項方案——也就是可以協助他們確實加強調適的工具。本章將進一步探索企業在調適方面面臨的挑戰，以及各種可能的回應方案，並以主要家電這個需求相當多樣化的產業爲例，說明全球十大家電巨擘採取的策略②。接著，本章會以更多的案例進一步廣泛探討調適方法，之後將進而說明企業管理調適時面臨的組織議題。

主要的家電產業

美國和西歐的主要家電產業，自從一九六〇年代以來便已著手進行整合，但直到一九八〇年代中期才掀起全球化的浪潮，各大龍頭紛紛大舉收購。在一九八六年，歐系龍頭伊萊克斯（Electrolux）收購美國第三大製造商 White Consolidated。而他們在美國的競爭對手於一九八九年到一九九〇年也急起直追，美國家電龍頭惠而浦買下歐洲飛利浦的主要家電業務（在歐洲名列第二，但業務卻岌岌可危）；美國第二大家電製造商奇異電器（General Electric）買下英國GEC家電業務的部分股權；第四大業者美泰（Maytag）收購胡佛（Hoover），將業務拓展到英國和澳洲。其他歐洲競爭對手在一九九〇年代也積極拓展國際市場，尤其是德國的博世—西門子（Bosch-Siemens），亞洲的業者也不遑多讓：日本大廠松下、韓國LG和三星以及中國的海爾等業者，也加入全球舞台的戰局。

一九九四年，惠而浦收購飛利浦業務時，擔任執行長的大衛・惠特萬（David Whitwam）接受訪問時表示，「假以時日，不管我們要不要選擇全球化，這個產業都會成爲全球性的產業。有鑑於此，我們有三個選擇——第一是對這波無可避免的大趨勢視而不見——此舉會讓惠而浦緩慢地凋零；第二是等到全球化的趨勢開始之後才採取行動；要不然，我們也可以掌控自己的命運，起而塑造這個產業全球化的本質。」③他的這番話鏗鏘有力地凸顯出公司全球擴張的野心。

不過拓展國際版圖的努力並未順利帶動公司的業績表現。圖四・一顯示該公司全球前十大競爭對手在這些地區的獲利能力④。這些獲利數據表明了初期跨區發展的龍頭業者——伊萊克斯和美國四大龍頭業者——並未因此獲得先行者的優勢，母國家電業務也沒有因此快速成長：二〇〇二年到二〇〇四年之間的營收成長前十大企業排名，這些初期跨國發展的全球龍頭皆敬陪末座（請參考圖中括號裡的數字）。這十大企業當中規模最大的業者——跨區發展最廣泛——並不是獲利能力最強的。所以，這個產業雖然大舉進行整合，但一般而言，整合業者的績效反而受到拖累。爲什麼情況發展不如當初的預期？

圖四・一：家電產業十大龍頭業者獲利能力vs.規模(以及成長率)

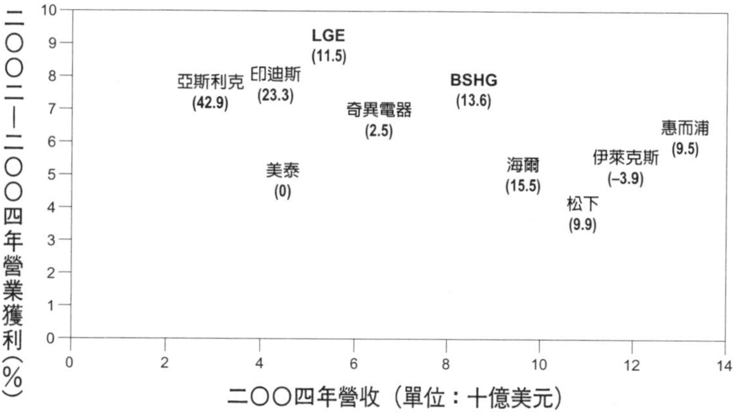

產業背景

惠而浦的信念類似李維特，認爲全世界的消費者都渴望相同的產品，因此積極拓展、企圖爲其全球業務創造更大的價值。誠如該公司於一九八七年的年報所說，「主要工業化國家的消費者，由於生活型態日益相似，對於消費性產品的期望也逐漸相近。」

家電產品以及其他許多產業的領導者都這麼認爲，但這番論調有個問題（誠如達爾文〔Charles Darwin〕曾經所說），這番主張似乎是以內在認知爲基礎，而不是觀察的結果。二〇〇〇年代初期，家電產業主要領導製造商還是提供數以千計多樣性的產品——以伊萊克斯的情形來說，甚至多達一萬五千種。其實各國之間有許多差異性，導致消費者偏好難以聚合；第二章闡述的CAGE架構一一釐清這些差異；而第三章的各種診斷工具更凸顯出，這些差異性對於原本便已趨於疲弱的跨國擴張動機造成什麼程度的打擊（表四・一）。

表四・一：以下的跨國差異性會提升主要家電業者對差異性的要求

文化差異	政府行政差異	地理差異	經濟差異
•文化特質的品味 •根深柢固的觀念 •最成熟的產品 •缺乏消費外部性	•電力標準 ——插頭與插座 ——電壓 ——週期 •其他規範：環境 •保護主義：美國進口關稅高達百分之二十	•氣候 ——溫度 ——陽光 •批量或是價值 ——重量比率低	•所得水準：成本較低或願付價值較低 •成長：新的家庭組成 •替代品或互補品的價格或可得性 ——空間 ——電力

表四・一列舉企業跨國發展有效競爭所需的多樣性愈來愈多，首先是**文化**差異性——部分是文化特質，其他則是比較基本的差異性。誠如洗衣機這個例子，業者大都認爲這種產品的多樣性相當有限——但事實並非如此：

在法國，上開式（top-loading）洗衣機佔有百分之七十左右的市場；前開式（front-loading）洗衣機雖然製造成本大致和上開式機種相當，但售價會低一些。西德消費者偏好前開式的機種，洗衣轉速至少在八百rpm。義大利消費者偏好洗衣轉速六百到八百rpm的前開式洗衣機。英國人偏好洗衣轉速八百rpm的前開式洗衣機，但比較喜歡兼具熱水和冷水的機種，而不是只有冷水。⑤

而各國之間其他比較基本面的差異，似乎是造成消費者各有偏好最主要的原因。所以，從**文化**的角度來看，某些家電產品的需求量，在各國會因爲當地料理方式受到很大的影響。譬如和美國對於冰箱的要求相較之下，德國消費者會希望冰箱空間更大，以便儲放肉類；義大利人則偏好特殊隔間以擺放蔬菜；印度家庭多有素食成員，所以需要冰箱內部有密閉隔間，以免素食和葷食的氣味相混。英國家庭在耶誕節吃火雞大餐，德國家庭則是烤鵝，所以英國家庭的烤箱會比較大。德國人烘烤的溫度通常比法國人低，所以具備自行清理功能的烤箱在德國並無銷路。印度家庭通常根本不需要烤箱。

而且，消費者對於舊型家電產品的偏好大都已經定型。誠如某位行銷專家所說，「家庭是一個人的生活當中最受文化制約的領域。巴黎的消費者才不管紐約的人在用哪一種冰箱。」⑥

政府行政方面，各國電力標準不一，全世界各地有十三種主要的插頭和插座，以及各種不同的電壓和電頻，所以家電產品也必須加以配合⑦。其他類型的政府規範（尤其是和環保相關的），各國差異性也很大。而且，各地製造的產品就算完全一樣，但在保護主義以及高昂的運輸成本影響下，還是無法彼此替代——換句話說，以上這些要素會限制產業內的貿易（產業內的貿易往來有助於增加產品多樣性，但未必會令各地生產的產品數量增加）。貿易往來向來是在各區域內進行，而最近這幾十年來區域化變得更爲明顯⑧。

其他相關的**地理**要素還包括氣候。在氣候不熱的地區，冷氣機無用武之地；而在地中海地區的艷陽之下，乾衣機也沒有其他地區來得暢銷。

經濟要素可說是造成各國差異性最主要的原因；當地人民所得水準差異是純粹經濟面的。冰箱售價在印度是一年的人均所得，但在美國卻只佔幾個百分點。所以，印度雖然熱，但冰箱在當地的滲透率還是相當有限；和美國比起來，印度市場銷售的冰箱體積較小、功能較爲單純，而且售價更爲低廉。其他重要的經濟要素，還包括替代品或互補品（譬如空間和電力）的可用性與售價的差異。美國消費者通常享有最大的生活空間，所以，購買的種類也較多，並且能夠忍受較高的噪音。美國以外地區的電力成本通常較高，對於能源效率也更爲注重。電力供應不可靠有時也能創造商機，譬如，中國對於斷電之後能夠自動恢復的電力控制系統就很有興趣。

除了以上介紹的各國差異性之外，各國國內消費者對於顏色、材質、規模、能源效率、噪音，以及其他環保相關議題、基本陳設、門的設計、架子的配置、冰箱擺設的位置、要不要裝解凍室，和控制系統的偏好都不一樣。這使得業者面對多樣性以及複雜性的挑戰，更爲雪上加霜。以上討論的重點在於會影響消費者偏好的跨國差異性，而不是**全部**的重要差異。第二章討論過許多其他的差異性，在這個產業依然有其影響力，而且使得業者的跨國管理工作更爲困難。所以，伊萊克斯因爲語言上的牽制，導致在美國推出「沒有什麼像伊萊克斯那麼會吸（suck）」（譯註：suck 亦有糟糕的意思），這樣惡名昭彰的廣告詞。

跨國差異性當中，確實有一項會造成正好相反的效果——鼓勵業者跨國發展——那就是「勞工成本」。在高成本的國家，勞工成本在業者當地生產的營收當中佔有高達百分之二十到百分之三十的比重。不過，由於業者跨國生產必須負擔相對較高的運輸成本，因此這方面的競爭也很有限。所以，海爾雖然從中國這個全世界生產成本最低的國家運了許多大型冰箱（under-the-counter）到美國，可是因爲運輸成本不菲，讓大型冰箱出口業務難以創造應有的獲利——而且美國的關稅還沒有算進來呢。

若要比較有系統地觀察產業的經濟狀況，各位不妨考慮各項支出佔營收的百分比。主要家電產業的廣告、研發，以及勞工密度，都比一般製造業的中值來得高，但遠低於第十九百分位數。他們在廣告密度以及（尤其是）研發密度方面，也落後汽車產業，這一點顯示家電業者跨國發展的誘因較弱——儘管許多家電業主管將汽車產業視爲近親以及指標。所以，他們並沒有什麼動力去克服跨國發展所需的多樣性和複雜度的問題。

有意進行整合的業者可能認爲這是一大阻礙，但從我們的觀點來看，這反而是一大助益。主要家電產業不但會有適應上的重大挑戰，而且「因爲這個產業缺乏讓人想要透過全球擴張創造價值的主要動力」，讓許多競爭業者有空間針對這樣的挑戰，嘗試各種不同的方式因應。尤其是家電產業十大競爭對手（我將在以下介紹）採取的競爭策略，涵蓋了大多數回應「調適」挑戰的主要工具。

競爭策略

主要家電產業十大競爭對手當中，有些是採取基本的競爭策略，強調單一國家策略、低成本（譬如松下以及海爾集團）或區隔性（譬如西門子與金星）。顯然地，成本或市場區隔的競爭優勢如果夠深，可以抵銷部分因爲適應不同市場所造成的壓力。不過由於各國之間的差異性，業者還是必須對這種基本策略大爲調整才行。譬如，松下集團在日本少數的工廠生產相對標準化較高的產品，所採取的策略是以規模爲基礎以及成本掛帥；但爲了因應在其他國家競爭的壓力，也必須重新調整機具。海爾集團對美國出口的策略是基於「先做難的，再處理容易的」（difficult first, easy second），因此不斷以精簡機種的冰箱和其他易於運輸的產品爲重，而且更與麥克・杰摩爾（Michael Jemal）（海爾集團美國總裁）這個創業家建立罕見的合作關係。而博世—西門子以及金星在新興市場以及已開發國家的產品線差異極大。要了解以上這些以及其他種種回應各國差異性的策略，並據此爲策略創造最大的自由空間，業者必須跳脫低成本和市場區隔的分類方式——AD-

圖四・二：調適的工具

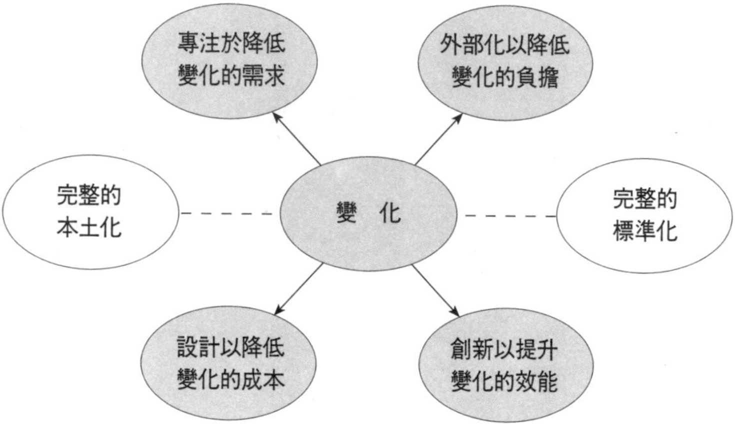

DING價值計分卡之中其他的要素——不能光是思考怎樣積分，而忽略策略的內容。

基於這個觀點，家電產業巨擘所採取的策略，涵蓋所有回應適應挑戰的主要工具，請參考圖四・二陰影的部分。

第一，適應各國差異性最顯而易見的策略是**變化**，瑞典的伊萊克斯（該公司在一九九〇年代末期收購的公司多達五百多家，所提供的產品總類更高達一萬五千種），就是這種極致策略的表率。事實上，伊萊克斯甚至一度曾經實驗「客製化」——讓顧客自行搭配顏色和材質，光是冰箱這一項可以選擇的組合就有一萬種⑨。可是這個產業的幅員廣大，事實證明光是「變化」這項策略，不足以因應所有不同的要求，伊萊克斯近年更因爲績效不彰而試圖進行整治。

克服適應挑戰的第二個槓桿工具，則是專注於特定的地理位置、產品、垂直整合（vertical stages）等等，以降低差異性。所以，這十大家電業者當中規模較小的公司——譬如義大利的印迪斯（Indesit）、土耳其的亞斯利克（Arçelik）以及美泰（惠而浦於二〇〇五年收購之前）——都是專注於特定區域，而不是放眼全球。前面提過海爾集團以精簡機種爲重的策略。而巴西壓縮機製造商安布萊科（Embraco）則是垂直整合的例子，該公司擁有將近四分之一的全球市場——這是家電市場龍頭惠而浦的將近兩倍之多。幸而惠而浦也擁有安布萊科的主要股權。由他們全球整合程度看來，箇中差異反映的是產品特質（以壓縮機、高度的研發密度，以及尤其是高度的價值對重量比），而不是管理策略。

克服適應挑戰的第三個槓桿則是**外部化**——透過合資、合作等等，以降低業者的外部負擔。譬如海爾與麥克・杰摩爾的合作關係，就是爲了因應他們對美國市場條件不夠熟悉的挑戰。這十大競爭對手當中還有許多也是以外部化爲重，尤其是奇異電器，該公司收購英國GDA這家大型合資事業百分之五十的股權，在日本和某大零售商合作，以打入經銷通路，在中國則是在當地製造商的產品上打上品牌名稱，以限制在當地的投資額（然而，奇異電器在二〇〇二年將他們於GDA百分之五十的股權賣給印迪斯，重新專注於他們在北美市場的經營）。

克服調適障礙的第四個槓桿工具是**設計**，以降低變化所需的成本（而不是降低這方面的需求）。主要家電市場最明顯的例子應該就是印迪斯，該公司每一家工廠是根據某種基本的產品平台，生產一種家電產品，而這項產品也實行得相當成功。

克服適應挑戰的最後一項槓桿是**創新**——基於其橫切效應（cross-cutting effects），可以歸類爲有助改善調適策略效益的工具。在主要家電業者當中，市場龍頭惠而浦就是最好的例子。惠而浦原本對於平台化的計畫還三心二意，但從二〇〇〇年開始，將其策略重心轉往「以品牌爲重的價值創造」，其中包括「每個地方、每個人的創新」。公司成功推出雙重功能的前開式洗衣機，這是專門爲了歐洲市場設計的，並順利打入向來偏好上開式洗衣機的美國市場。不過公司野心勃勃想要開發一款「全世界通行的洗衣機」時，卻沒有這麼順利。

這裡有關十大製造商競爭策略的討論，都是集中在他們怎樣因應各國差異性的調適策略。此外，在此介紹的競爭對手幾乎都有注意到另外兩項策略：區域層級的整合——

有的是以特定區域爲焦點，有的則是側重如何跨區域整合，以及套利策略——以便在價格以及毛利的壓力下降低成本。第五章以及第六章將分別針對整合以及套利策略加以介紹。

調適策略的槓桿和分項工具

業者在考慮如何調適時，應該盡量避免完全極端的本土化和標準化，這一點沒有什麼新意。圖四・二匯集各種調適方案，才是突破性的創舉（這讓業者有機會跳脫「拿捏平衡」或「全球化」這些模糊不清的指令）。而且由於「變化」是調適策略的精華所在，這些槓桿策略都能夠（而且應該）進一步區分爲分項策略闡述（表四・二）。

表四・二：調適策略的槓桿以及分項策略

變化	焦點：降低變化的需求	外部化：降低變化的負擔	設計：降低變化的成本	創新：改善變化的效果
•產品	•產品	•策略聯盟	•彈性	•轉移
•政策	•地理位置	•特許經營	•區隔	•本土化
•重新定位	•垂直整合	•用戶調適	•平台	•重新組合
•衡量指標	•區隔	•網絡	•模組	•改變

請注意，表中所列分項並非絕對。我們可以輕而易舉地講出其他也可列入調適策略的分項，至少在特定產業或公司而言是如此。譬如，在「外部化」這一欄，我們或許也能加上「授權」以及公司其他型態的委外活動[10]。不過表四・二所列的二十個分項已具代表性，足以說明有許多調適的基本原則。

這些分項、甚至槓桿工具都不會彼此排斥。然而，由於這些工具的條件明確而且影響層面廣泛，想要面面俱到恐怕不是明智之舉。首先，公司必須具備「統一的」組織，才能順利採取調適型態的策略。第二個業者需要選擇策略方案的原因是複雜度，這也是主要家電產業業者的剋星。ADDING價值計分卡中的價值元素，大都會因為這樣的複雜度遭到扼殺：譬如，因為形象模糊或是爆發衝突——譬如通路；加劇風險和僵化；耗盡其他資源(而不是補強)，尤其是管理的寬度——使得業者難以達到規模經濟，成本增加，降低市場區隔或是服務顧客的能力。最後，業者必須在眾多策略中加以抉擇的另外一個原因，則是因為整合、套利，以及調適策略的條件——我們將會在以下的各章之中對這些條件加以說明。

換句話說，表四・二所列的槓桿以及分項工具提供業者一份可以選擇的清單，而不是要逐一比照的查核表：如果把這當作後者，通常會造成消化不良的後果。這種清單本身雖然有助於企業解決策略抉擇的問題，但應該具備延伸性，讓企業有機會改善追求調適策略的條件。譬如，誠如先前所介紹的，可口可樂主管中東以及遠東地區事務的達夫特，重新思考哪些政策可以根據各國不同加以調整，而不是以亞特蘭大總部的政策套諸四海，以便讓可口可樂更具調適能力；他的這種做法也取得不錯的成績。公司表明對各種槓桿策略以及分項工具的重視，可能也有幫助。接下來將以各個例子，進一步深入說明相關的做法。

變化

企業跨國發展的策略當中，「變化」是最顯而易見的一種，而且無所不在。「變化」包括**產品**的調整，但**政策**、企業**定位**、甚至**衡量標準**（也就是投資報酬率的目標）的改變也算在其中。就跟生物學家一樣，社會學家長久以來一直強調在演化的過程中，透過改變、選擇、保留，或衍生以便調整的重要地位。從獨特的策略性觀點來看，「改變」不應該是盲目的；而是需要方向指引，而策略則能夠提供這樣的指引，而且保留逐漸改進的空間。

產品

就算理應標準化的產品，也需要大舉進行調整。微軟（Microsoft）在爲視窗產品進行調整時（最近則是Vista），便因爲各國語言而面臨許多難題；譬如，希伯來文是由右到左，德文比英文字長了大約百分之三十（需要調整使用者介面）；還有圖示以及點陣圖（bitmap）也不是全球統一的；地圖裡頭各國疆界也引起很多爭議——至於盜版率

(piracy rates) 以及人均收入水準就更不用說了。聯合利華 (Unilever) 在全世界各國推出一百多種不同的麗仕香皂品牌。甚至於可口可樂在全世界各地，也對甜度以及其他口味方面加以調整。事實上，品牌大師林斯壯 (Martin Lindstrom) 就曾指出，品客 (Pringles) 洋芋片是**唯一**徹底標準化、而且世界各地都買得到的主要消費性產品——寶鹼爲了堅持這樣的統一性，過程中吃了不少苦頭⑪。

若與全球性的產品相比，以上介紹的變化規模算是輕微的。其他產品——即使是可口可樂（各界公認這是全球標準化程度最高的企業之一）——對於特定國家口味的調整尤其仔細。各位不妨想想可口可樂在日本多達兩百多種的產品，也就是第一章「可口可樂在日本」這個小方框所介紹的。可口可樂在亞特蘭大「全球口味中心」的來訪客人（主要是美國人），據說在嘗過日本和其他地區的產品之後，往往因爲異國口味過重而吐出來⑫。

政策

跨國發展需要調整政策的道理，可能沒有調整產品的必要性那麼明顯。各位不妨想想克利夫蘭（Cleveland）的林肯電子公司（Lincoln Electric），該公司生產的產品包括焊接機具以及相關耗材⑬。林肯電子公司在其母國市場的生產力在同業之間出類拔萃，甚至超越規模要大得多的公司，像是奇異電器和西屋（Westinghouse），因此一直是哈佛最熱門的研討案例之一。這一切都是因爲公司人力資源政策採取按件計酬以及充分的支援。

林肯電子公司拓展海外市場時，都是在全世界最大的市場建立據點。他們透過CAGE架構選擇市場的手法可能比較高明：在與美國類似的國家，他們能夠毫無限制的運用按件計酬的方式，所以表現要好得多。此外，他們在其他不允許按件計酬做法的環境裡，顯然也開始有了起色，這是因爲公司用心思索如何配合政策，以便在內部維持一致性，同時又能在外部環境之間取得最好的平衡——而不是天眞的一味強調非黑即白的抉擇⑭。

重新定位

公司重新調整整體定位的做法，不同於單純的調整產品、甚至政策，其範圍要廣泛得多。誠如第一章所說，可口可樂原本專注於印度和中國等大型新興市場的菁英階層，但在認眞思考開發其他族群的市場之後，重新定位，採取降低毛利、增加產量的策略，其中包括降低售價、調降成本，以及擴大可得性。

此外，飲料產業另外一個更爲極端的案例是韓國的眞露（這家公司可能不像可口可樂這樣家喻戶曉，但銷售量可是頂尖的品牌飲料）。眞露的產品絕大多數是在韓國國內市場銷售，雖然「西方人」將他們產品的口味形容成「防腐劑」，但公司還是進軍好幾十個國家，其中尤其是以日本爲重（他們在日本是市場龍頭）⑮。他們在日本經營超過二十年，之所以能夠拿下市場龍頭寶座，除了長時間的努力之外，公司更將原始配方中的糖分降到只有十分之一的程度，重新調整產品配方，讓消費者可以加熱或冰涼飲用（而不是像韓國這樣直接喝）；產品包裝也大不相同，其中一部分是爲了模仿威士忌的包裝；公司更採取頂級定價定位（不同於眞露其他出口市場的標的）；並且在電視廣告中採用白人模特兒，使得大部分日本顧客根本不知道眞露原來是韓國品牌⑯。

衡量指標

最後一個分項則是調整衡量指標、以及各國的標的。誠如第三章所說，同一個產業在不同國家的平均獲利能力差異極大，如果公司想要打入所有的市場，那麼在不同國家就得設定不同的獲利能力目標才行。所以，土耳其家電製造商亞斯利克在國內家電市場佔有百分之五十以上的市佔率，擁有兩千五百多家獨家的零售店面——毛利高達兩位數。擴展海外市場確實有其道理，好比說有助於降低風險：二○○一年，土耳其因爲經濟危機，導致相關需求降低三分之一，這是公司目前積極國際化的主要動機；可是如果公司堅持海外毛利也要和國內旗鼓相當，那麼可能根本不會考慮擴張海外市場。

當然，我雖然這樣說，還是要補充一句，業者不能因此盲目追求，以免弄巧成拙。惠而浦就是如此。他們在歐洲市場向來勢力強大，但獲利能力卻遠低於本國市場，一部分是因爲他們要和瑞典的伊萊克斯相抗衡，以免這家競爭對手將歐洲市場視爲「避風港」。可是他們花了十億美元收購飛利浦在歐洲的事業，加上後來在當地的虧損連連，以及資金的時間成本，在在指出成本的淨現值超過惠而浦目前市值的一半以上——公司當初要是能夠找出成本較爲低廉的方式切入歐洲市場，可能會比較理想。

專注於降低「變化」的必要性

業者如果單純仰賴「變化」這個槓桿工具，會使得複雜度大增。業者可以專注於、或特意縮小範疇，保持在可以管理的規模，以便降低所需調適的程度；這也不失爲控制複雜度的一個辦法（而且往往具有互補的作用）。在此我會進一步說明以下這四個分項：**產品焦點**、**地理焦點**、**垂直焦點**，以及**區隔焦點**。

產品焦點

「產品焦點」對於業者克服調適方面的挑戰，很可能是一項功能強大的工具；因爲在本國市場各式各樣的產品項目中，業者有效競爭所需的「變化」程度，往往會有很大的差異。相較於電視節目（大國大都是以本國製作的節目爲主導），電影（尤其是動作片）則是以好萊塢的影片大行其道，這是因爲大明星和特殊效果帶來的經濟效益規模和範疇更爲驚人。不過有關電影或電視節目的分析整體而言太過概略；業者往往需要經過更進一步的分析，才能了解具體的挑戰或商機。

有個例子充分說明動作片到了另一個國家結果卻大不相同——《邊城英烈傳》（*The Alamo*）這部二〇〇四年的電影（這兒說的是這部電影，而不是十九世紀墨西哥民兵和德州叛軍之間的戰役）。這部電影絕對稱得上是大製作——花了迪士尼將近一億美元。英語版的票房和製作成本難以相提並論。可是眞正教人驚訝的是，迪士尼拉攏拉丁美洲觀眾的企圖，種種做法都是著眼於拉丁裔的族群；像是電影裡頭描述切亞諾（Tejano）的人民英雄，試圖平衡對盎格魯和墨西哥人的描述，以便打開西班牙語的行銷市場等等。重點是，不管他們怎麼努力，這種種策略都不太可能成功；因爲套句主管的話，阿拉莫（Alamo）戰役是「美國拉丁裔族群心中永遠的痛」。⑰

相對而言，**有些**電視節目確實能夠成功跨國發展。「探索電視頻道」（主要是以紀錄片類探究事實的電視節目爲主）就是一個很好的例子。誠如創辦人韓翠克斯（John Hendricks）所說，「大自然與科學紀錄片是少數幾乎所有國家都能接受的節目，因爲這類節目並沒有文化或政治方面的偏見。」⑱此外，這類節目對於配音或字幕的需求也很低，尤其是大自然的紀錄片。這並不是說業者就沒有配合調整的必要；各地觀眾的口味確實不一樣，即使是紀錄片也是如此：譬如，東亞觀眾據說偏好「血淋淋的動物節目」，澳洲觀眾則偏好醫學鑑定相關的節目。所以，探索頻道大約有百分之二十的節目是當地製作。但相較於其他類型的電視節目，這些節目的問題較少，這也是探索頻道和其相關電視網絡（包括學習頻道、旅遊頻道以及動物星球）全世界訂戶高達**十四億**的原因。

地理焦點

「地理焦點」也是一種降低「變化」所需程度的強大工具。業者如果刻意限制地理範疇，可以專注於當地價值主張所需調整程度相對較低的國家——讓管理者可以專心經營特定地區的調適工作，從而提升成功的機率。以本國區域為重的做法是個尤其熱門的權宜之計：主要產業前十大競爭對手當中，大都具備這樣明確的焦點。這樣明確的區域焦點，不但有助於降低地理位置隔閡和跨越時區協調工作的問題，而且由於大量的區域貿易和投資協議，也有助於降低行政層面的隔閡，甚至縮短文化和經濟的距離，因為許多案例顯示，這些層面在區域**內**的同質性會比跨區發展來得高。

第五章將深入介紹企業以區域發展作為全球策略基石的運用（主要是以跨區策略為

重）。但在此還是要強調兩個重點。第一，「地理焦點」如果是爲了發揮共通性的好處，不見得得侷限於本國區域。所以，當西班牙的經濟在一九八〇年代對外開放時，西班牙人開始大舉投資同樣說西班牙語的拉丁美洲，以此作爲「軟性目標」，而不是投資他們位於歐洲的「本國區域」。第二，就算企業的國際策略重點在於利用各國相異之處，而不是相似之處，同樣能夠運用「地理焦點」這樣的策略。所以，康尼桑（Cognizant）（第七章將對這家軟體服務公司更進一步深入介紹）就跟其他許多業者一樣，強調以印度爲基石的套利策略；但在進軍外國市場時，會以當地面孔達到市場區隔——而公司對於美國的重視，也一直有助於這種調適策略的發展，這情況直到近年才有了改變。

垂直焦點

除了產品或地理焦點之外，企業也能夠專注於特定的垂直「價值整合」，大大簡化跨國發展的營運。巴西最大的豬肉和家禽肉類加工商與冷凍食品製造商——沙迪亞（Sadia）（該公司一開始是出口生鮮肉品）整合下游業者，打入文化要素影響度較高的加工食品和冷凍食品產業，最終成爲全世界最大的雞肉出口商[19]。而美國遊艇和船隻引擎市場頂尖龍頭布魯維克（Brunswick），先以引擎這項產品測試國際市場的水溫，然後才開始在海外市場銷售船隻，並以頂尖買主作爲焦點。

區隔焦點

布魯維克以頂級船隻的出口作爲焦點，以克服地理距離以及相關的船運成本。西班牙連鎖成衣零售商 Zara 也是一個以區域爲焦點的案例。Zara 成功拓展到五十九個國家的市場，而且不光是產品線，甚至店面的陳設和感覺，乃至於櫥窗擺設、店面設計，以及店內播放的音樂和香味都標準化，但還是能夠不斷締造超過百分之四十的資本報酬率。這一點顯示公司是以具備時尚敏感度的消費者爲重。這些消費者雖然身處不同的國家，但和不具時尚敏感度的消費者比起來，同質性卻更高（當然，資本額只要當地成衣市場總額幾個百分點就能打平的策略，同樣也很重要）。而像是印度包裝食品供應商以及墨西哥媒體業者這些行業相差十萬八千里的公司，在打入美國市場時，則是專注於本身的外僑社區，藉此降低調適的必要性，這些「外僑」社區雖然小，但通常比本國同胞來得富有，所以還是獲利可期的標的。

外部化以降低變化的負擔

「外部化」跟「焦點」這個槓桿工具相關，可是，「外部化」不是單純縮小範疇而已，而是特地劃分各地活動，以降低**內部**「調適」的負擔，從而改善經營效能。「外部化」可以分為許多分項，其中我們會專注於這四項：**策略聯盟**、**特許經營**、**用戶調適**，以及**網絡**。

策略聯盟

業者可以透過策略聯盟這種方式，取得當地難以收購的專業知識，打入當地難以取得的價值鏈，或當地人脈（其中包括政治面）以及相關的好處。企業若要打入和本國總部距離遙遠的市場，特別愛用這種策略聯盟⑳。此外，這類策略讓業者可以分階段進行收購，而不是一次吃下（譬如惠而浦和飛利浦的案例），有助於降低某種程度的風險。當然，策略聯盟也有其成本和風險。像是財務面的安全漏洞、缺乏控制、濫用智慧財產權㉑。基於這些原因，以及其管理上的複雜度，企業應該將策略聯盟視為降低調適負擔的可行方案，而不是萬靈丹。

有鑑於這些複雜的要素，許多策略聯盟的成敗純粹得看運氣。不過還是**有**例外的情形，其中最著名的應該是禮來（Eli Lilly）透過策略聯盟克服技術難題以及CAGE相關的距離層面㉒。一九九〇年代末期，當製藥產業掀起一波併購熱潮時，禮來反而決定採取聯盟策略。禮來投資成立聯盟管理局（Office of Alliance Management）以及五個業務單位，爲其一百多個聯盟建立標準化的管理結構，開發有系統的訓練計畫以及聯盟管理工具（其中包括資料庫，專門記錄公司從每個聯盟所得到的經驗心得），以及針對每個聯盟的狀況建立年度意見調查。公司和日本武田的全球策略聯盟經營得尤其有聲有色，使得這家日本公司抗糖尿病藥品 Actos 在美國快速竄升，躋身暢銷藥品之列。禮來公司更因此獲得最佳聯盟夥伴的聲譽㉓。這個聯盟現在已經進入第四代的領導班底，更凸顯出雙方關係的緊密。

特許經營

公司內部其他正式的合作策略也是秉持同樣的道理，我已經介紹過 Yum! 這個品牌的案例，在此就以它來做說明。Yum! 就跟大多數其他速食連鎖店一樣，也發展出一套精密的特許經營體系，和公司總部進行雙向密集的知識交流。這種「複數」形式的組織，爲公司特許單位以及本身事業之間形成重要的互補關係㉔。特許經營的型態讓連鎖業者得以放寬本身對於成長的資源限制、提升當地的回應能力，以及促進創新——譬如，麥當勞的大麥克與滿福堡就是由加盟業者發明的；並鼓勵大家自告奮勇地提供建言，好讓公司的決策切合實際。相對而言，公司本身的單位則是可以指揮的，用不著每件事都得想辦法誘導他們；還能激勵特許經營業者的信心（因爲公司本身的單位可以迅速推出新的點子），讓公司能夠舒緩因爲缺乏合格特許經營業者對成長造成的牽制。而且，特許經營業者和公司本身單位之間相互學習，雖然很重要，但卻需要協調機制，好比說橫向發展的事業發展以及指標（ratcheting）的運用（以某種營運類型奠定標準）。

用戶調整以及人脈網絡

企業努力克服調適的挑戰時，「外部化」這個槓桿工具再進一步發揮作用，可以想見應該和顧客以及其他明顯獨立的第三方有關。最近出現許多備受重視的相關策略，像是先驅用戶（lead-user）的發展、混搭（mashups）以及創新壅塞（innovation jams）㉕。其中可能要屬 Linux 這個例子發揮得最爲淋漓盡致，這是一種開放程式碼軟體——這個例子則是跟電腦的作業系統有關。這是托瓦茲（Linus Torvalds）這位芬蘭電腦程式設計師的心血結晶，對微軟的作業系統在國際舞台上構成重大挑戰。不過，可別指望看到 Linux 像微軟在雷蒙那樣的企業總部，Linux 是世界各地許多個人和公司這種鬆散的人脈網絡下，共同努力的心血結晶㉖。

這到底是怎麼運作的？大致而言是這樣的：托瓦茲爲改善 Linux，大略設定下一代版本的方針。接著各方釋出者（contributors）——大都不是美國人——會把他們提議改善的程式碼傳給托瓦茲和其左右手，由他們決定要不要納入作業系統的程式碼之中。除了用戶參與的創新之外，Linux 還有世界各地專業公司的協助——像是美國的紅帽（Red Hat）、德國的 Suse、日本與中國的 TurboLinux、巴西的 Conactive、法國的 Mandrake、中國的紅旗——以及ＩＢＭ等公司，將 Linux 視爲和微軟相抗衡的利器，會爲他們提供建言。

Linux 是一種不尋常的模式——甚至稱不上傳統世界裡頭的「企業」——但所創造的

作業系統，從許多層面來看，都比微軟的專屬程式碼更容易調整。除了可以根據用戶需求客製化之外，Linux 的自由軟體 kernel（這是托瓦茲基於 Unix 開發出來的）就是爲了可延展性（scalable）所設計的，從手錶乃至於電腦等設備都可以應用。而且，Linux 並不會像微軟的程式碼那樣，引起某些政府的疑慮（好比說，中國政府就擔心很多事情，譬如引狼入室進行間諜活動的陷阱），而且由於這是免費的，所以每個人都可以負擔得起。

降低需要變化的成本

Linux 這個例子也顯示出設計的重要性，業者可以藉此降低需要調整的成本，而不是增添需要改變的必要性和負擔。一般來說，降低變化成本的方法是彼此相關的：**彈性**（flexibility）、**區隔**（partitioning）、**平台**（platforms），以及**模組化**（modularization）。

彈性

「彈性」這個概念是說，企業的商業體系經過精心設計，可以降低公司爲了各種變化所產生的固定成本。主要家電產業在此同樣也是個很好的例子，因爲這個產業有兩個差異極大的製造模式：大型、垂直整合的美國製造商長期專注於同質性相對較高的北美市場，而小型、整合程度較低的工廠則是以歐洲需求爲重，提供更齊全的多樣性。美國的大型製造商追求每項產品可以達到一百萬台的規模——早期相關研究顯示，這種水準可能會創造可觀的規模經濟。相對而言，歐洲比較先進的家電製造商則向來比較重視絕對成本的降低，而不是追求規模；他們設計的工廠短期效率較高，每年整體規模僅爲美國大型工廠一半到三分之一的水準，以便達到降低成本的目的。

家電產業這個例子雖然是以生產爲重，不過有些產業和產品由於存貨倉儲和經銷成本得以降低，近年來發展也更有彈性。以線上書店爲例，產品種類繁多這個好處對消費者而言，是線上書價格較低這個要素的十倍之多[27]。當然，網際網路創造了產品的「長尾效應」(long tail)，也釋放了這種價值的力量[28]。譬如亞馬遜（Amazon）銷售的書籍多達兩百五十萬本，但僅有少部分會在庫存之中；當消費者訂購產品時，公司才向出版商以及經銷商進貨，以滿足顧客需求。此外，電子書或隨選列印（print-on-demand）的型態，可能更進一步提升消費者可以選擇的種類、以及產品的可調適程度（adaptability），倉儲成本不但可以降低，甚至可以降到幾乎徹底消失的程度。

區隔

「區隔」也有幾個不同的層次，不過以最單純的層面而言，就是把複雜體系中，各國不同的要素和整體要素（不容分解的部分）加以區隔。乍聽之下好像有些原始，但這卻是許多公司組織的重要基石。威名百貨副董事長曼哲（John Menzer）表示，公司花了許多年才想出「責任頻寬」（bandwidths of responsibility）這種型態，這主要是說，各地主管無須諮詢班頓維爾公司總部幕僚人員，可以自行作主的空間[29]。

麥當勞區隔的工夫可謂各界公認的大師。消費者（尤其是美國的）通常以爲麥當勞老是提供大麥克之類的餐點。可是如果去麥當勞世界各地分店瞧瞧，就會發現原來世界各地的麥當勞產品種類繁多。光是以亞洲幾個國家爲例，麥當勞在菲律賓有 Burger McDo（這是一種口味偏甜的漢堡）和麥克義大利麵（這道麵點可**不會**出現在義大利麥當勞的菜單上）。麥當勞在日本有照燒堡，在印度有羊肉堡（以免挑起印度教的敏感之處）。在台灣，麥當勞更於二〇〇五年推出米漢堡——外層不是傳統的麵包，而是兩片經過調味、燒烤的「飯包」——更於二〇〇六年在中國上市。

麥當勞運作體系的效率和一致性是眾所皆知的，要採取這樣只適用於個別國家的做法，公司必須了解這些做法在哪些地方可行、在哪裡則會折損整體體系的績效——這樣加以區隔之下，大約百分之二十是地方性的，百分之八十則是全球通用。不過這種區隔做法並非侷限於產品選項而已。麥當勞的廣告和公司象徵——麥當勞叔叔，雖然是全球性的，但在法國是推廣酒品，在奧洲則推魚堡（Filet-o-Fish）——並在北歐慶祝耶誕節，在香港慶祝農曆春節——只是這些活動不會在全球性的媒體出現㉚。這些活動都是爲了讓公司的象徵人物能夠融入世界各地的當地文化。

平台

筆者在寫這本書時，麥當勞已著眼於下一個挑戰——仿效 combi 烤箱可以同時烹調數種不同餐點的型態——計畫採用組裝式的廚具，以便同一家餐廳可以準備數種不同的餐點，進一步增加麥當勞各分店可以提供的菜色㉛（各位不妨想想某些地區提供的魚柳三明治、McRoaster 馬鈴薯，以及芙樂達〔flautas〕）。

combi 烤箱這個例子充分說明公司以平台爲重，而不是具成本效益的客製化。家電產業的印迪斯公司也是一個很好的例子。內部人士認爲績效之所以如此亮麗，主要是因爲公司進行簡化，把每項產品平台簡化到一兩種基本款，但可以延伸爲好幾百種不同的SKU。印迪斯在這方面的紀律和惠而浦大不相同；後者雖然也是追求平台策略，但卻淪於表面文章；一心專注於節省採購成本，而不是對公司組織進行深層改革。惠而浦的產品平台原本是印迪斯的二十倍，後來減少到十倍，但所節省的成本卻只貢獻百分之二的銷售成績——績效提升的程度並不如理想——所以二〇〇〇年代初期當公司積極追求創新時，便不再以此作爲至高無上的策略導向。

模組化

模組化和平台策略的界線似乎很模糊；但這個概念是在所有所選一項的要素之間界定標準化介面，而不是單單在平台和其要素之間；這樣一來，公司可以混合搭配所有選項的要素㉜。IBM在一九六〇年代初期推出「三百六十度系統」（IBM 360 System）以來，大多數電腦系統都是秉持這個方法——以便不同的電腦零件可爲各個小組所應用。易利信（Ericsson）的AXE數位交換器（digital switch）（在一九七〇年代末期耗資大約五億美元開發出來的）佔當時公司營收的大約一半——可說是模組化的一大創新，當時顯然是爲了配合跨國調整所設計的。AXE數位交換器的測量規格可以輕易調整，易利信因此得以銷售到全世界一百多個國家㉝。而且模組化產品也有助於提升本國家電產業的表現㉞。

雅虎的組織設計也是一個很好的例子，對於模組化的運用和限制更爲廣泛。該公司採取「隨插即用」（plug-and-play）的結構，一百多個個別的「屬性」（properties）可以分散追蹤特定的顧客標的。至於雅虎中央控制的是這些屬性和外界環境的介面（尤其是其「外觀和感覺」）、這些服務和公司核心目錄搜尋平台之間的介面，以及和合作夥伴簽署內容協議時可以採用的合約條文。在這樣的安排下，公司在短短幾年內快速進行水平、地理性的擴張；但這個例子也凸顯出模組化策略的部分風險。最近公司有份外洩的備忘錄指出，有個資深執行主管以鮮明的比喻描述這個問題：「我聽過有人這樣形容我們採取的策略，線上世界的商機錯綜複雜，猶如迷宮一般，我們卻把有限的投資當作花生醬，什麼都想沾一下：結果我們什麼都有一點投資，可是並沒有什麼焦點可言。」㉟另外他還提到缺乏「連貫的遠景」，「營運分散」導致各地各自爲政、不相往來，「整個組織冗員充斥」之類的問題。這樣說來，公司或許應該加強焦點，而不是模組化。廣泛而言，企業爲了調適能力所做的設計，往往得付出犧牲效率的代價。

積極創新提升變化的效能

以上介紹的部分槓桿工具和分項——譬如「重新定位」以及「調適能力的設計」——也可以納入最後一項槓桿工具的討論中：創新。創新有時具全球性的特質。譬如，宜家家具（IKEA）的平板包裝設計，有助於舒緩地理距離造成的牽制以及相關的運輸成本，這項設計更讓公司的零售業務得以進軍三十幾個國家。不過各國之間的差異，往往意味著公司得略爲縮小創新的範疇，這個部分依程度逐步介紹以下這些分項措施：**轉移**（transfer）、**本土化**（localization）、**重新組合**（recombination），以及**轉變**（transformation）[36]。

轉移

企業在多個不同背景環境下經營的做法有個好處——公司可藉由某處經驗激發出可

轉移到其他環境的創新或嶄新觀點。墨西哥希麥克斯水泥集團就是一個很好的例子——誠如先前所說，公司將某個地區的創新成果轉移到其他地方運用。惠而浦在美國推出Duet這款歐洲設計的前開式洗衣機，也是這樣的例子。第三個例子是迪士尼，該公司讓我們了解到未必只有最先進的大國才能創新。迪士尼國際總部近年來一直仰賴拉丁美洲分公司——這個地區佔迪士尼總營收的比率不到百分之二——對於改善國際營運效率的見解，積極透過分享服務，以及（更爲重要的是）加強迪士尼在各大業務區塊的體驗，以提升對顧客的吸引力。這完全是因爲公司在不能仰賴主題公園現金流的情況下，必須想辦法克服總體經濟環境的挑戰㊲。

本土化

「轉移」往往有些神來之筆的意味，「本土化」則顯然是在目標地區以創新爲重。就拿肯德基在中國的發展（第二章討論過）以及聯合利華在印度的事業爲例。聯合利華印度分公司印度利華（Hindustan Lever）龐大的經銷網絡應該是公司最聞名之處，這個龐大的網絡深入印度鄉間。其他國際性消費性包裝商品製造商也擁有不錯的網絡，但主要是用來「擷取」市場（少數）高檔菁英的工具。印度利華公司正好相反，他們開發出當地創新的能力，可以充分發揮其網絡的最大效益。其創新成果包括專為手洗衣物消費者設計的洗衣皂，可以放在手指上刷牙的牙膏（而不是牙刷，這是印度的傳統），具有亮膚功效的乳霜，以及兼具洗髮精和髮油的獨特產品。

另外還有許多創新成果，可以配合深具價格敏感度（price sensitivity）的印度市場。像是低單價的包裝（例如小包裝的洗髮精）、本土化以降低製造成本，以及以先進技術把肥皂的一面覆上塑膠（這樣可以更加耐用）。這種種創新成果以及公司在當地龐大的經銷網絡，讓印度利華公司得以享有將近百分之五十的淨利——資本投資報酬率據稱更超過百分之百！——這可是在深具價格敏感度的市場。

重新組合

「重新組合」是以母公司模式的要素，和新背景環境的商機加以融合。誠如本章一開始所說的，「調適」不光是配合當地市場東敲西補現有的產品或服務，其範圍要廣得多。在尊重地主國的「生態組織」下，丟進幾個新的「基因」，可以創造出很有意思的新物種。

第二章對新傳媒以及衛星電視的發展多所批評，我也應該肯定他們的成功之處：這是一九九〇年代末期一個很有意思的案例，衛星電視的投資組合當中，印度之所以如此成功就是拜此之賜。*Kaun Banega Crorepati* 這個例子大家未必聽過，但這卻是英國卡來朵（Celador）製作公司授權《誰想成爲百萬富翁？》（*Who Wants to Be a Millionaire?*）節目的印度版。衛星電視對北印度語版採取的基本布景、配樂和規則，都和原始的節目相同，但決定參賽者、問題和行銷都應該針對當地情況加以調整。公司特地聘請印度當時當紅的演員，招待他飛到倫敦觀賞英國版的節目製作，然後和他一塊想出適合印度語市場的節目招牌口號。公司對行銷工作也砸下重金投資，以確保節目一開播，就能在當地打響名號。*Kaun Banega Crorepati* 這個案例雖然有許多人想要仿效，但後來都鎩羽而歸，當地 Zee 電視更把獎金加碼十倍，但也沒有成功。任何外國或當地競爭對手都可取得卡來朵公司在北印度語市場的授權，這點固然沒錯——誠如衛星電視執行長詹姆斯・梅鐸（James Murdoch）對我所說，「我們參加的都是同樣的展覽會。」[38]不過衛星電視對於當地觀眾偏好的具體了解，以及新傳媒的節目製作專長（這包括其他的遊戲節目），才不會像是傳統原封不動照抄的做法，而是努力重新組合或混合相關的元素。

轉變

「轉變」是說企業可能透過對經營環境的塑造或是轉變，直接降低調適的「必要性」——而不是像先前所說的，努力提升本身打入新環境的能力。麥當勞是根據本身一手打造的體系創造市場，而不是反其道而行；而他們在全球規模對這項策略的應用，往往是各界公認最成功的業者之一。星巴克（Starbucks）這個例子也很有意思。這家發跡於西雅圖的咖啡巨擘，往往被指爲美國文化帝國主義的先鋒，但這樣的指控其實有點受到誤導。公司執行長蘇茲（Howard Schultz）在自傳中生動地描述，當初他想要在美國重新塑造義大利咖啡吧的體驗，其實心裡想的是歌劇音樂和打了領帶的服務生[39]。歌劇音樂和領帶雖然沒有多久就消失（因爲公司因地制宜的做法），蘇茲卻順利培養出顧客獨特的咖啡體驗，這和（好比說）鄧肯甜甜圈（Dunkin's Donuts）的體驗是截然不同的。他**扭轉**美國的咖啡人口，現在這些消費者期待的是舒適的座椅、時尚的音樂、禁菸的環境來提升他們的咖啡體驗。

星巴克進軍日本時，爲當地消費者的咖啡體驗帶來更爲劇烈的變化。公司堅持將他們在美國獨樹一格的禁菸規定搬到日本。有些人抱持懷疑的態度，認為日本咖啡館（喫茶店）裡都是人手一菸的上班族，星巴克這樣在日本絕對吃不開。但事實並非如此，星巴克的禁菸政策反而吸引到當初對喫茶店敬而遠之的女性顧客。

我要再次強調這個重點：星巴克雖然因地制宜，但願意努力改變當地市場，所以到頭來，必須努力配合的程度也降到最低。不過各位可別因為想要迴避其他型態的調整工夫，而假裝所有的狀況都可以輕易改變。微軟就是如此。他們在中國接連虧損了十年之後（現在公司終於承認可能還要一二十年才能獲利），最後終於決定放棄改變當地市場的努力，誠如一位記者所言，「微軟顯然不再試圖改變中國，而是中國在改變微軟」㊵。

因地制宜的分析

本章介紹的許多案例（尤其是主要家電市場）可能在在顯示，因地制宜的主要目的在於改善公司的需求曲線——也就是追求數量以及提升願付價值，或兩者兼具。但各位如果廣泛思考因地制宜的做法，ADDING 價值計分卡其他要素也必須納入考量，對於這個（或這些）價值的影響或許也是一大重要目標，甚至於可能是最重要的。

在有關本土化的單元中，介紹許多有關產品在地化的案例，其中有些是爲了降低成本而採取因地制宜的做法。在處理流程層面，波士頓顧問集團（Boston Consulting Group, BCG）率先提出一種很有意思的做法，強調製造業者在新興市場的環境中，可以建立可棄式的工廠，以勞力密集爲定位，針對暫時性大量製造的用途來設計工廠[41]。這類工廠的新建成本據估計，只要美國工廠（配備有彈性的自動化設備——事實證明，這類設備在許多產業都相當昂貴）的百分之二十到三十，而且可以大量降低前置時間。此外，這類拋棄式工廠的產品組合或批次規模雖然往往沒有彈性，但在面臨不確定性很高的情況下，這類工廠卻具備特別的優勢——這也提醒我們，風險正常化的方法不只一種。

前面說過因地制宜的做法可能會有哪些廣泛的好處之後，我也得強調，這對ADDING價值計分卡的各種要素也可能產生負面影響。有關規模經濟的議題（尤其是數量和成本之間的關係），在這方面尤其容易受到影響。這是因爲因地制宜的做法（這種廣泛的策略會有這類根本的限制）基本上，會犧牲全球的規模經濟。如果市場規模，或公司在當地佔有率有限，而業者爲了在當地發展又得投資大量的固定成本，那麼這樣的犧牲尤其令人難以忍受。

譬如，請看法國萊雅在韓國化妝品市場與當地業者愛茉莉太平洋正面交鋒的例子。第二章探討過萊雅以及許多其他跨國企業，在韓國與這家當地龍頭競爭時面臨的各種劣勢。可是如果萊雅開發出比較適合韓國人膚色的產品，以及配合韓國人對於美的定義，至少可以克服部分文化方面的劣勢。問題是，如果公司試圖趕上愛茉莉太平洋對研發的支出手筆——據報導，愛茉莉太平洋的研發佔營收比例於二〇〇六年達到百分之三點六——那麼（有鑑於萊雅公司在當地市場的佔有率還不到愛茉莉的六分之一）研發佔營收比例將飆升到百分之二十以上。而且雖然愛茉莉太平洋在當地的經銷體系當中，只有挨家挨戶的推銷方式獲利能力最高，但如果萊雅要起而仿效，卻會因爲在當地市場的規模有限而面臨更大的障礙。所以萊雅向來以全球規模經濟爲重（尤其是強調法國原裝進口），或至少是強調區域性的重點（譬如他們的「地理化妝品」〔Geocosmetics〕策略，在整個亞洲都主打美白這個重點）。

萊雅的案例相對而言比較簡單，公司如果試圖配合韓國市場調整，結果不但可能打擊在韓國市場的獲利能力，連公司整體都會受創。下一個例子則比較複雜——這家公司在某個國家爲了因地制宜所採取的策略，和整體企業經營的獲利能力背道而馳。

因地制宜策略的管理

在此讓我們以皇家飛利浦電子公司（Royal Philips Electronics）的案例來說明，該公司跨國發展至今已經超過一個世紀[42]。飛利浦（就像許多早期歐洲跨國企業一樣）因爲運輸和通訊網路不佳、保護主義高漲，以及爲了打入市場必須在當地建立合資事業，因此成立一套「聯邦」體系，主要是由自治國家組織（national organizations, NOs）所組成。第二次世界大戰之後，聯邦主義更加高漲，促使飛利浦將其資產安排在歐陸之外的獨立信託之中。戰後飛利浦的管理階層決定，將透過「國家組織」重建公司，爲他們以往著重於因地制宜的行銷方式添加設計以及製造方面的能力。「主要產業集團」（Main Industry Groups, MIGs）的第二個組織主軸理應協調產品政策，但面對外派主管的菁英骨幹時（也就是所謂的荷蘭幫〔Dutch Mafia〕，他們支持「國家組織」以國家爲導向的觀點），卻無計可施。

結果，到了一九七〇年，飛利浦在將近五十個國家擁有五百家工廠，並且感受到松下（這些競爭對手開始整合旗下工廠，並將就業機會轉移到薪資較低的地區，以降低成本）等業者的競爭壓力。不過飛利浦的努力——從一九七〇年代初期便致力於投資「主要產業集團」（後來更名爲「產品部門」〔Product Divisions, PD〕），但卻沒有什麼進展。飛利浦那時已形成「厚皮文化」（thick culture）：這種成熟、複雜、官僚的文化排斥新的資訊和誘因。接著許多上任的執行長一再努力平衡地理性的「產品部門」矩陣，試圖從「國家組織」之中抽離出來，朝著「產品部門」發展，可是飛利浦還是喪失市場佔有率，接連退出許多事業，並積極進行組織再造。最後在一九九六年到一九九七年，新上任的執行長布斯翠（Cor Boonstra）（是公司向外延攬而來）大刀闊斧廢除這套標準的地理層面。自從公司試圖加強對於「產品部門」全球規模經濟的重視，減少「國家組織」因地制宜的做法，已經過了四分之一個世紀。

飛利浦的案例不但說明業者試圖因地制宜的做法可能過當，而且顯示各個產業最適合的調適程度也可能隨著時間改變，而且實際的調適程度在變化上也可能會有漫長的滯延情形（尤其是成熟的企業）。許多人士對於企業有沒有一套最理想的組織方式頗有爭議。而飛利浦的案例可爲相關爭議提供一些參考，至少從因地制宜的觀點來看是如此。具體來說，有人主張（尤其在歐洲）歐洲企業跨國聯邦的型態具有較爲豐富的多樣性，所以本身通常會比美國跨國企業中央化的模式理想㊸。

飛利浦的例子卻提醒我們沒有那麼簡單：如果你建立大原則，不願在情況改變時跟著調整結構或流程，形同爲自己找個大麻煩。有時候權力必須由中央把持，可是有時候卻得分散給地方。收放之間的重點在於主動調控，而不是單純將權力集中（或權力下放）視爲最理想的方式——如果這樣做，便會陷入第一章所說可口可樂面臨的困境。

廣泛而言，常見的錯誤有兩種：過度調適以及調適不足。在前面探討過的槓桿工具以及分項工具，雖然有助於舒緩完全本土化以及完全標準化之間的緊繃關係，但是因地制宜要做到什麼程度還是個問題。

業者需要建立所謂「全球思維」，才能適當探討因地制宜的可能性（以免過度調適以及調適不足的風險）。不過誠如管理自我評估所顯示，這個道理說起來容易，做起來並不輕鬆。所以，一九九〇年代中期有一份意見調查，針對十二家大型、跨國企業一千五百位執行主管進行訪問，請他們根據攸關國際競爭力的各個層面，對本身的表現自我評估。「受訪者將他們爲公司培養全球思維的能力排在最後一位——在三十四個層面中排名第三十四。」㊹

更糟糕的是，執行主管所謂的全球思維，往往將因地制宜視爲一種策略工具，所以，另外一份研究全球思維衡量標準的意見調查中，研究人員必須自行加上回應能力相關的層面，因爲受訪者往往忽略這些層面㊺。這應該也顯示出，人們往往將全球思維與標準化和中央化混爲一談的趨勢。

這個問題有何補救之道？專家都認同，單純地死記外國文化的理念、習俗和禁忌（譬如在印度，舉大拇指是表示瞧不起的意思，而不是表示一切ＯＫ），雖然是大多數企業訓練計畫都會採取的型態，但絕對不足以因應任何一種可能出現的狀況㊻。企業需要的是有助於接受、了解不同文化和市場的機制（請參考小方框「促進跨國開放、知識以及整合」），本書介紹的其他克服跨國差異性的策略（整合以及套利）也能因此受惠。

促進跨國開放、知識以及整合

企業順應當地市場的策略當中，除了要求人員硬記外國文化一些抽象的資料之外，也必須盡量保持開放的態度，以便確實了解各種文化的差異性。

一、**延攬適應力強的人才**：碰到新的環境或背景陌生的人時，每個人的適應能力都不一樣。訓練以及經驗固然有助於提升適應能力，但聘用本身就具備這類調適能力的人才，會是最理想的辦法。

二、**正式的訓練教育**：正式的訓練教育不光是在教室之中，全世界各處同事之間的互動同樣也有這個效果。當然，這類正式的教育訓練的確實內容完全得視情況而定：譬如，如果對飛利浦的主管強調加強本土化的重要性，或對威名百貨強調應該標準化（而不是正好相反），絕對行不通。我爲企業提供全球策略的訓練計畫時，時間大都是花在設計上頭，而不是眞的上課。

三、**跨國業務團隊以及專案的參與**：跨國人員之間的關係可以透過團隊以及專案進行更加緊密——對於公司交代完成任務的正式授權而言，這是非常重要的互補工具。近年來資訊科技的進步（這可說是國際寬頻網路崛起的主要力量），讓分散世界各地的團隊更容易進行協調。

四、**團隊以及專案會晤可在不同的地點進行**：最近我到班加羅爾參加ＩＢＭ股票的分析師會議。執行長帕米沙諾（Sam Palmisano）跟我解釋說，公司當初不到一萬人，在短短三年內一路增長到將近五萬人的規模，在當地開會主要是彰顯他們對公司經營的投入，以及促進整合，並不是說ＩＢＭ的策略只能在班加羅爾落實。

五、**沉浸於外國文化體驗之中**：三星在一九九一年推出海外地區專家課程，在這方面依然是各界仿效的典範。每年有兩百多位公司精心挑選出來的受訓人員，可在他們屬意的國家，接受為期三個月的語言以及跨文化訓練。接著在當地住上一年——沒有具體任務，或與當地三星聯繫——接著在首爾接受兩個月的訓練。

六、**外派任務**：外派任務這種讓工作人員沉浸於當地文化的訓練方式更為密集，而且以人員汰換來說，在經濟層面也是所費不貲，所以，這類訓練方式往往是針對高潛力的主管人才，而不是把眼中釘流放海外。

七、**培養具有地理以及文化多樣性的高級主管**：許多大型企業雖然在海外建立龐大的經營據點，但高層主管（以及董事會）卻還是（幾乎）全找本國人。中國就是一個明顯的例子：大型西方企業當中，眞正以當地人作爲中國代表的公司，還是相當少數。

八、**公司單位總部或卓越中心地理位置的分散**：寶鹼各事業單位的公司總部分散各地，公司執行長萊夫利（A. G. Lafley）認爲，這是他們在競爭對手之間獨樹一格的關鍵。當然，地點的選擇必須謹慎：寶鹼曾經試圖將某個全球事業單位的總部設在委內瑞拉首都卡拉卡斯，沒有多久就碰到許多問題而必須加以調整。

九、**爲公司界定以及培養整體的核心價值**：公司就算地理位置分散、市場狀況不一，但只要具備強大的整體文化，還是有助於克服各地各自爲政的現象。許多專業服務公司就是很好的例子。

十、**開放公司組織的疆界**：如果把問題界定於在公司內部創造開放性，那麼未免過於狹隘：譬如，大家對於開放創新的熱情就是很好的例子，讓我們了解公司對外開放的好處。當然，這樣的對外開放本身也會有其風險。

即使具備以上這些機制，要克服策略調整所面臨的各種障礙，整個公司還是得努力加把勁。三星集團就是一個相當極端的例子㊼。公司董事長多年來雖然推出各種計畫（其中包括上述的沉浸計畫），但對於全球化的步調還是不夠滿意，於是在一九九三年推出新的管理計畫，號召一百五十名資深執行主管在法蘭克福一家豪華飯店齊聚一堂。他的演講從晚上八點開始，而且接連七個小時馬拉松式的演講，一再強調「三星蛻變為世界級企業的必要性」——根據某位與會人員表示，他們連廁所都沒時間上——到後來甚至呼籲大家「除了家人以外，什麼都要變」。他說完之後，下令與會人員留在法蘭克福一個禮拜，置身於外面的世界。他也帶領全體資深管理團隊到其他地區出差，像是到洛杉磯，「讓他們了解，我們實際的地位遠低於自己的想像」。除了這些努力的象徵意義之外，公司更大刀闊斧強調對品質以及創新的重視（而不是數量，這會讓他們比較像新力〔Sony〕）。三星重新調整本身的投資組合，退出夕陽產業，並且大舉收購、策略投資，以及區域化的策略，到了二〇〇〇年，海外生產佔總生產比例已經達到百分之六十。

十幾年之後，大家想起法蘭克福當年的這場會議，仍然認爲這是引發大家文化轉變的火苗。在韓國的財團當中，只有三星安然度過亞洲金融危機，甚至市值達到新力的兩倍以上，並超越這家日本公司（以及飛利浦和松下國際），成爲全世界最有價值的消費性電子產品品牌㊽。這個例子也提醒我們，培養大家對於不同市場和文化的了解與接受，除了要用腦之外，也要用心。

結論

「全球概論」這個小方框摘要說明本章的重點。廣泛來說，因地制宜的做法有許多不同的方式，但都需要經過縝密的思考，不能秉持機械性、只看數字進行的流程。幸好，企業因地制宜的做法只要經過周詳的思慮，碰到不同的狀況也有更大的斡旋空間。但問題是，即使對相關可能性進行過通盤演練，以因地制宜的策略來因應半全球化的問題，還是會有兩大限制。第一，好比說中央做出有關全球層級的決策，以及地方對各地層級做出的決定，卻沒有把國家以及世界層級的中間地帶納入考慮，忽略了在中間地帶運作的跨國整合機制。第二，從定義來看，因地制宜的策略會把各國之間的差異視爲需要加以因應的牽制，對於這些差異之中的契機往往視而不見。下一章將針對半全球化的兩大因應策略進行討論──整合以及套利；而這兩大策略顯然是以因地制宜策略的這兩大侷限爲克服的目標。

全球概論

一、幾乎沒有幾家公司眞正能夠做到完全本土化或是徹底標準化的跨國經營。

二、在極端本土化以及標準化之間的中間地帶，有無數的槓桿工具（以及分項工具）可以應用──變化、焦點、外部化、設計以及創新。

三、因地制宜的調適策略過猶不及，雖然比較常見的情形是做得不夠。

四、調適策略的理想程度會受到產業特性很大的影響，隨著時間逐漸增加或降低。

五、要改變調適策略的程度，可能會有相當長的延遲效果。
六、有彈性、務實以及開放的思維都有助於變化策略的運用——也可能需要公司組織的大力推動。
七、大多數企業在因地制宜的調適方面還有很大改善的空間。
八、調適的決策不能脫離整合以及套利決策之外。

5 整合——異中求同
區域化的跨國行動

我們打算進一步提升每個區域的本土化以及獨立性……以繼續推動全球化。

——張富士夫，豐田汽車（Toyota），二〇〇三年

第四章探討AAA策略（企業跨國發展順利克服差異性的利器）之中的第一項：怎樣配合差異性加以調適。本章即探討其中的第二項策略：**整合**以克服各國的差異。所謂「整合」，是指企業利用各種工具分門別類，超越在各國之間因地制宜的調適策略，創造更大的規模經濟。

「整合」的意思是說發明與執行可在個別國家以及全球層級運作的跨國機制。而且

在公司之中，這通常是屬於中階層級，而不是只有公司大老闆以及各地員工而已。「整合」就好比對公司高層主管的大力疾呼，其目的在於加強利用各國之間的相似之處，而不是像傳統策略那樣一味因應配合，但也不像完全標準化那樣極端。而其背後的主要主張是凸顯差異中的差異性（第二章強調過），經過分門別類之後，相較於各類之間的差異性，同一類之內的差異性會降到最低。

本章將探討許多不同類型的整合策略，但其主要方法（這點和第四章強調多元性正好相反）則是深入探討地理區域（也就是CAGE架構之內的G〔地理〕層面）**這一種**整合策略。本章首先將說明區域化在跨國的背景中爲何特別顯著，接著將探討各種不同的區域策略（以豐田汽車作爲主要的例子），然後將擴大討論範圍，說明這種整合的基礎以及管理方面的挑戰。

區域的現實面

人們在推動區域化時最常見的說法是，自從全球化的發展受阻之後，區域策略的重要性更勝以往①，但這種說法等於將區域化策略降級，將之視爲全球化的次要選擇方案。

圖五・一：區域內部貿易，一九五八至二〇〇三年

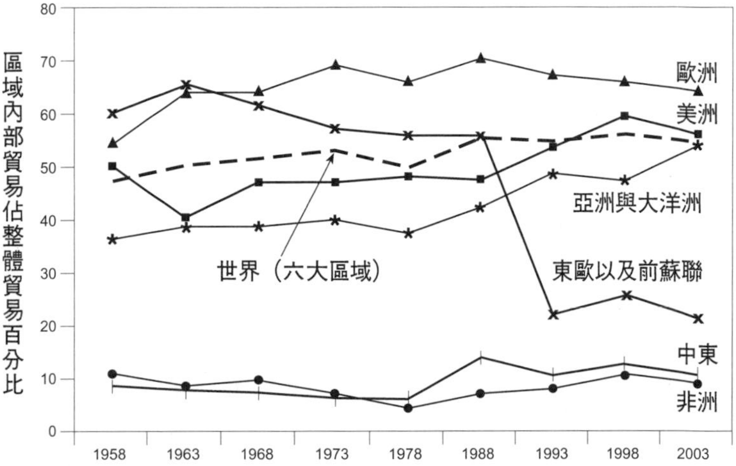

其實，地理區域**並非**由全球化的潮流帶動所引起：全球化**重要性與日俱增**的說法其實是可議的。各位不妨參考以下數據，首先先看貿易。

圖五・一說明一九五八年以來，各區域之內的貿易往來佔整體國際貿易比例增加的情形。一九五八年亞洲和大洋洲各國貿易比例佔百分之三十五。二〇〇三年這個比例竄升到百分之五十四以上——在這段時期，各區域內部貿易比例也都有成長。唯有東歐這個區域大幅下降，不過這是因爲共產政權倒台的原因；圖五・一說明，各界普遍將戰後時期視爲全球化急速發展的時期，國際貿易大幅攀升的現象，

主要是因爲各區域內部的貿易往來帶動，並非區域之間的貿易往來。圖五・一也質疑這樣的假設，區域內部貿易往來對於國際經濟參與程度的指標性，沒有區域內部貿易來得強：區域內部的貿易往來水準低的現象（區域之間貿易往來大增），通常是和區域內部經濟表現不佳有關（和非洲、中東、東歐的過渡經濟比較）。

區域化不光在貿易這個領域，在其他市場的跨國經濟活動也很明顯。所以外國直接投資（ＦＤＩ）——儘管貿易會受到地理障礙的制約——卻可繞路而行，其區域化的程度顯然比貿易低——也顯示區域化的程度大幅增加。來自聯合國貿易及發展會議（United Nations Conference on Trade and Development, UNCTAD）有關國家層級的數據顯示，佔全世界對外直接投資股票（outward FDI）將近百分之九十的這二十多個國家，二〇〇二年區域ＦＤＩ佔整體ＦＤＩ比例中值爲百分之五十二②。

企業層級的數據也顯示類似的發展趨勢。外國經營據點只有一個的美國企業中，這個外國據點高達百分之六十的可能性是在加拿大③。墨西哥對於美國企業的吸引力也很大。這些數據雖然是指在外國設有經營據點的美國企業，但是大多數的跨國企業也呈現極高的區域偏向。魯格曼（Alan Rugman）以及韋柏克（Alain Verbeke）的分析顯示，財星五百大企業中的三百六十六家企業，有百分之八十八於二〇〇一年的營收至少有一半來自母國市場——這個分項之中，母國區域的營收比例平均佔有百分之八十④。相對而言，他們的樣本（九家公司）當中，只有百分之二在北美、歐洲以及亞洲這「三大區域」的營收比例有百分之二十或以上的水準（雖然他們所用的標準値〔cutoff point〕似乎會對這個比例造成影響）⑤。

就算企業擁有大量據點的區域不只一個，競爭互動通常還是以區域爲主。在此不妨再以家電產業的情形爲例，兩大業界巨擘——惠而浦以及伊萊克斯（Electrolux）都在北美以及歐洲這兩大區域擁有據點，這兩個區域佔其營收比例都在百分之二十或更高（一直到惠而浦收購美泰〔Maytag〕，其歐洲營收佔總營收比例才隨之下降到這個門檻水準之下）。不過這兩大龍頭之間還是競爭激烈，而且主要是集中在區域的層級。前十大龍頭當中，印迪斯（Indesit）以及亞斯利克（Arcelik）這兩家公司獲利能力名列前三名，成長速度也是最快的——儘管他們是以單一區域爲重心，但卻能夠締造這樣亮麗的成績；這番能力或許正是因爲單一區域爲焦點的功勞。這個例子也充分說明產業區域化的重要性。換句話說，業界龍頭的地位往往是在區域層級建立的。

我還可以提出其他市場區域化的例子。儘管實質數據取得不易，但專家普遍認為，網際網路的流量近年來區域化的趨勢愈來愈明顯，美國身為各區域之間交換中心的重要性也跟著下降。

跨國活動區域化的程度愈來愈高，這個趨勢反映出地理相鄰以及和其他CAGE層面相近的重要性：文化、政府政策以及相當程度的經濟層面。這些要素都是相關的：地理位置比較接近的國家，可能在其他層面也有許多類似之處。過去這幾十年來由於自由貿易協議、稅務條約，以及其他區域性的偏好、甚至貨幣統一的發展，拉近了這些相似之處；北美自由貿易協定以及歐盟就是兩個最明顯的例子。諷刺的是，區域之內國與國之間的差異當中，有些可和其相似之處結合，擴大區域佔其整體經濟活動的比重。所以，惠而浦這個例子充分印證，美國許多產業中企業常見的模式：近包（nearshoring），也就是把生產設施轉包給墨西哥，利用這兩個國家之間經濟面的差異性，同時又保留兩國地理位置相近以及政府和政治面相似的優勢——這一點是地理位置比較遙遠的國家（譬如中國）無法與之比擬的。同樣的道理，許多西歐企業也偏好把生產活動近包給東歐業者。接下來的章節將會深入探討這種整合綜合套利的做法。

豐田汽車的區域化

前面這個段落的數據和案例，在在強調區域化是半全球化最明顯的代表之一，但這些資料可能讓各位讀者覺得，區域化不過是全球化的稀釋版本。豐田汽車可謂破除這個誤解最好的案例——這家全球重量級的巨擘，以區域化作爲他們在全世界各地開疆闢土的策略之一。

豐田汽車在二〇〇七年超越通用汽車（General Motors），躍居全世界最大的汽車製造商。其營收分布情形就算以財星全球五百大企業的標準來看，也具有高度的全球性（雙區域的）。儘管如此，該公司卻在區域層級追求各種精密的策略計畫。以下的討論將會以豐田汽車本身演變的歷程爲基礎（圖五・二）。

- 第一階段是從豐田汽車在汽車產業的頭五十年爲期，生產基地只有一個（日本）。在一九八五年之前，海外生產佔整體生產的比例還不到百分之五。但這個數字卻在一九九〇年之前達到將近百分之十五，到了一九九五年更逼近百分之三十，二

圖五·二：豐田汽車過去與未來的生產結構（截至二〇〇四年之前）

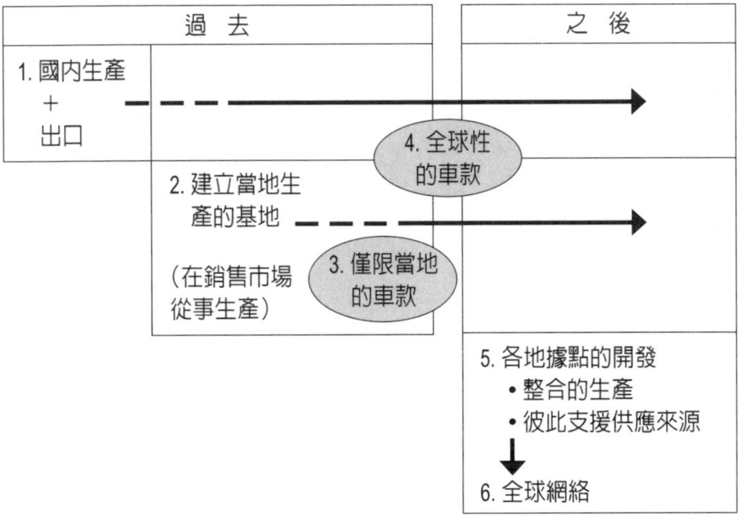

〇〇六年之前則竄升到百分之四十六——這樣根本的改變促使公司開始將重心轉往區域性的發展。

• 第二階段（在一九八〇年代），則見證了豐田汽車第一次重大的FDI，尤其是在美國——日本汽車在這個國家的銷售量如雨後春筍般地急速竄升，當地保護主義的政策和說法也隨之升溫。公司將汽車生產地點轉到銷售市場的地點，這種做法不但有助於降低進口限制進一步的牽制，而且如果真的有相關禁令出現，公司還可將潛在的損失降到最低。

- 第三階段於一九九〇年代開始，一方面降低對日本的依賴，另一方面在個別區域建立基地或中心，以改善不良的績效。公司更限量發行只有在當地才出的車款——這在豐田汽車向來是個禁忌——此舉充分凸顯出公司想在每個區域建立功能更完整、能力更強的據點。
- 第四階段和第三階段重疊，這段時期由於各區域擁有大量物資可以交流，得以分攤開發和工程的固定成本，因此公司（更進一步）推廣全球性的車款——Corolla、Camry、Yaris 以及 Hilux。在這段時期，豐田主要的生產平台從本來的十一個減少到六個。
- 第五階段是區域整合和專門化，公司更要求部分工廠和區域朝著全球化邁進，所以，豐田汽車的全球小卡車項目自亞洲工廠中篩選出共同的引擎和手排變速箱，並在亞洲、拉丁美洲、非洲等地整合爲四座組裝工廠，供應全世界幾乎所有主要的市場（除了美國以外，該地的小卡車通常體積較大）。
- 第六階段是建立全球網絡，這時候公司更加積極最適化全球生產和供應。根據公司董事長張富士夫所言，這個網絡是以區域爲基礎，因爲豐田汽車預期美洲、歐

圖五・三：區域策略

1.區域焦點	2.區域投資組合	3.區域中心	4.區域平台	5.區域使命	6.區域網絡

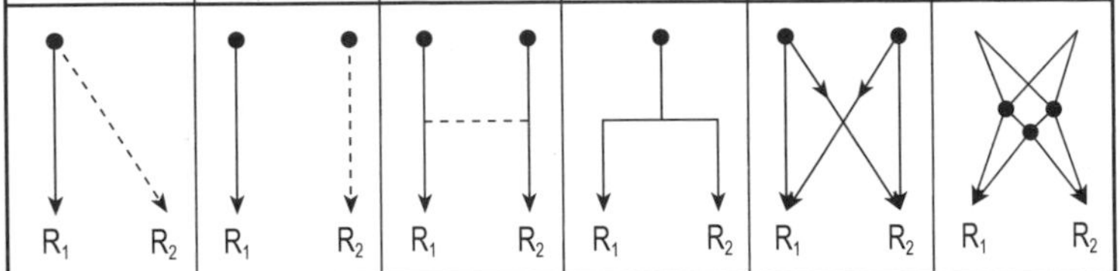

母國規模／定位	成長選擇方案、降低風險	區域定位	跨區域分享	各區域之間的專門化	跨區域進行整合
管理方面的挑戰複雜度愈來愈大：區域開發、資源、控制以及協調 →					
減少影響範圍 →					

附註：圖中實心圓代表不同的產品型態，R_1 以及 R_2 則代表兩個區域。

洲以及東亞**之內**的自由貿易協議會逐漸擴大，但並非各洲**之間**的協議⑥。

豐田汽車的案例是個相當實用的參考，因爲公司的發展歷程（尤其自一九八〇年代以來）說明完整的區域策略，而這也是下一段要介紹的重點。

區域策略的原型

圖五・三摘要說明豐田汽車發展六大階段的六個區域策略原型，以及每項策略的基本基礎策略規

則。值得注意的是，從第一到第三欄的重點是區域內，而第四到第六欄則是區域之間。由圖中可見，豐田汽車處理各區域間疆界的策略愈來愈複雜（也愈來愈罕見）。所以，豐田汽車從第一到第六欄的進展過程確實相當少見，但其成就卻令人讚嘆——豐田汽車在這過程中，既能創造獲利，又能躍居全世界規模最大的汽車製造商。儘管如此，我們不能因此忽略這些區域策略原型的進展並非循序漸進的。如果要創造最大的價值（而不是徒增複雜度），那麼不同的業務需要不同的區域策略。以下這一節將討論每一項策略的目標和限制，並以各種案例強調可以選擇的方案範疇。

一、區域或母國焦點

先前雖然已經探討過焦點，但地理或區域層面的焦點還是值得再度強調，因為幾乎所有公司都是從這一欄開始的，只有極少數公司是「一開始便是全球公司」，這一類通常是高科技產業（譬如 Logitech 以及 Checkpoint）。財星全球五百大企業當中，如果以前文介紹的營收定義來說，將近百分之九十還是屬於這一欄。即使是**已經**離開這一個階段的公司，許多（譬如豐田汽車）還是有相當長的時期停留在以區域或以當地為焦點。有時公司在去全球化的過程中到頭來還是回歸區域焦點：譬如家電產業的惠而浦或製藥產業的拜耳（Bayer）。

以其他企業而言，區域焦點既非既定的發展，也不是走回頭路，而是一種理想的長期策略。所以，三星在高度全球化的晶片（DRAM）業務，雖然行銷全球——事實上，三星集團在其主要業務當中，擁有全世界最平衡的經銷網絡之一——但公司大多數的研發和生產都是集中在南韓這個主要地點，公司並將此策略視爲其主要競爭優勢。由於運輸成本遠低於產品價值，全球集中策略（讓研發與生產得以快速整合與複製）成爲地理擴散策略的主軸。

Zara這家專走低價路線的連鎖成衣公司也是系出同門，在西班牙西北部的製造和物流中心附近，設計以及製造最有時尚感的成衣，並在設計問世二到四個禮拜之內，以卡車將這些產品運送到西歐市場。這個做法使得顧客吸引力、快速回應能力大幅提升，而且減價求售的情形也減少，所以儘管在歐洲生產的成本比亞洲高（至少在西歐市場是如此），還是划得來。但是「快速時尚」的策略除了西班牙之外，在其他區域並不適用，因爲快速回應市場需求所需的空運成本，和歐洲追求的低價定位互相牴觸。

三星以及Zara的案例說明區域或母國焦點適合的各種情況：也就是在全球經濟規模足以允許公司，有些案例則是適合Zara這樣以區域對區域的焦點，而不是三星集團所採用的區域對全球的焦點，其中包括：

- 某個地區或母國市場獲利能力特別高（譬如惠而浦在美國的家電市場），不過其他區域的競爭對手也可能聞風而來（譬如海爾集團）。
- 業者必須對當地具備深厚的了解，以降低效率寬峰（譬如亞洲利峰集團便將策略主力放在爲零售商建立以及管理國際性的供應鏈）。
- 對區域性自由貿易協定以及區域的偏好，保持高度的敏感度（譬如汽車產業，鄰近以及汽車雙邊貿易的數量相當驚人）。
- 相對於區域**之間**的距離（也就是區域的能源格），其他會讓區域**之內**距離瓦解的要素。

相對於比較全球化的標準策略，這些以區域或母國市場爲焦點的策略之所以能夠生存，主要是靠許多條件的支持，但這些條件的逐漸消失，卻也構成這類策略的主要風險。從概念上來說，這類策略也可能爲比較以本土爲焦點的策略所超越。這種問題通常不是出現在母國市場，而是在非母國市場的國家出現。而母國主導區域策略的程度也會引起許多相關辯論。

最後，採取區域策略的業者也可能面臨發展空間日漸消失，或無法妥善避險的問題。對於 Zara 而言，歐洲境內的成長逐漸構成一大問題，而缺乏避險的問題也成爲公司的大患——直到二〇〇六年——由於美元兌歐元匯率下挫，令 Zara 在歐洲生產的成本，相對於在亞洲主要以美元計價進口的競爭對手要高得多。

二、區域的投資組合

第二欄的策略是在單一區域之外擁有比較廣泛的運作（區域投資組合）。當企業打算從第一欄進展到第二欄的策略時，往往是希望有更多的成長選擇，以及迴避風險（換句話說，也就是避免 Zara 面臨的挑戰）。而會促使企業往這條路發展的主要原因還包括，業者希望在非母國區域追求更快速的成長，加強在母國市場的地位，創造大量的現金流，以及打入外國市場必須在當地投資的規定（從某個程度來說，也就是豐田汽車早期FDI的故事），且「攤平」各區域景氣循環、意外情況發生的機會。

企業可以許多方式追求這種地理擴張的策略，其中包括「完全擴散」，業者通常是在特定區域或地區建立據點。即使在資源不虞匱乏的情況下，這種做法往往要耗費十年、甚至更久的時間，豐田汽車建立北美據點的做法就是如此，公司在一九八〇年代初期，先和通用汽車公司合資成立新聯合汽車製造公司（New United Motor Manufacturing, Inc., NUMMI）。各位還記得，豐田汽車擁有一大競爭優勢：那就是他們的豐田生產體系，「只要」轉移到非日本的地點即可。其他汽車製造商如果缺乏這樣的優勢，想要以自然成長的途徑在新的區域大舉建立據點，那麼可能會耗費更久的時間。

就算是最單純的投資組合管理案例，也會出現漫長的遞延等待，這類企業是透過收購建立區域性的地點，而不是有機的成長。奇異電器在歐洲建立據點就是一個例子。奇異電器執行長傑克‧威爾契（Jack Welch）於一九八〇年代末期展開全球化的計畫時，尤其以歐洲爲拓展重點，並放手讓貝卡利（Nani Beccalli）這位備受信賴的左右手進行收購談判，加速全球化的進程。奇異電器在歐洲大舉收購之下，到了二〇〇〇年代初期，歐洲的營收已達美國以外地區總營收的一半。

可是這個案例不能只看營收成長。威爾許的接班人——伊梅爾特（Jeffrey Immelt）大膽評估說，「歐洲是我們的一大焦點」。但幾年之後，他也坦承：「基本上，我認爲我們現在在歐洲的表現差勁透了」。績效這麼差是爲什麼？奇異電器的全球總部設在美國，而且負責經營全球業務的「全球領導者」——當中許多都是美國人，從來沒有在國外生活或工作過；可是公司卻決定讓歐洲業務獨立運作，並向在美國的全球總部報告。而且，奇異電器在非金融業務領域的許多死對頭都是歐洲公司。他們熟悉本身的母國市場，而且做好萬全的準備可以迎頭痛擊。

奇異電器原本打算收購漢威（Honeywell），但遭到歐盟打回票之後，公司覺得有必要加強本身的歐洲色彩，因此在布魯塞爾大舉設立據點。公司也決定對歐洲撥出更豐富的公司基礎設施和資源，一部分是爲了吸引、培養，以及留住歐洲頂尖的員工。結果，奇異電器最後於二〇〇一年在歐洲建立區域總部的結構，擺脫了區域的投資組合策略——由奇異電器歐洲分公司執行長這個新的職務統籌——並接著在二〇〇三年，於亞洲推出平等結構的組織。伊梅爾特更表示，這些區域性的團隊可說是公司邁向全球化計畫中主要的變革因子。

奇異電器新的區域總部充分說明公司自原本區域投資策略轉型的例子，而這也正是下一段要說明的區域中心策略的例子。不過在此要強調的是，奇異電器的區域投資策略延續了相當長的時間——儘管奇異電器在歐洲的績效不佳，且奇異電器整體而言是一家管理十分完善的公司。

一般而言，區域投資組合策略往往會讓公司總部的部分資源配置以及監督職位，轉移到區域性的組織。不過除此之外，這類策略幾乎沒有區域性考量的機會，讓公司難以影響當地情勢。

三、區域性中心

大前研一提出所謂「三合」策略的概念，率先強調以比較積極的策略為區域層級創造更大的價值。而箇中方法包括打造區域基地或中心，為當地「國家」的營運提供各種共享資源或服務，而其用意是，如果以任何單一國家來看，這些中心可能不見得有多大作用（因為規模龐雜、或是規模收益遞增〔increasing returns to scale〕、或是外部性），但如果以跨國的角度來看，或許還有投資價值。以某些情形而言，這類共享的資源和服務，雖然往往是由某個單一或少數幾個地點提供，但區域中心卻可能是虛擬的。

區域中心策略如果以最純粹的型態來看（也就是專注於區域定位），正是圖第一欄之中的區域焦點策略，只是它們代表的是有結構的跨區域版本而已。譬如，如果Zara打算在亞洲建立第二個中心，那麼他們原本以區域為焦點的策略便變成多區域中心策略。所以，適合區域焦點策略的條件當中，有些也適合區域中心：(1)區域層級的規模經濟，(2)會讓區域之內的距離相對於區域之間的距離消失於無形的要素，以及(3)其他會促使業者競相在區域層級建立定位的條件。箇中的差異在於，由於區域不只一個，業者對於區域之間異質性的考量也可能納入。各區域的條件差異愈大，企業就愈沒有理由在各地區分享共同的資源和服務。

區域總部也可視為區域中心的迷你版。而區域總部的影響力通常有限，重點主要在支援各種功能，而他們和營運活動的聯繫也很有限。所以，儘管威名百貨國際事業在亞洲設有總裁的職位，負責溝通和監督，但除此之外，他對於策略或資源分配的影響力似乎相當有限。

而戴爾電腦（Dell）這個案例，則充分說明公司強大的區域中心策略怎樣確實和公司營運，以及支援的功能建立聯繫⑦。戴爾電腦在全世界銷售標準化程度相當高的個人電腦（這些電腦只有在通訊協定、電源供應等等層面有所差異），戴爾電腦擁有獨特的營運能力，能夠突破各地經銷的障礙，直接接單出貨；而這樣的能力也正是其商業模式的基礎。戴爾電腦原本是北美地區的個人電腦業務龍頭，但隨後調整策略，在其他區域（美洲、亞太地區及日本、歐洲）取得領導地位，一部分是藉由偏離其主要全球客戶／業務（這些領域的差異性比世界各地消費者業務來得低）。

戴爾電腦在各地區的營運開發情形分別處於不同階段：北美地區開發程度最高，歐洲（尤其是英語系的地區，是公司早期主打的標的）的開發程度次高，緊接著是亞洲，最後則是南美洲。儘管如此，這些區域都有開發類似的產品線，以本身的區域總部、製造工廠、行銷，以及資訊科技基礎設施運作。尤其是製造工廠，公司是以他們在愛爾蘭（一九九〇年）、馬來西亞（一九九六年）、中國（一九九八年），以及巴西（一九九八年）增設的組裝廠爲中心。至於公司對於中心地點的考量，則是基於能夠快速滿足區域市場所需；所以，巴西地點雖然和巴西以及頗有規模的資訊科技群聚相隔甚遠，但正好處於南美兩個最大城市——聖保羅和布宜諾斯艾利斯的中間。

區域總部的利用和限制

區域總部的崛起近年來備受研究人員以及業者的重視⑧。區域總部如果經過縝密的思考，且選擇地點得當，確實能夠承擔大任。所以，INSEAD的拉色瑞（Philippe Lasserre）爲主要區域總部功能建立一份清單，其中列舉了尋覓人才（商業開發）、策略性的刺激（協助組織附屬單位了解以及因應區域環境），展現對區域的承諾（對內部以及對外部的觀眾都是如此）、協調（確保綜效的運用以及追求連貫的區域策略），以及匯聚資源（以充分利用區域經濟的優勢）⑨。

拉色瑞更根據區域總部在跨國企業策略中的角色建立一套典範。其中包括**起始者**（initiator），也就是強調策略性的刺激以及協調，與支援當地的營運；**促進者**（facilitator），負責整合、策略性的刺激與訊息；**協調者**（coordinator），負責策略性以及營運的綜效；以及**行政者**（administrator），其重點在於支援性的功能，譬如行政庶務、稅務以及財務[10]。麥克・安萊特（Michael Enright）有關亞太地區區域總部的研究，可爲這套類型學（typology）理論提供一些實證的支持[11]。

不過如果只看區域總部在區域策略的角色，就好比只看行李箱，而不是箱子裡頭的**東西**。如果對於區域總部怎樣創造更大的價值沒有明確的了解，自然無法明確界定區域層級協調所需的條件，至於判斷區域總部能不能達到這些條件，就更不用說了。最糟糕的情況下，區域總部可能淪爲思考你們公司區域策略的替代品。以比較正面的話來說，公司如果區域總部只有幾個或根本沒有，可能還是會以區域作爲整體策略重要的基石。

爲了說明方便，我們不妨再看看豐田汽車的案例。說到區域總部，我們可能會想到豐田汽車在一九九六年於北美建立的據點，二〇〇二年於歐洲建立的據點，說不定還有東南亞地區的附屬區域中心，不過除此之外可能就沒有了。這樣來說的話，公司就不適合以總部作爲區域策略的基礎。

鄰近供應商和顧客的要素向來是這種策略的執行重點，因爲個人電腦產業的供應鏈一旦解構，物流成本往往會超過在特定製造地點生產的成本。所以，這些區域中心也拒絕了當地的供應商以及供應物流中心——也就是全球供應商以自己的成本保留零件，以支應戴爾接單製造組裝系統的需求（圖五・四）。這樣的聯繫，讓公司的生產體系得以從亞洲供應商取得估計百分之七十的零件，不受其地理區域分散的影響。他們管理全球供應鏈關係和物流的做法，甚至引起豐田汽車的注意，戴爾電腦在個人電腦製造產業的直接競爭對手就更不用說了（這些業者也紛紛起而效尤，降低了戴爾電腦的優勢）。

區域中心就和大多數區域策略一樣，也必須和比較本土化、比較標準化的策略進行評估（換句話說，本土以及全球策略的競爭對手可能會攻擊這樣的結構）。由於戴爾電腦的策略重心並非超低成本的個人電腦市場，在中國市場面臨當地專走超低價位的競爭對手夾擊，而且當地顧客比較重視和供應商的關係，公司因此已放棄拿下當地市場龍頭寶座的目標。相對而言，標準化策略的競爭對手威脅則比較有限：公司近年來廣爲各界所知的問題，主要是來自前端的挑戰，像是整體需求成長下降、乃至於服務方面的問題。

區域中心策略的重心如果擺在克服區域間的差異性，公司可能爲了節省各區域之間

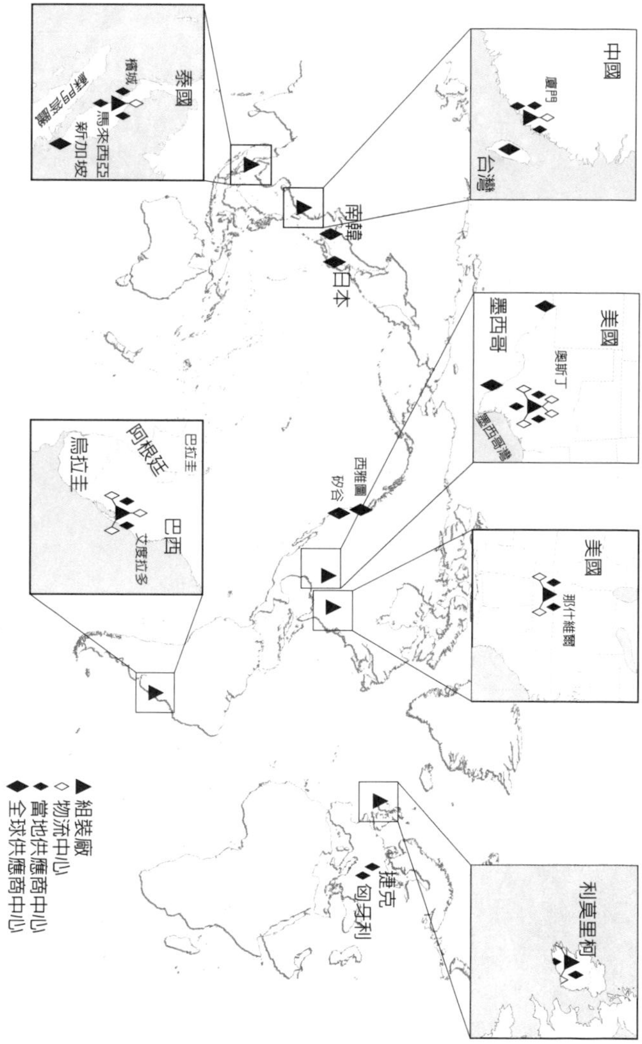

圖五・四：戴爾的區域製造中心，二〇〇一年

的成本，反而付出更大的代價或犧牲過多的機會⑫。接下來要介紹的區域平台策略，就是利用這種機會分享的優勢。

四、區域平台

誠如先前所討論的，區域中心策略是在同一個區域之內，分攤各國之間的固定成本。而區域平台正好相反，則是分攤各區域之間的成本——所以也可以稱之爲「跨區域平台」。至於平台的建立通常是以後端活動爲中心，這些活動如果跨區域整合的話，可以創造規模或範疇經濟。所以，大多數主要汽車製造商也紛紛仿效豐田汽車，試圖減少他們在全世界各地提供的基本平台數量，以便在設計成本、工程、行政、採購以及營運方面，創造更大的規模經濟。其目標並非減少**產品種類**，而是在特地爲這些產品線設計的共同平台上，在當地打造客製化的體系，**以更有成本效率的方法提供多樣的產品**。另外一點值得注意的是，由於打造平台的做法需要更大的資本密度以及研發密度，加上汽車製造產業的規模經濟；所以在汽車製造產業的成效會比在家電產業來得好（譬如，在二〇〇五年到二〇〇六年期間，全世界研發支出前六大的企業當中，有四家都是汽車公司）⑬。

另外一點值得一提的是，儘管豐田汽車這類計畫積極打造平台，但還是得在汽車產業全球標準化之前及早踩煞車。誠如福特汽車前任營運長席樂爵士（Sir Nick Scheele）所說，「美國的汽車燃料成本相對比較便宜……可說是〔汽車產業〕全球化最大的障礙。美國和全世界各地其他國家基本上在這一點有很大的差異，也正因爲如此，在汽車最根本的特徵上（規格與馬力）也有極大的差異」⑭。

他接著表示，福特汽車在一九九〇年代中期犯下一個大錯——也就是福特二〇〇〇計畫——而這個案例也充分說明建立平台的策略本身蘊含什麼樣的風險：業者可能標準化過頭，結果犧牲當地市場所需的多樣性⑮。福特二〇〇〇是一項野心勃勃的計畫，企圖整合福特各區域（主要是北美與歐洲）和全球的營運（有位分析師甚至有一度將此形容爲史上最龐大的商業合併案）。福特汽車企圖減少北美與歐洲地區重疊的部分，結果在內部造成極大的震撼，而福特在歐洲的組織結構也因此幾乎毀於一旦。這項計畫犧牲了區域開發產品的能力，把難以妥協的產品推到接受度冷淡的市場。結果怎麼樣？二〇〇〇年公司在歐洲損失將近三十億美元，在歐洲市場的佔有率更從百分之十二降到百分之九。

由於許多公司總部總攬整個集團的大權，所以這類風險會造成的影響十分廣泛（有些主管，尤其是這個領域，可能甚至會說這是低估問題）。而企業朝著中央化發展的趨勢，也使得跨區域平台標準化過度發展的風險更加嚴重。

五、區域的使命

區域授權也可說是區域之間的授權，因爲這牽涉到賦予特定區域更加廣泛的使命，像是供應特定產品，或是執行公司組織特定的角色，以發揮**專門化**以及規模的經濟效益。前面提過豐田汽車的案例，公司委託亞洲多家工廠，爲其全球（美國之外）小卡車項目提供引擎以及手排變速箱，就是一個很好的例子。其他的例子也比比皆是。惠而浦大多數的小型廚房家電都是出自印度——由於小型家電的價值—重量／批次比較高，所以會比其他主要家電容易採取這種做法。許多全球企業紛紛擴大對中國生產據點委託的範疇。資源開發雖然大都集中在區域、國家或當地的層級，但委託範疇通常會隨著世界各地產品「標準化能力」而擴大。

除了產品開發與生產之外，其他領域的「跨」區域委託也開始出現巨大的變化。顧問、工程、金融服務，以及其他服務業務的全球企業，在這方面往往是卓越的標竿——特定知識與技能匯聚的中心，可爲公司提供這些專業知識。這類中心往往集中在單一地點，以個人或一小群人爲主，而不是地理分散的形式。所以，這類委託的地理範圍會比其實際的地理區域足跡（geographic footprint）更爲廣泛[16]。

同樣的，企業賦予特定地區廣泛的委託業務也有些風險存在。第一，這種做法可能賦予地方、國家或區域層級過大的影響力，甚至挾持公司的全球策略。第二，廣泛的委託業務固然可和打造平台之類的其他策略重疊，但並不適合地方、國家或區域層級的多樣條件。最後，專門化的程度如果推到極致，可能造成僵化以及缺乏斡旋空間的問題。在這樣局勢震盪的世界裡，這些隱憂都不容小覷。

六、區域網絡

要想達成各區域之間的互補，並且避免過度專門化和僵化的問題，業者可以利用區域性網絡，利用各區域之間的資源並加以**整合**。儘管學術界對於建立網絡的探討相當廣泛，但是大多數企業對於這類整合工夫僅止於**望梅止渴**的階段，所以我們在此對於網絡的討論會比較簡短，並以豐田汽車爲焦點，這也是少數對區域以及全球網絡認眞採取行動的公司之一。

從豐田汽車的案例觀之，爲了務實起見，最好將「網絡建立」視爲一種區域管理的具體型態，**廣泛看待跨國配置與協調**，而不是特定的區域管理方式（其實，每家公司都能自視爲一種網絡，而這樣的觀點對他們多少都有些好處）。所以，當豐田汽車歷經各種區域策略的原型（也就是圖五．三的第一欄到第六欄），跨國創造價值的新模式可與舊模式相輔相成，而不是取而代之——誠如豐田汽車在圖五．二所示。

各位不妨參考圖五．二依序排列的要素，豐田汽車雖然跨出日本製造基地的階段（區域焦點），但日本廠對全世界各國出口的銷售量，在公司裡依然佔有四分之一以上的比例，獲利更在公司擁有舉足輕重的地位。同樣的，豐田汽車在離開區域投資組合策略的階段之後，有關保護主義以及母國偏好（當初主事公司對美國進行投資的原因）的疑慮依然存在，這點從公司刊登廣告，強調他們創造創紀錄的就業機會，以及對環境友善的態度，便可略知一二。

以區域中心而言，北美以及亞洲的區域中心相對較爲成熟（如果還有在成長的話），不過虧損的歐洲據點還正在起步當中，此外，豐田汽車以生產與採購專家渡邊捷昭接下張富士夫的總裁職位，此舉也透露出公司愈來愈關注（以及致力於）海外生產快速成長時，將日本的豐田生產體系（Toyota Production System）深植於其他較新的生產中心。豐田汽車也持續減少主要生產平台，並透過跨區域的委託策略進一步追求更專門化。所以，圖五・三並非強調豐田汽車怎樣從六大區域策略的原型中逐漸進展，而是說豐田汽車現在致力於涵蓋這六大欄的策略。

第二，豐田汽車之所以有這樣的能耐（透過各式各樣的區域策略創造價值），和先前所說基本的競爭優勢是脫不了關係的：豐田生產體系能夠以低成本生產高品質、可靠的汽車。要是沒有這樣的根本優勢，豐田汽車現在努力嘗試一些比較複雜的協調模式，很可能會讓公司陷入赤字的紅海之中。

最後，誠如先前所說，豐田汽車一開始並不是對遙不可及的全球化抱持宏大、長期的願景，期許每個地方的汽車和汽車零件都能夠自由交流，而是預期公司和美洲、歐洲以及東亞的自由貿易協定會擴大（而非這些區域之間的協議）。在這裡要強調的是，在這個半全球化的世界中，各國之間的橋梁或障礙都不容忽略，而**區域**則成爲表達以及執行這種比較單純（但實際）的願景最理想的單位。

在本章結束之前，請各位根據「區域化潛力診斷表」爲貴公司的區域策略潛力進行評估。

區域化潛力診斷表

請根據以下八個問題圈選適合的答案。如果你們對某個特定答案不是十分清楚，請跳過這個問題。請注意，以下數字爲估計值，不過大致上都有數據上的（粗略）基礎。

公司的足跡

一、公司擁有大規模營運據點的國家數目

(a)1－5　(b)6－15　(c)大於15

二、母國區域營收佔總營收的百分比

(a)大於80　(b)50－80　(c)小於50

公司策略

三、區域擴散的目標

(a)減少　(b)維持不變　(c)增加

四、整合的基礎數目

(a)1　(b)2　(c)大於2

國家的聯繫

五、區域間貿易百分比

(a)小於50　(b)50－70　(c)大於70

六、區域間貿易佔FDI的百分比

(a)小於40　(b)40－60　(c)大於60

競爭考量

七、各區域獲利能力的差異

(a)小　(b)短期　(c)長期

八、主要競爭對手的策略

(a)去區域化　(b)不變　(c)區域化

以上答案的評分是粗略的，如果你選 a 的答案，得分為 −1，b 的答案為 0 分，如果回答為 c，則得 +1 分。如果結果為正分表示，公司在區域層級的策略擁有龐大的潛力。分數愈高，潛力就愈大。

從區域化到整合

以上介紹的各種區域策略（包括各項策略的吸引力和相關限制），各位不妨將此想成一種分析整合可能性的實用途徑。不過，「整合」其實讓公司在思考怎樣發揮各國之間更大的規模經濟時，會有更大的揮灑空間。

重新調整區域的定義

我在以上介紹的案例，所說的「區域」大都是以各洲的層級來做說明，但卻盡量避免對**區域**建立任何明確的定義。我之所以這樣做，並不是故意含糊不清，而是避免將這個名詞侷限於某個特定的地理範疇，令以上論述過於狹隘。只要國家的單位規模夠大，以上介紹各種區域策略的原型，也可從國際的層級延伸到國家之內的區域。譬如，石油公司將美國的汽油市場區分爲五個國內區域，同樣的道理，區域之內的商機可以像是巴西的水泥或中國的啤酒這樣南轅北轍，運輸成本相對於生產價值較高，而市場的地理幅員廣闊。我們可從各洲的層級更上一層樓，而不是進一步細分，跨大西洋自由貿易協定面臨許多難題，有朝一日開花結果，將會造就一個超級的區域，佔全世界GDP的百分之五十五以上。這樣的區域（至少從某些產業來看）將會成爲企業開發策略的焦點。

在此也要提到一點，有些公司採取多層級的地理整合計畫。譬如，飲料公司帝亞吉歐（Diageo）便是以四個區域爲組織型態：北美、歐洲、亞太，以及國際。國際的部分包括非洲、拉丁美洲、加勒比海，以及全球旅遊與中東（中心）。請注意，他們將全球旅遊

(Global Travel)（免稅）納入，這樣的結構雖然不對稱、不規則，但比起外形美觀（從某些層面來看也比較簡單）的對稱組織（本書先前探討的都是這類型態）卻要實際得多。

廣泛而言，前面這一章探討的地理區域原型，我們可以各種地理層級來加以解讀。企業在規劃地理區域的範疇時，對於區域層級的評估（全球、大陸、次大陸、國家、內陸，或地方，這些區域的範疇和其獲利能力有很大的關係）通常是很有幫助的指標。以另外一種說法來說，實體經濟是由許多彼此重疊的層級組合而成——從地方乃至於全球——重點不是單單專注於某個層級，而是要以多層級的範疇來思考。重新調整地理範疇，讓業者可以更大的彈性，將區域化的理念應用在分析不同的地理層級上。

和其他CAGE層面的整合

除了重新調整地理距離的範疇之外，我們甚至可以發揮更大的創意，專注於非地理層面的距離（以及區域）：文化、政府行政或政治、經濟。CAGE架構中這些層面的整合，有時還是暗示公司對於地理鄰近區域的重視（豐田汽車根據目前現有或預期中的自由貿易區域來對國家分類，就是一個例子）。不過有時候，企業這樣重新界定的做法，會形成地理位置上並不相鄰的假性區域。

文化整合的例子我們可舉塔塔顧問公司（Tata Consultancy Services, TCS）——這是印度最大的軟體服務公司，營運據點在全世界超過三十五個國家。本書稍後將會深入介紹塔塔顧問公司，在此我們只探討公司率先成立的區域交付中心——這是爲了補強公司在內部與中國全球交付中心的不足。公司於二〇〇二年在烏拉圭首都蒙特維迪成立區域交付中心，後來也在巴西成立，以便除了拉丁美洲之外，也能夠服務西班牙與葡萄牙。塔塔顧問公司接著在匈牙利成立區域交付中心（匈牙利許多人民都會說德文），以專心經營中歐市場。該公司目前正在探索在摩洛哥成立區域交付中心的可能性，摩洛哥許多人都會說法語，公司更著眼於服務法國和其他法語國家。以語言作爲整合基礎的做法，對於塔塔顧問公司尤其具有吸引力，因爲語言距離對其業務有著極大的影響。

在**政府行政**這個領域，我們可以雷神（Raytheon）「國協行銷團體」（Commonwealth Marketing group）爲例。幾年前，這家坐落於麻州的國防承包商決定，英國國協（British Commonwealth）是他們爲這些國家組織行銷活動的理想據點。箇中用意有一部分是，這些國家的採購程序和做法許多都很類似。

至於**經濟**整合，企業對於市場的區分是以已開發與新興市場爲基礎，在某些極端的情況下，只專注於其中之一；這可謂經濟整合最明顯的例子。所以，墨西哥的希麥克斯水泥對西班牙從事第一次的對外直接投資之後，整個一九九〇年代都是透過對**經濟**層面的整合來追求成長。也就是說，公司拓展到其他的新興市場，而這些目標區域都和其母國有個相似之處，譬如，公司因爲袋裝水泥的銷售量相當大，想要繞著地球赤道建立一條「灰色黃金鏈」（不過過去幾年，希麥克斯水泥開始加強對地理層級的整合，有鑑於地理距離在這個產業的重要性，此舉似乎也頗合乎邏輯）。許多金融機構雖然都有服務已開發國家及新興市場，但將後者獨立出來。

另外值得一提的是，有些公司在各國之間以及各個區域之間的經營都很有規模，正大舉投資建立現代的圖像配置技術，以視覺工具觀察區域新的定義以及假性區域。由於群組化技術（clustering techniques）的日新月異，分析網路的衡量更爲精準，雙方、多方以及單方國家特質之類的資料更爲豐富，讓這種圖像配置技術的發展更是如虎添翼。至少，這種技術激發出豐富的創意，值得各界重視。

非國家層級的整合

CAGE架構雖然以國家作爲分類的基礎（或其他比較廣泛定義的地理單位）。不過企業也以其他非國家層級作爲跨國整合的基礎：通路（譬如思科〔Cisco〕，該公司也根據合作夥件的類型進行整合）；客戶產業（client industries）（譬如埃森哲以及其他資訊科技服務公司）；全球客戶（譬如花旗銀行在其全球銀行金融業務）；以及最受矚目、研究密度最高的——企業（譬如寶鹼和其他許多公司的全球事業單位）。

以上這些整合計畫適合的條件各有不同——而且各有本身的風險。全球客戶管理受到企業對企業市場的高度矚目，因爲這讓他們可以爲顧客提供單一聯繫、協調，以及標準化的途徑⑰。不過這卻引起一連串的隱憂：全球客戶的議價能力可能因此高漲，當地客戶以及全球客戶難以管理的風險，以及造成消費者自以爲是（consumer silos）的風險。而企業的整合，對於多元發展的公司（公司不同業務的差異性，往往比各國之間的差異還來得大）特別有吸引力，顯示業務應該作爲公司追求跨國規模經濟的基礎。不過這點也有風險存在，至少應該加以管理。以這個情形來說，業務各自爲政的情形可能折損彼此之間的規模經濟。

總結而言，整合是一種強大的策略，讓企業得以擺脫適應各國不同差異的做法。而且每一種整合基礎都可以透過分門別類（儘管本章介紹的案例只以區域作爲分類的標準），讓企業有機會設計能夠迎合當地以及全球層級的策略。儘管如此，整合策略並非萬靈丹，原因有幾點。第一，整合策略總是有其風險，隨之形成的各自爲政的現象可能令組織功能受到打擊。第二，整合往往會使得公司組織更加複雜，因爲各種策略需要各種聯繫的機制——尤其是當企業企圖整合各種層面，而不是單單一個。第三，由於企業通常不可能把所有可以想到的整合型態都派上用場，所以審愼選擇格外重要——第二章與第三章介紹的分析架構可從旁協助。第四，企業如果經常調整整合的基礎，幾乎難以避免會陷入災難性的後果，因爲公司通常得耗費好幾年才能讓整合基礎發揮效用。接下來的兩節將針對最後這兩點加以探討。

分析整合

「整合」其實是企業回應各種差異挑戰的方式，公司必須跳脫一絲不苟的策略框架

——配合所屬產業（可能不只一個產業）的現實面，以及創造價值的契機引領策略走向。所以CAGE距離架構以及ADDING價值計分卡，對於指引企業整合跨國營運的抉擇，通常會很有幫助。先前已經探討過CAGE架構怎樣協助企業在各種整合方案中做抉擇，所以在這一節，我會把重心放在前面討論過的兩個案例——塔塔顧問公司進軍第二個區域的決定，以及寶鹼在一九九〇年代末期重新思考區域在其全球策略扮演的角色——探討這些公司怎樣應用ADDING價值計分卡。

塔塔顧問公司決定要不要在拉丁美洲開設區域交付中心時，我剛好有機會親自觀察相關情形。塔塔顧問公司面臨的主要問題在於，成本認列水準會高於印度，因爲當地人的薪資水準比較高、（初期）分量營運（subscale operations），以及各種因爲不熟悉當地情形所付出的代價。不過成本並非決定性的考量因素：塔塔顧問公司已考慮過，如果把拉丁美洲納入營運版圖會帶來的各種好處，並和單單繼續拓展印度市場的考量互相權衡（請看表五・一）。圖中的灰色區域列舉塔塔顧問公司管理團隊特別重視的各種利益。

首先，塔塔顧問公司採取的策略逐漸以大規模、精密的服務爲訴求。可是（至少在某些情形中），這類委外合約的大型全球客戶，比較希望供應商（一家或是少數幾家）把

表五・一：塔塔顧問公司在拉丁美洲開設區域性交付中心的決定

價值要素	評論
追求數量	＋ 拉丁美洲業務 ＋＋需要拉丁美洲元素的大型全球性合約
減少成本	－ 拉丁美洲的絕對成本較高 ＋ 印度的成本上升
市場區隔或增加願付價值	＋ 語言優勢 ＋ 時區的優勢 ＋＋針對「單一全球服務標準」的提供
提升產業吸引力	＋ 反駁跨國企業宣稱塔塔顧問公司不是全球公司的說法 ＋ 永續領先印度競爭對手的前景
正常化風險	＋ 降低「印度風險」
包括知識在內的資源創造和升級	＋ 口碑 ＋＋跨文化主義 ＋＋宣揚國際交付能力的努力

交付中心設在幾個公司屬意的生產地點——或是生產產能橫跨好幾個時區或不同語系的區域。荷蘭銀行（ABN-Amro）選擇塔塔顧問公司，簽下價值兩億歐元全球委外合約——那時候這是印度業者贏得最龐大的資訊科技服務訂單——箇中原因至少有一部分是因爲塔塔顧問公司在拉丁美洲設有交付中心，而荷蘭銀行在當地剛好設有重要據點。

第二，塔塔顧問公司因爲在拉丁美洲設有交付中心，因此得以世界性「全球服務標準」提供商自居。埃森哲之類的大型西方競爭對手雖然擁有更廣大的全球交貨網絡，可是由於必須仰賴全球合作夥伴，所以這些交貨網絡的服務品質並不一致。

第三點（和前面兩點相關）則是，拉丁美洲的交付中心讓塔塔顧問公司的「全球網絡交付模型」(Global Network Delivery Model)打下口碑。《紐約時報》(*New York Times*)二〇〇六年有一篇專欄，專文報導塔塔顧問公司在拉丁美洲的營運，作者湯瑪斯・佛里曼（Thomas Friedman）這樣寫道：

> 塔塔顧問公司在中南美洲（Iberoamerica）的據點，聘請員工的速度趕不上需求。我去拜訪塔塔顧問公司在當地的總部時發現，員工坐在走廊上和樓梯間打電腦……

原來是，許多跨國企業只想風險，不要在印度處理所有的委外業務……他們確實遵守塔塔公司總部的原則，就跟在孟買一樣，所以這些烏拉圭的員工擺出印度人服務美國人的姿態，看在眼裡格外醒目。

> ……在當今的世界裡，一家由匈牙利—烏拉圭人（塔塔顧問公司拉丁美洲營運主管加布瑞爾・羅茲曼〔Gabriel Rozman〕）領導的印度企業，以好不容易適應了烏拉圭當地素食的印度技術專家，管理蒙特維迪（烏拉圭首都）的工程師，服務美國銀行——這一切已成了新的常態⑱。

第四（就跟前面引述最後一段所說的），此舉可以配合公司的動機——公司百分之九十的業務都是在印度以外的區域進行，可是工作人員卻有百分之九十以上都是印度人，所以公司希望爲內部注入更豐富的跨國文化。

最後一點（或許也是最重要的一點），則是基於公司希望在全球舞台上宣揚其交付能力的理念。有鑑於印度的軟體開發市場日漸飽和（本書於第六章有更深入的討論），公司如果能夠在母國以外地區建立同樣高水準的交付能力，說不定能從此扭轉情勢。

表五・一列舉這種種好處，足以克服公司對於成本較高的疑慮。所以以這個例子來說，足以印證ADDING價值計分卡應用範圍廣泛的實用性——包括質化以及量化要素。

第二個例子是寶鹼在執行長傑格（Durk Jager）以及萊夫利時期，重新考慮區域在其全球策略中扮演的角色。寶鹼於一九八〇年代以及一九九〇年代，積極以區域機制（尤其是歐洲）取代他們以國家爲中心的組織型態。不過到了一九九〇年代末期，有鑑於創新以及全球產品加速推陳出新，促使公司轉以全球事業單位作爲整合的基礎。隨之形成的組織結構會於第七章討論，不過這裡的重點在於，寶鹼並沒有徹底冷落區域的重要性，而是重新聚焦於區域最強大的規模經濟要素（如表五・二對快速消費品〔fast-moving consumer goods, FMCG〕的介紹）。

從表中可見，區域性的規模經濟當中以生產製造爲第一，接著是一般的經常性支出次之，行銷支援（標準化與否的相關討論常以此爲重心）則是第三。這些簡化的數據只看ADDING價值計分卡的頭兩項，不過足以說明寶鹼在歐洲致力整合的工作當中，爲什麼會爲了降低經常性支出，透過超級工廠（megafactories）和群聚國家（clustering countries）爲多國次區域（subregions）（譬如比利時、荷蘭、伊比利半島、北歐國家、英國

表五・二：區域規模經濟：案例說明

	品牌A（區域品牌）（單位：百萬歐元）	品牌B（當地品牌總和）（單位：百萬歐元）
營收總額	一〇〇	一〇〇
製造成本	四十	四八
交通運輸		（三）
行銷支援	十	十二
貿易支援	十	十
研　發	四	五
一般以及行政費用	十	十三
利　潤	二六	十五

和愛爾蘭）供貨。

當然，寶鹼的改革（以及先前討論過豐田的各種措施）也顯示出他們必須建立優先順序，而不是短視近利或是「整合單選題」。公司為了克服舊策略衍生的問題，可能得轉採新的結構或是協調設施，可是緩不濟急！有鑑於此，公司必須提前構想清楚，而不是把整合工作視爲可以自由變化的選擇，接下來要介紹的案例將會強調這點的重要性。

整合工作的管理

整合大業有各式各樣的方式可以選擇。可是通常需要多年努力的決心（對於大型企業而言，甚至要將近十年的時間），方能打下整合的基礎。

我們可以ＡＢＢ這家公司的案例，來說明業者應該謹慎之處。ＡＢＢ是在一九八八年由瑞典電子設備以及機械製造商通用電機公司（Asea）與瑞士布朗柏維利（Brown Boveri）合併而成的跨國企業集團。根據某位主管的說法，ＡＢＢ的組織設計「在一九九○年代獲得商業界媒體以及學術界的矚目，或許比所有跨國企業（multinational enterprises, MNEs）全部加起來還要多」。[19]目前坊間針對ＡＢＢ爲題探討的著作已十分豐富，我在此只介紹ＡＢＢ公司從一九八○年代末期以來對整合基礎的改革特色——表五・三摘要說明這些改變（**並非**臨時性的改革），以下會更進一步說明。

瑞典通用電機公司與瑞士布朗柏維利公司合併之後，ＡＢＢ新上任的執行長派西・

表五・三：ABB整合基礎的改變

執行長或ERA	
合併之前（一九八八年之前）	•國家
柏尼維克（一九八八到一九九三年）	•事業領域 •國家
柏尼維克（一九九三到一九九八年）	•事業領域 •國家 •區域
林道（Lindahl）（一九九八到二〇〇一年）	•事業領域 •國家 •全球客戶
先特曼（Centerman）（二〇〇一到二〇〇二年）	•技術 •顧客產業
多曼（Dormann）（二〇〇二到二〇〇四年）	•核心單位
金道（Kindle）（二〇〇四年之後）	•事業領域* •國家 •區域

*至二〇〇六年一月一日仍有效。

柏尼維克（Percy Barnevik），決定突破公司沿襲下來的官僚體系和地理範疇，採取扁平化的組織，並把公司事業分成小型、地方性的公司經營，這些分公司得對各國經理以及事業區域經理（「矩陣」）報告。柏尼維克在一九九三年把各國群聚爲三個區域，爲這個矩陣的地理層面再加上一層區域。

這套結構的一大重點在於公司成立統一的管理資訊系統，柏尼維克會統一審核七大領域數據，這七大領域後來進一步細分爲兩千個獲利中心（profit centers）。這套模組化的介面也有助於公司消化進一步的收購標的，並隨著時間重新配置事業領域。不過獲利中心的數目眾多，稀釋獲利能力；而且公司後來更進一步的收購行動，爲未來十年震撼公司基石的危機埋下了種子。

ＡＢＢ的宏觀組織層面經過十年來相對穩定的發展之後，隨著亞洲危機開始對公司結構和策略構成問題，組織改造的速度也跟著加快。柏尼維克的繼任者林道（Goran Lindahl）認爲，這種區域重疊的組織型態成本過高，因此決定撤除，並試圖推動ＡＢＢ朝著三層面的結構發展，在柏尼維克的原始業務領域以及國家矩陣之上，再加上全球客戶的管理結構。

可是ＡＢＢ面對的外界壓力持續升高。除了亞洲危機之後需求面減緩之外，行銷體系也跟著面臨挑戰，整合各事業領域的產品，或是整合主要顧客爲全球性或區域性（而不是當地）企業的產品。另外有些問題則和各地高度自治的分公司有關。二〇〇一年，新上任的執行長約蘭・先特曼（Jorgen Centerman）提出前端／後端組織取代矩陣組織，希望讓ＡＢＢ成爲「以知識爲基石的企業」。尤其是四大客戶或面向客戶的前端單位（以顧客所屬產業界定，而不是以地理區域劃分），希望藉此提升ＡＢＢ爲全球和區域客戶創造價值的能力。這些單位和兩個後端的技術單位相連。Power Technologies 以及 Automation Technologies 為ＡＢＢ旗下兩大技術領域整合技術開發的工作。

爾後ＡＢＢ因為需求持續減緩、在美國（柏尼維克任內）收購 Combustion Engineering 公司背下石棉業務好幾十億美元的沉重負債，加上新的組織發展遲滯而瀕臨破產邊緣，先特曼在二〇〇二年被迫下台。董事長多曼（Jurgen Dormann）接下執行長的大任，解散前端／後端的組織，把前端多個業務單位賣掉，並把其餘事業領域整合為兩大單位——動力系統（Power Systems）以及自動化（Automation）。

ＡＢＢ在多曼及其繼任者金道（Fred Kindle）的領導下，接下來幾年當中，聚焦於事業以及財務單位的組織再造，以徹底清除當初因為成長過快以及整合基礎改變所留下來的種種問題。在內外環境改善的帶動下，公司似乎終於擺脫二〇〇〇年代初期接踵而來的各種壓力：營業額終於接近一九九〇年代末期的水準（客戶家數只有當初的一半）。最近公司更把這兩大核心事業單位分為五個事業領域，並把各國據點區分為不同的區域，各區域的營運各有其損益表。矩陣型態再度回來！

ＡＢＢ組織設計的故事意義非凡，尤其是一般性和管理的整合層面。各位不妨思考以下這六項：

一、雖然柏尼維克當初推動矩陣型態時宣稱，無需於整合和回應能力之間取捨，可是事實上，天底下沒有這樣完美的整合計畫。公司體認到以上各種計畫，沒有任何一種可以眞的克服套利的挑戰——ＡＢＢ一度考慮收購的死對頭奇異電器卻進行得順利得多（參考第七章）——更凸顯出這樣的結論，下一章會對此深入探討。一般而言，企業應該體認，追求全方位的組織結構充其量只能當作期許，而不是確實的經驗；面對複雜組織衍生的各種問題，應該避免對新的解決方案懷抱過高的樂觀期望。

二、任何一種整合計畫都有其缺點，儘管如此，跨越各種層面進行整合的挑戰顯然還是非常重要、而且很有意思。可能的整合基礎爲數眾多，更增添了策略性的挑戰；ＡＢＢ在很短的期間內嘗試了許多不同的整合方式。理想的情況下，公司應該在經過愼思熟慮之後選出可能的整合基礎，而不是以缺乏立論基礎的假設爲重點。

三、除了整合層面的方案爲數眾多之外，更重要的是有效管理。成功的層面矩陣隨便就可以想出三、四種（尤其是資訊科技產業），另外還有許多公司面臨怎樣有效管理整合層面（即使只有一個）的挑戰。在這方面，突破正式結構的妥當連結機制非常重要。此外，ＡＢＢ最近雖然回歸矩陣結構，可是各界開始浮現這樣的認知——源於許多大企業的經驗（譬如第四章介紹過飛利浦在執行長布斯翠之前的經驗）——當企業追求多層次的整合方式時，同一套計畫會有許多重疊之處，結果會陷入僵局。換句話說，愼選優先排序往往有其必要。

四、企業在選擇整合方式時，有時候會過度放大粗略類比的重要性。各位可以想想ＡＢＢ最短命的整合計畫——先特曼建立的前端／後端結構顯然是仿自資訊科技公司。ＡＢＢ轉採這個組織結構，似乎沒有妥當考慮到資訊科技業界和他們之間的差異。許多資訊科技公司服務的產業垂直面要廣泛得多，據說會使得他們更需具體範疇和在這個層面的整合。大多數這類公司都會從功能性的結構轉爲前端／後端結構——這樣的轉變對他們而言，會比ＡＢＢ來得容易，下一點會說明箇中原因。

五、要在各種整合方案之間做出妥善的抉擇，企業必須進行周詳的分析——針對產業動態、公司發展歷程以及公司績效進行研究。所以，ＡＢＢ公司的矩陣組織因爲產業矩陣備受壓力——需求減緩、定價壓力，以及全球整合日漸受到重視，而不是當地的反應能力。ＡＢＢ的發展歷程不適合轉採前端／後端的結構，因爲公司一開始是根據功能性來區分業務單位。相對而言，有鑑於公司組織再造的迫切需求，多曼把具體的業務領域整合爲骨幹單位的結構會比較合適。

六、長期而言，企業選擇整合基礎最重要的條件在於，他們透過跨國經營（參考第七章更進一步的探討）致力提升競爭優勢的努力。在正式組織結構之中融入整合基礎，對於提升這樣的競爭優勢雖然有其必要，但還不夠。企業對於組織圖上的推演，唯有在不得不爲的迫切感之下爲之：因爲相關成本（改變組織行爲的時間延遲）以及造成的干擾都會非常高。ＡＢＢ公司的衝動和（譬如）豐田或寶鹼相互對照之下，有許多值得我們借鏡的教訓——豐田或寶鹼將近二十年來致力於推動區域整合工作的成功，後來才轉以全球事業單位爲基礎。

結論

「全球概論」這個小方框摘要說明本章的具體結論。更廣泛而言，整合工作會讓我們因應各國差異性的策略工具更為豐富。不過，整合有其限制。就如同適應一樣，都是利用各國之間的相似性創造價值——「整合」策略把各國差異視為制約。儘管如此，塔塔顧問公司之類的案例卻提醒我們，這些差異性（至少在已選擇的層面）也具有創造價值的龐大潛力，不能光以問題視之。接下來將進一步深入探討的重點為：拓展全球策略思維AAA之中的第三個A（套利）。

全球概論

一、這個世界在許多層面依然區域化——半全球化的體現——除此之外，區域化的程度在（至少）部分層面有增無減。

二、大多數企業（包括巨擘型的企業）依然以母國總部作爲業務重心。即使在許多區域擁有大量營業據點、極爲成功的企業（譬如豐田汽車），往往還是以區域作爲整合的基礎。

三、區域策略有許多種，不是只有一種選擇：區域焦點、區域投資組合、區域中心、區域平台、區域委託，以及區域網絡。

四、區域或是假性區域（pseudo-regions）除了地理層面之外，也可以CAGE層面界定。

五、區域本身代表的是一種跨國整合的基礎，另外也包括通路、客戶產業、全球顧客以及——對於多元發展的企業尤其重要——全球事業單位或是產品單位。

六、整合計畫致力於降低集團內部的差異性，（基於同樣的理由）可能會有錯過集團內部互動機會的風險。

七、企業對於多種整合基礎的追求，可能使得複雜度大增——而且往往會需要建立優先順序才能奏效。

八、CAGE架構以及ADDING價值計分卡對於企業整合基礎的選擇可能極有幫助，不過企業也得體認到優先排序的重要性。

九、企業如果急於重整整合基礎，往往會導致疲弱的績效，整合基礎的落實在組織複雜的大型企業中，通常需要好幾年的時間。

6 套利——成本效益

低價買入，高價賣出

全球化就是以最具成本效益的方式生產，在最便宜的地方進行資本配置，然後賣到利潤最高的地方。

——印度印福思（Infosys）軟體公司董事長穆爾蒂（Narayana Murthy），二〇〇三年八月

我們先前談過如何成功因應距離、以及跨國的AAA策略，其中第三個就是**套利**。「套利」是指**充分運用**差異性，也就是追求**絕對**的經濟優勢，而不是透過標準化追求規模經濟。各國之間的差異性是一種機會，而不是牽制。

本章一開始將強調套利的重要性，接著會以CAGE架構解開「套利」在文化、政府行政、地理，以及經濟各個層面的基礎。為了方便說明各種套利策略，我採取次要產業這個複雜的例子——在這個產業，政府行政以及經濟層面的套利都非常重要。本章最後會進一步探討如何運用ADDING價值計分卡來分析套利，以及管理階層在掌握套利契機時面臨的挑戰。

套利的絕對重要性

當然，「套利」是跨國發展策略的始祖。史上許多傑出的貿易商都是靠著奢侈品的貿易起家——這種商品的絕對成本以及可得性，很容易出現極大的差異。故而，歐洲和印度之間的香料貿易之所以能夠發展起來，就是因為香料在歐洲是以印度好幾百倍的價格出售。而跨大西洋貿易的崛起，則是因為北美地區盛產的皮毛與漁獲，而這也意外發展為美洲大陸的殖民化。同樣的道理，十八世紀末期，全球捕鯨船隊（這類海上工廠船隊可說是海上製造業的始祖）、農業的垂直整合，以及十九世紀初期出現的採礦公司，基本上都是因為地理面的差異性所帶動的。

十九世紀末期，主導英國對外直接投資的獨立企業，試圖充分運用各國在政府行政結構（以及權力）之間的差異性，在英國法律的保護下追求外國投資的契機。此外，輕工業商品（譬如成衣）的出口在十九世紀開始日益重要。而這也是與套利的行爲有關，只是這是運用**經濟面**的差異，而不是地理面或政府行政方面的差異性。

「套利策略」儘管歷史如此悠久，但在當代對於全球化與策略的探討當中，往往遭到忽略。就以威名百貨爲例，該公司對於國際化的討論，絕大多數都是以其國際分店網絡爲中心。威名百貨在國際市場擁有兩千兩百多家分店，在二〇〇六年創造六百三十億美元的營收（這是公司總營收的五分之一），以及三十三億美元的營業所得（將近總額的六分之一）。可是威名百貨的委外策略卻往往遭到忽略，尤其是對中國的採購。該公司在二〇〇四年宣稱，向中國直接購買價值大約一百八十億美元的商品，各地分店間接透過供應商取得的商品還沒納入計算。就算只看這一百八十億美元的數字，並根據一般對於威名百貨成本節省金額的估計，可以算出威名百貨節省的金額逼近三十億美元——則和他們在國際各地分店創造的營業所得旗鼓相當，只是投資基礎規模要小得多①。我在二〇〇四年對威名百貨各地分店進行一項簡單的樣本調查，結果發現威名百貨的**總**採購（直接以及間接對中國商品的採購）可能是官方數據的二到三倍之多，顯示公司對中國委外所節省的金額，遠遠超過國際分店創造的營業收入！這樣說來，低價購買中國商品、然後在美國賣出賺取差價，對於威名百貨的跨國策略而言，其重要性遠遠超過國際分店網絡。

至於第二個例子則是有關於樂高（Lego），這家專門製造兒童積木以及相關用具的丹麥製造商，而這個悲慘的例子則說明公司早該注意套利的重要性。樂高從一九九〇年代末期開始，由於過度多元發展，以及核心業務面臨激烈競爭，尤其是來自加拿大的MEGA品牌開始從中國進貨，以遠低於樂高的價格銷售積木，令樂高的業績開始下滑。可是樂高還是在丹麥以及瑞士繼續以射出成形技術（injection-molding）製造積木，導致產品售價比競爭對手多出百分之七十五，財務績效慘澹（請參考圖六・一）②。後來樂高重新聚焦於本身的核心業務，以及將大多數的生產活動外包給製造商偉創力（Flextronics）（該公司將生產設施移到海外），績效才得以起死回生。然而，樂高面臨強敵壓境的領域，居然是他們一手打造、而且成爲行業代名詞的領域——MEGA品牌。

這些例子在在顯示，評論家（有時候甚至公司主管）對於套利商機所投注的注意力，

圖六・一：MEGA 品牌 vs. 樂高

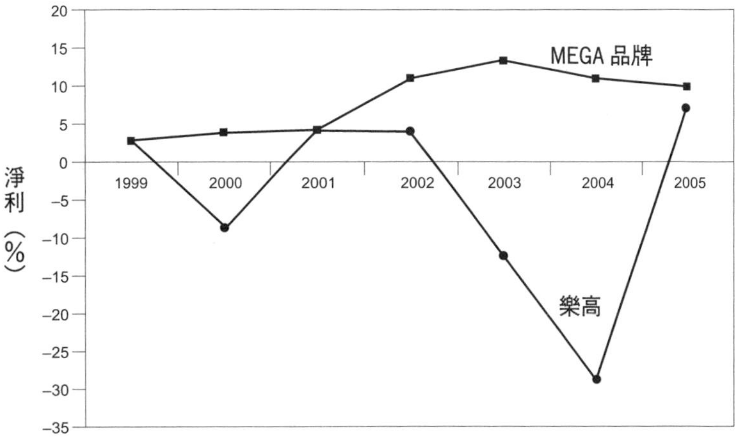

和其他拓展海外營運的理由不成比例。套利活動理應受到重視，但如此受到冷落的原因有許多——我們需要找出這些原因，才能及時更正。

第一，傳統有關「套利」型態的活動——狩獵、捕魚、農務、採礦、編織等等——一般而言似乎相當**古老**。說到跨國賺錢這個光鮮亮麗的任務，我們難道還沒有超越狩獵、採集嗎？如果你們的答案傾向是肯定的，那麼請認眞思考企業每年跟中國（在距離依然重要的世界裡）採購好幾百億美元的商品，供應美國精簡銷售機器的做法有何**意義**。而威名百貨在中國深圳的全球採購中心，更因爲這樣的挑戰與機會而決定開發一些更精密的能力。

第二，人們以爲「套利」的基本要素（譬如資本或勞力）創造競爭優勢的機會有限③。畢竟，難道不能點一下滑鼠，便將這些要素發包到全世界各地，讓它們成爲難以仰賴的競爭優勢來源。我對這一點的答案是根據本書稍早所討論的半全球化，尤其是在第一章所說的內容，以及就算是勞工與資本這類顯然並非專門的要素，在地點這個層面還是屬於專門性的（就算沒有其他方式）。許多企業向中國採購商品（其中包括威名百貨），雖然有助於提升中國的勞工成本，但至今依然尚未達到美國的水準，而且未來幾十年也不太可能會和美國的勞工成本並駕齊驅，我會在本章最後一段回來討論「維繫能力」（sustainability）的議題。

至於第三個刻板印象（和第二個有關）就是「套利」的獲利潛力非常有限。我對此的回覆是什麼？請各位看看以上有關威名百貨的計算，或其他像是印度軟體服務業之類的產業，我會在稍後深入討論。現在，請看印度領導廠商塔塔顧問公司，過去這五年來，營收以百分之三十以上的速度成長，資本投資報酬率更平均達到百分之百以上的水準。塔塔顧問公司雖然開始在區域城市進行整合，但其核心策略向來是以勞工套利爲主。

第四——這個原因也就是企業就算體認到套利的契機，卻不肯有所行動的理由——套利活動（尤其是勞工套利）雖然在我們周遭十分常見，可是卻會牽涉到高度的政治敏感。威名百貨（雖然他們的供應鏈與資訊系統在其同業之間無人可出其右）卻宣稱不知道分店網絡之中跟中國進貨的總數量，就算不是陰謀論者，也可以猜得出箇中原因。本章稍後將針對這個挑戰（以及其他）的管理議題進行討論。

最後，有關套利活動的討論焦點（誠如威名百貨的案例所示），主要是集中在從新興國家市場取得勞力密集的商品（或服務），然後賣到已開發國家的市場。這是非常重要的套利型態，但絕對不是唯一的型態。如果我們要探討套利議題，就必須放寬自己的視野。

我們可以舉個充滿異國風味的案例，來探討套利活動的可能性。讓我們看看最近備受媒體追捧的人物。張茵（Zhang Yin）——她一開始是從美國進口廢紙，並進行回收，這樣白手起家進而成爲全世界最富有的女富豪，身價超過三十億美元④。泰國的 Bumrungrad 醫院——這是醫療旅遊的始祖——每年在其五星級的設施治療的外國病患，人數逼近五十萬人⑤。有些東歐國家在特定專門領域也吸引到許多外國病患前來求醫，捷克（Czech Republic）的整形手術、拉脫維亞（Latvia）的膝蓋手術、匈牙利的牙醫，以及斯洛維亞（Slovenia）的不孕症治療⑥。葡萄牙的投資人更在考慮爲富有的北歐人興建龐大的退休設施⑦。瑞士法律不將公民的外國財富與所得納入稅務計算，而且把繳稅金額當作住宅成本的一個乘數，因此吸引全世界各地大約三千五百位鉅富加入瑞士公民⑧。智利航空貨運公司（LanChile）充分利用智利大量出口鮭魚、水果與鮮花這類容易腐敗的商品，貨運營收佔總營收的百分之四十，而美國大型貨運業者只有百分之五或者更低，所以績效也在同業之中名列前茅⑨。非洲像是迦納（Ghana）、肯亞（Kenya）、與南非（South Africa）之類的國家，有些貴族住宿學校吸引海外學子前來就讀（大多數是非洲外僑）⑩。在摩爾多瓦（Moldova）和尼加拉瓜這些小國，移民匯回國內的金額佔ＧＮＰ的百分之二十以上⑪。在保加利亞（Bulgaria）、牙買加（Jamaica）、紐西蘭以及奈及利亞這些國家，二手車的進口業務比起新車銷售量還要大⑫。

CAGE與套利

一般認爲套利活動是從新興市場採購低成本的製造商品，然後在已開發市場銷售，可是以上這些例子都偏離（至少不同於）這些傳統的看法。尤其是，有些案例更顯示服務業跨國套利的情形增加。不過這些例子畢竟只是少數。各位若要以廣泛的角度探討套利活動，請透過CAGE架構的放大鏡來看，因爲國與國之間每一種差異都凸顯出套利的潛力⑬。

文化套利

長久以來，有關國家或地區一些有利的效應，可以作爲文化套利的基礎。譬如，法國文化（或說得更具體，法國的海外形象）長久以來，一直是法國高級訂製時裝（haute couture）、香水、美酒和食物在國際舞台上大受歡迎的力量。

可是，文化套利也可應用在比較新、比較庶民化的產品和服務上。譬如，美國速食連鎖店在國際舞台上穩坐龍頭寶座，在一九九〇年代末期，於全世界三十家最大的速食連鎖店當中佔有二十七席，於全球速食銷售額當中更佔了百分之六十以上⑭。這些速食連鎖店的國際業務，以他們的食物讓消費者感受到美國的體驗（至少在當地是這樣感受），所利用的是美國通俗文化在全世界各地的普及（只是程度不同而已）。「日本的牛排館」——東京的紅花鐵板燒餐廳（Benihana）的例子更爲極端，該公司雖然先在東京開店，可是在官方網站上卻說第一家餐廳是開在紐約的百老匯。紅花鐵板燒餐廳把鐵板燒廚藝昇華爲一種戲劇表演，公司將此稱爲一種「娛樂」，其他人則將此形容爲日式鐵板燒；儘管如此，紅花餐廳在全球擁有一百多家分店（主要集中在美國），在日本的卻只有一家而已。

這種「發源國」的優勢不光是有利於富有國家而已，貧窮國家也可作爲文化套利的重要平台。像是海地的 compas 音樂、牙買加的雷鬼音樂（reggae），和剛果的舞曲，全部都因爲發源國的形象而受惠。

我們常聽人說，這個世界變得愈來愈像個「大熔爐」，文化套利的範疇也會隨著時間而縮小。可是這顯然並不適用於所有的國家和產品種類，因爲近年來，有些顧問公司以發源地爲平台形象的做法極爲成功，就是一個很好的例子。說得更具體一些，現在許多企業也開始體認到巴西的形象一直與足球、嘉年華會、海灘和性緊緊相連——這些都是青春的呼喚——就是一個深具文化套利潛力的例子。所以，比利時的英貝芙（Inbev）（這是全世界釀酒量最大的製造商）正積極將巴西的巴拉哈啤酒（Brahma）銷往全球——儘管出口的啤酒配方和巴西國內的不一樣，但外瓶包裝更爲精緻，同時標榜頂級的市場定位。根據英貝芙全球品牌副總裁戴文・凱利（Devin Kelley）所言，英貝芙將啤酒視爲能夠掌握巴西精髓的產品——至於口味如何倒還是其次。「巴拉哈啤酒最重要的情感要素，就是巴西這個教人驚艷的國家」⑮。

事實上，文化套利的新機會隨時都會出現。譬如，歐盟要求在食品上頭標註商品發源地的規定（譬如義大利帕瑪森火腿〔Parma ham〕以及「法國干邑白蘭地」〔Cognac brandy〕），會讓特定發源國或發源地更具天然優勢。而且，隨著芬蘭近年來奠定在資訊科技領域的卓越地位，也顯示某些產品種類現在可以以前所未見的速度創造這樣的優勢：只要幾年的光景，而不是幾十年或幾個世紀。此外，CAGE差異性其他層面（譬如運輸成本或關稅）的降低，也有助於文化套利的可行性。譬如，標榜「家鄉」吸引力對外僑銷售產品或服務的做法，比以往要更爲容易得多。

政府行政的套利

各國之間在法務、機構，以及政治方面的差異性，也爲策略套利開啓了新機。稅務方面的差異或許就是最明顯的例子。讓我們看看梅鐸的新傳媒這個例子，在整個一九九

○年代，該集團支付的所得稅率平均不到百分之十，而不是他們在主要營運國家：英國、美國以及澳洲的百分之三十到百分之三十六的稅率。相較之下，像是迪士尼這類的主要競爭對手，都是支付接近官方稅率的水準。

就新傳媒而言，他們在稅率方面省下的經費，對於他們進軍美國的拓展行動極爲重要，因爲公司一直有利潤上的壓力：淨毛利在一九九○年代下半期，一直不到營收的百分之十，而資產與銷售比率卻暴增到三比一的水準。新傳媒將他們在美國收購的公司納入開曼群島的控股公司之下，以便降低他們爲了這些收購案所舉債的利息支出。整體而言，該公司將一百多家分公司納入避稅天堂的旗幟下，這些地方幾乎沒有上市企業揭露財報的法律，而企業所得稅付之闕如或處於很低的水準。新傳媒的資訊資產屬於無形的資產，也有助於公司這樣做。誠如某位會計方面的主管所說，「絕對沒有任何理由規定這麼一張文件——證明公司有權揭露信息的紙——不能擺在世界上的任何一個角落；所以擺在開曼群島同樣也很理想。」⑯

大多數跨國發展的企業都非常注意國際之間稅務與政府行政方面的差異，這方面的套利活動也會爲他們創造很大的價值。然而，他們對於這類考量通常會三緘其口，因爲政府行政的灰色地帶可能因爲他們一說而大幅縮減，甚至徹底消失。所以，在所謂返程投資（round-tripping）這個現象裡頭，許多中國大陸的商人會把資金在外國（通常是透過香港）轉個一圈，然後再匯回中國，以便取得更優惠的法務保護，譬如稅務優惠、甚至於最惠國待遇。其實，中國的FDI中有三分之一、甚至更高的比例來自中國**本身**！另外像模里西斯這個蕞爾小國（人口只有一百二十萬），多年來一直是流入印度主要的FDI「來源」（印度人口多達十億人），原因出在稅務條款以及（相對較低程度的）文化上的聯繫（模里西斯三分之二的人口有印度血統）。更廣義而言，內陸地區、稅務天堂、自由貿易區、出口加工區、跨國城市之類的地區，都常是企業運用政府行政套利的熱門地點。有些表現更是出類拔萃。二〇〇六年，全世界最富有的國家是百慕達，人均GDP幾乎達七萬美元，比美國的水準超過百分之六十以上。

在政府行政套利這個項目下，由於經濟活動的遷移（從製造業活動乃至於丟棄廢棄物）都是利用寬鬆的環境規範，而這些活動主要是合法、或至少是半合法的（即使有點可疑）。不過跨國的犯罪活動——禁藥的生產與行銷、人口販運（human trafficking）、非法武器交易、其他型態的走私活動、僞造（counterfeiting）、洗錢等主要項目——通常也牽涉一些套利的元素，尤其是政府行政的套利[17]。這類套利機會的規模之大，也有助於解釋爲什麼整體犯罪活動的跨國元素可能不只假設的百分之十；儘管這顯然是無法確定的。

本書介紹的企業類型通常都是合法經營，而不會違法犯紀。然而，他們確實可以（而且也的確如此）運用本身在政治面的力量，改變他們不喜歡的規定。所以，英國產業協會（Confederation of British Industry）在二〇〇六年年底提出警告，英國的稅務負擔可能導致企業出走——這顯然是爲了降低企業受到的稅務和法規限制負擔[18]。另外一個例子則比較不一樣，這類企業是運用本國政府的力量，對外國政府施壓，以獲得優惠待遇。譬如，安隆（Enron）獲得美國國務院的協助——美國國務院威脅莫三比克（Mozambique）（這是全世界最貧窮的國家之一），如果將石油合約交給南非的競爭對手，而不是安隆領導的企業集團，便會終止對該國的開發協助。

卑鄙嗎？確實沒錯，尤其是這個故事牽涉到安隆。可是這類故事卻也提醒我們，企業對於政府行政的規定確實有其影響力；他們確實可以成爲政策的幕後推手，而不是純粹的規定遵守者，而且權力的差異性——在政府層面以及公司層面——確實重要。

地理套利

有鑑於有關「距離已死」之類的說法和著作，難怪幾乎沒有什麼策略大師會認眞看待地理套利這個議題。的確沒錯，運輸以及通訊成本在過去這幾十年來大幅下降，可是這未必表示地理套利策略的範疇縮小。

就拿空中運輸的例子來看，自從一九三〇年以來，空中運輸成本已經下降超過百分之九十；在同一段時期，這個降幅遠遠超過其他比較傳統的運輸方式。其實，拜空中運輸之賜，地理套利的轉型契機從此展開。譬如，在荷蘭愛司米爾（Aalsmeer）的國際花市，**每天**拍賣兩千多萬朵的鮮花以及兩百萬株植物。而美國或歐洲的顧客在鮮花從哥倫比亞（譬如說）送抵當地的那一天便可買到。這或許是特殊的例子，但二〇〇三年到二〇〇六年之間活躍的貿易活動（這些都可視爲地理套利活動），讓我們不禁想起地理位置的距離依然重要：如果不重要，未來前景勢必相當黯淡。智利航空貨運公司的例子凸顯出貨運有其需求存在，値得注意的是，這樣的榮景也擴及純粹的國內運輸業者——譬如，美國鐵路運輸業者將來自中國的貨物從西海岸港口運送到全國各地——因爲地理距離不論在國內，還是在國際之間依然重要⑲。

雖然通訊成本的降幅比運輸成本還要大，但同樣沒有消除地理套利活動的機會。正因爲如此，英國電訊盈科公司（Cable & Wireless, C&W）在二〇〇五年到二〇〇六年期間，百分之三十七的營收（但盈餘卻有百分之七十四）來自其國際營運⑳。而如此亮麗的國際獲利一部分原因是，公司充分利用殘餘的地理優勢，服務全世界三十七個較小的市場——其中許多是屬於島國，這些地區對外界的通訊網路還是受到電訊盈科公司的主導。

事實上，國際電話技術的整體演進過程，受到企業對殘餘行政距離的套利活動影響極大，即使部分地理距離的影響力確實已經減弱。基本而言，當初導致價格上漲的法規，一直落在技術日新月異的步伐後頭。在電信產業獨佔的時代，美國境外的顧客可能打電話給美國某個個人電腦，然後這台電腦會回撥給這個顧客以及目的地的電話號碼（在第三國）爲他們連線，以便利用美國打電話到外國費率比較便宜的優勢。現在Skype這類的服務，也是利用長途電話（距離敏感、政府行政操控價格）以及IP電話技術（成本不受距離影響）成本之間的差異。

最近這幾十年來，在地理套利方面喪失一些利基的是貿易公司——在過去，各種產品在各國之間的價格差異極大，他們可透過在A國和B國之間的往來，利用各種龐大的價格優勢。可是運輸成本下降，以及通訊技術日新月異，使得製造廠商以及零售商大可自行掌握這樣的機會。

可是，最高明的貿易公司已經找到置身於不敗的地位的方法。譬如香港的李豐公司（Li & Fung）再也不是單純的貿易公司，公司大多數的營收都是來自精密的地理（以及經濟）套利活動。他們透過全世界四十國的辦事處，爲客戶成立以及管理跨國供應鏈——也許用「供應網」會比較貼切。譬如，羽絨外套的內裡可能來自中國，表布來自南韓，拉鍊來自日本，內襯來自台灣，鬆緊帶、標籤和其他裝飾用品來自香港。染色可能是在南亞進行，在中國縫製，品管以及包裝是在香港。這項產品接著可能送到美國的零售商，像是The Limited或是亞伯克朗比及費區（Abercrombie & Fitch），進行風險比對、市場研究，甚至於設計可能會提供的服務內容[21]。

這些活動是爲了什麼？重點在於創造多元的套利機會，把各地區的價值鏈進一步細分——也可說是經濟學家近年來所說的「任務分工」（trade in tasks）[22]。所以說，運輸成本以及通訊成本降低，主要的影響不在地理套利本身，而是在於經濟套利的**範疇**變得更大，我們將在以下討論。

經濟套利

其實，所有能夠創造更大價值的套利策略都是屬於「經濟」性的。可是我在這裡用這個名詞，是指跟**文化、政府行政，或地理差異性沒有直接相關的經濟差異運用**。這些要素包括勞工與資本成本的差異性，以及比較針對產業的投入要素（譬如知識）的差異性，或在互補產品的可得性的差異。

廉價勞工的運用（這在資本密集、資本額低的製造業〔如成衣業〕是很常見的），是大家最耳熟能詳的經濟套利活動類型。在此值得一提的是，高科技公司同樣也能有效運用這種策略。

請看看巴西安柏公司（Embraer）的例子，這是全世界兩大區域性噴射機供應商之一。安柏公司的成功固然有許多因素影響，其中包括管理得宜以及技術的卓越，但勞工套利要素同樣也扮演了關鍵性的角色。說得更具體一些，安柏公司二〇〇二年每名員工的聘用成本為兩萬六千美元，而其主要競爭對手——蒙特婁（Montreal）的龐巴迪公司（Bombardier)，區域性噴射機業務的每名員工聘用成本卻高達六萬三千美元。如果安柏公司跟龐巴迪公司的聘用成本結構一樣，那麼營業毛利佔營收比率會從百分之二十一降到百分之七，淨營收也會轉爲負數。這也難怪，安柏公司將其營運重心放在最後的組裝上頭，這個部分是整個生產流程當中勞力最密集的環節，公司並把其他營業活動外包給勞工成本比較高的富有國家的供應夥伴㉓。中國航空工業集團（China Aviation Industry Corp 1）這家國營的製造集團，在國際供應商網絡的協助下，開發出大量的區域性噴射機，售價低了百分之十到百分之二十；而勞工套利也正是該集團對上述這兩家公司構成重大挑戰的原因之一㉔。

資本成本差異乍看之下，似乎沒有勞工成本差異創造的價值那麼大——畢竟，前者的衡量單位是個位數的百分點，而不是像後者那樣多達十、二十的乘數。可是大多數企業（至少在美國）賺到的報酬率是資本成本的兩、三個百分點之內，所以這樣的差異**是**很重大的，尤其是在資本密集的產業。希麥克斯水泥的案例則可作爲融資套利的例子（第三章）。

我們在談到營運和融資層面時，通常是以經濟套利爲焦點。但其實其他功能性的活動也可加以運用。請看看史塔蘭網路公司（Starent Networks）的例子，這家公司二〇〇〇年八月成立於麻州泰克斯貝瑞（Tewksbury），使命是將無線網路轉為全IP電話技術。就在公司成立之後不久，便碰上了創辦人達賀德（Ashraf Dahod）所說的「核子寒冬」（nuclear winter），也就是電訊產業的崩潰㉕。但該公司將產品開發功能轉移到印度，因此順利生存下來，而且還發展得欣欣向榮。該公司絕對不是特例：在海外設有產品開發中心的美國企業，似乎比起設置客服中心或服務台還來得多。儘管海外客服中心與服務台確實比較引起外界的注意㉖。

以上探討的例子，主要是出於我們對CAGE架構四大距離層面作為套利工具潛力的了解。其實套利策略的多樣性比起這些套利的基礎更為豐富。在此且讓我們看看更進一步的例子，以了解套利策略的多元性。

套利的變化：印度製藥產業的例子

當人們想到製藥產業，通常會想起「大型製藥公司」：也就是總公司設在美國和歐洲的十幾家跨國製藥公司，總產值大約佔全球市場的一半[27]。大型製藥公司開發與行銷具有專利權保障的藥品，向來坐享極爲優渥的收益，尤其是年收益超過十億美元的**突破性**藥品。

可是，近年來大型製藥公司卻面臨極爲沉重的壓力：埃森哲計算指出，製藥產業整體市場價值（主要是大型製藥公司稱霸）從二〇〇〇年的兩兆美元，掉到二〇〇五年的一點五兆美元以下[28]。大型製藥公司的問題千百種，其中包括研發生產力下降以及過度膨脹。誠如我在哈佛已經退休的同事麥克・薛爾（Mike Scherer）所說，「（高昂）售價推動成本」[29]。不過我在此要說的重點在於盜版的學名藥（generic drugs）。學名藥長久以來對於有專利權的藥品而言一直是個威脅，不過由於最近藥品成本高漲、買方重整（以及其他各種結構性的改變），使得它們對於廠牌藥廠的衝擊更加劇烈。根據美國美可保健公司（Medco Health Solutions）研究，二〇〇五年專利權到期的三大藥品之中，有百分之八十七的處方箋在**一個**月內轉爲學名藥[30]。

學名藥必須符合和廠牌藥品（branded drugs）一樣的品質標準，但通常售價（經過在美國獨家以學名藥銷售的六個月之後）卻比廠牌藥品低了百分之二十到百分之八十。

學名藥的市值在製藥市場佔了百分之十到百分之十五的比例，如果以數量來看會更爲可觀[31]。此外，未來五年當中，隨著主要藥品的專利權過期，光是在美國市場，很可能還會再攻佔百分之三十的市場佔有率[32]。

全世界有許多學名藥藥品製造商（有人估計大約有一百五十家），其中最大的一家是以色列的泰維製藥公司（Teva），二○○五年的銷售額高達五十三億美元。泰維的成功主要是根源於行政套利的策略：根據艾力·賀維茲（Eli Hurvitz）的說法（他是公司二十六年來的經營者），公司之所以能夠存在，都是拜阿拉伯抵制和以色列做生意的企業之賜[33]。以色列爲了因應阿拉伯的抵制，於是允許當地企業複製海外的專利藥品（如果其所有者沒有在當地行銷的話）——這也是泰維製藥公司建立製程專業能力的原因。

印度近年來掀起一波學名藥的熱潮，而其製藥公司成功的幕後原因，也是因爲鑽營政府行政漏洞。由於印度政府認可流程專利，但不是產品專利，這項政策形同鼓勵印度的製藥業對進口藥品進行反向工程。從二○○五年以來，印度的專利權法爲了配合政府加入世界貿易組織（WTO），已朝著國際規範調整。但由於這樣的歷史，低廉的勞工成本和買方的付款意願，以及國內競爭激烈流於割喉戰，印度的大型製藥公司建立了低成本製造的能力，讓他們得以在學名藥藥品建立穩固的地位。其中一個指標就是，向美國食品暨藥物管理局（U.S. Food and Drug Administration, FDA）提出學名藥「簡易新藥申請」（Abbreviated New Drug Application, ANDAs）的公司當中，印度企業就佔了百分之二十五。印度這類公司有好幾千家，就算只看前十大，他們在這種市場滲透的程度下，所採取的策略還是極爲多元。

有些印度公司一直專注於**模仿**專利權到期的藥品，或專利權在某些地區依然有效、但可以在其他沒有規範的市場行銷的藥品。第一種策略是學名藥競爭對手向來奉行的方法。第二種則是印度第二大製藥公司西普拉（Cipla）所採取的方法。愛滋藥品原本每人的治療費用每年高達一萬一千美元，但西普拉在二〇〇〇年宣布，將這樣的成本降低到每人四百美元。西普拉的產品據信在非洲治療愛滋病的藥品市場中佔有三分之一的比例。而且如果其他國家的政府對世界貿易組織施壓，要求修改規定，讓他們宣布國家緊急狀態，以及無需專利權所有者同意便能取得對該藥品生產或銷售的授權（誠如泰國在二〇〇七年一月底的情況），那麼該公司的市場佔有率會更進一步擴大[34]。

其他印度公司則已開始和西方公司**合作**，有的是取得西方公司的產品獨家授權（inlicensing）（通常是著眼於在印度製造與行銷），有的是製造活躍的製藥原料以及中間體（intermediates），然後由西方公司在印度國外從事行銷。印度的第八大製藥公司——尼可拉斯製藥（Nicholas Piramal）則是兩者兼具，該公司爲了專注於維繫這樣的合作夥伴關係，所以積極避免學名藥出口——以免和大型製藥公司產生摩擦。該公司從多家西方公司取得藥品授權，並強調和他們的研發合作夥伴關係，以及客製化製造（請參考以下說明）。

不過另外有些印度製藥公司，譬如其中最大的蘭巴克斯（Ranbaxy），開始注重**創新**（說得更廣泛一些，則是先驅地位）[35]。蘭巴克斯就像其他印度公司一樣，以學名藥藥品外銷建立起海外行銷市場（目前佔其總額的百分之八十），但近年來，該公司開始朝著幾個方向發展。由於規定企業頭六個月只能在美國銷售，蘭巴克斯爲了搶佔先機，特別積極要在藥品專利權到期時，成爲第一家生產學名藥的廠商。這種策略會牽涉到所費不貲的官司訴訟，有時候也會失敗（譬如立普妥〔Lipitor〕是輝瑞〔Pfizer〕全世界熱銷的降膽固醇藥品，可是蘭巴克斯卻挑戰輝瑞的專利權）；但只要勝訴，卻能贏得可觀的利益（譬如，降膽固醇藥品斯伐他汀〔simavastatin〕）。其他追求創新的活動，則是致力於改善專利權到期的藥品（譬如透過創新的交付系統），以開發所謂的品牌超級學名藥（branded supergenerics）。這也是爲什麼蘭巴克斯會在一九九九年對拜耳（Bayer）提供環丙沙星（ciprofloxacin）這款抗生素單日配方的全球授權。最近，該公司更買下擁有專利權保障的吸入器以及避孕貼片（transdermal patches）。超級學名藥雖然審查過程比較複雜，但於頭三年只能在美國行銷的規定卻是有利的。

蘭巴克斯（以及其他大型印度公司）另外採取的創新方式更爲重要，那就是投資開發全新的藥品。整體而言，印度企業據估計，目前在相當高階開發的「新成分新藥」（new chemical entities）多達三十多項，可是據西方估計，發現、開發新藥品的成本（包括失敗）超過十億美元——這比印度製藥公司（除了蘭巴克斯之外）年度營業額全部加總起來還多。所以，大多數印度企業比較偏向開發新藥——譬如，印度第三大製藥公司瑞迪博士（Dr. Reddy's）便明確宣示，他們致力於授權有發展潛力的藥品，以規避臨床實驗與問世的風險和成本。

授權也牽涉到許多不同的相關策略。除了製藥行業之外，也包括了對價值鏈活動的重視：

- **委外研發**：許多印度企業不是單純從事接單製造活動，同時也承接西方製藥商研發的合約。這種做法是利用這個產業最大的套利差異：輝瑞估計印度化學學家每個小時賺大約五美元，而美國科學家每個小時卻超過五十美元。所以，在二〇〇七年初期，尼可拉斯製藥公司與禮來公司簽署協議，爲後者的新藥負責全球設計以及臨床工作之前期與初期工作的執行。
- **臨床實驗**：公司開發的新藥品必須在謹愼選出的病患樣本中進行臨床實驗——這是實驗的最後、也是最昂貴的階段。製藥產業充分利用套利策略的業者現在也注意到這些臨床實驗的商機。現在超過百分之四十的臨床實驗都是在貧窮國家進行[36]。其中尤其以印度最受矚目，因爲印度的病患供給量龐大，其中許多是「未服藥病患」（treatment-naive）（不會消耗大量藥品）以及醫師說英文等原因[37]。
- **IP服務**：印度一直是熱門的IP服務集中地，在二〇〇五年佔有將近半數的整體海外活動[38]。所以，製藥產業對此也展現極大的興趣，希望在資料輸入、資料庫管理，以及實驗研究設計、顧客資源服務，以及資料分析等領域，利用印度的IP服務的潛力控制藥品開發階段資料管理與資訊資源高漲的成本。

這樣的分類還沒說完——我們甚至可以根據成長類型（內部，還是透過收購，後者近年來受到愈來愈多印度企業的重視）、專門領域等等來分。我們也可從印度傳統藥品體系——阿育吠陀（Ayurveda，又稱生命吠陀）、悉達（Siddha）以及尤那尼（Unani）——及其生物多樣性，觀察文化或地理層面的套利機會。不過說到這裡，套利策略的多樣性應該已相當明確。

大型製藥公司的反應各異，諾華（Novartis）（全世界第五大製藥公司）就是一個例子。諾華在二〇〇五年以八十三億美元收購德國海克薩公司（Hexal），以鞏固本身在全世界身居兩大學名藥藥品製造商之列的地位，並試圖以學名藥藥品和廠牌藥品搭售，爲醫療提供者提供「單一窗口的採購服務」㊴。以印度來說，諾華在當地市場是第五大外國廠商。諾華也在印度進行臨床實驗以及軟體開發，在二〇〇六年年初，於孟買（Mumbai）附近成立免處方箋藥品（over-the-counter medicines）全球研發中心。不過諾華主要是將資源投入中國，有些大型製藥商認爲，中國的發展潛力比印度還要驚人。在二〇〇六年年底，諾華宣布在上海斥資一億美元成立研發設施的投資案，初期將以感染造成的癌症治療爲焦點——中國許多癌症病患有相當大的比例都是因爲感染造成。諾華在法律層面也非常積極：由於印度法院裁決，不准對其治療白血病藥品基利克（Glivec）的修改版本賦予專利權，諾華於是在二〇〇七年一月提出上訴。有位官員因此有感而發，「諾華試圖讓開發國家的製藥產業關門大吉」[40]。套利活動顯然爲大型製藥公司提供了更多的選擇，但次級的業者卻未必能夠受惠。

分析套利策略

有鑑於套利策略的多樣性，不可能一一加以分析。不過ADDING價值計分卡可以作爲分析結構，並從中看出一些具體的原則，以及應該避免的做法。就此各位讀者應該記住的重點在於，套利策略可能影響到ADDING價值計分卡所有的元素，不光是第一個D所強調的「減少成本」（decreasing costs）。

追求數量

套利活動在許多層面都會對數量造成影響。有時候，套利的機會會帶來嶄新的商機——譬如，北半球在冬季的插瓶花（cut-flower）業務。另外有些時候，如果缺乏套利機會的話，業者可能得將上門的生意送給別人——這在高科技產業，尤其是許多執行主管心裡的痛，他們經常抱怨已開發國家適當科技人才難尋的問題；而這個事實也顯示套利機會對於數量的影響。

另外一個影響到數量成長的原因則比較不同。這是跟掌握進入市場契機有關。讓我們再看看諾華的例子，該公司決定在上海成立大型研發實驗室。儘管成本套利策略是其中重要的動機，但分析師也強調另外一個重要原因：改善和政府官員的關係，因爲到時候是這些官員決定爲其國民採購哪種藥品[41]。所以，在評估這類行動時，務必要考慮到未來數量成長的正面影響力，而不是單純著眼於成本。否則，我們可能會認爲這種行動根本不合邏輯。

最近有份意見調查顯示，業者海外發展主要原因是降低成本，而追求成長則是第二個最主要的原因。以上介紹的這些機制也可佐證[42]。就算不分析其相對重要性，也可輕易看出，業者多麼重視透過套利策略追求數量的做法。

當然，套利策略可能會有擴大數量的效果，除此之外，套利策略的基礎是否具備延伸性，也是必須經過驗證的。譬如，麻州劍橋的 GEN3 Partners 顧問公司，就是說明箇中限制的理想案例。許多美國大型企業聘請俄羅斯在TRIZ（這是蘇維埃時代用來開發解決方案一種很熱門的方法）訓練出來的專家，而GEN3公司的核心業務，就是專門爲這些美國企業提供創新的諮詢服務㊸。在二〇〇五年年底，GEN3公司在俄羅斯的工作人員大約有一百位，其中半數是博士或科學博士，而且都符合公司要求，具備至少五年實務經驗的條件。這樣的人才庫要擴大到好幾百人，是可以想像的，不過要超過這個數字就不太可能。有鑑於這樣數量的限制，GEN3公司必須採取更高階的商業模式，而不是像印度一般軟體服務公司，每年都有數十萬名新的技術人員可以利用。GEN3公司每名員工每年可以創造十萬美元的營收，而且致力於以二十萬美元爲目標，而不是只像印度軟體服務公司的五萬到七萬美元之譜，儘管俄羅斯每名員工的薪水還是相對較低。

減少成本

減少成本雖然是業者採取套利策略最主要的原因，但相關分析卻往往存有諸多缺失，有的是概念過於單純，有的則是會構成危險。有個常見的問題是，業者往往只看相對成本。以GEN3公司的案例顯示，這樣做會造成誤導的後果：該公司經過TRIZ精密訓練的人員薪資注定會大幅攀升——如果GEN3（以及其他同樣利用當地人力資源的顧問公司）證明運用當地人力資源的做法確實能夠成功的話。其他常見的相關問題還包括匯率如果變動，業者反應不及（譬如，中國人民幣相對於西方貨幣的匯率很可能遭到過度的低估，所以如果根據現在的匯率對未來前景進行評估，則可能高估中國在成本方面的優勢），以及生產力的差異（以許多有關中國和印度的案例來說，他們的生產力和西方水準相較還是微不足道）。就算是權威性的估計數字也很容易碰到這種問題。譬如，經濟合作暨發展組織最近公布一份報告，指出中國的研發水準已經超過日本。這種「發現」是根據中國科學家和工程師的成本只有日本以官方匯率計算的四分之一，爲什麼不乾脆把中國的研發支出乘以四㊹！

儘管如此，基於某些原因，勞工套利的優勢或許沒有乍看之下那麼好，但我們也得體認到，有些正面的要素確實經常遭到忽略，各位不妨看看以下這種算法，每次在課堂上聽到有人這樣說，總讓我不禁皺起眉頭。「印度的軟體人員成本（譬如說）是美國軟體人員的三分之一，但每年以百分之十五的速度加速成長，所以印度的成本優勢在八年之內將會完全消失。」這番論點駁斥套利策略的優點，但卻漏掉幾個重點：

- 將上門的生意拱手讓人的機會成本（請參考「增加數量」這個單元的說明）
- 已開發國家可能面臨更大的成本與可得性壓力——基於這些原因，在未來幾年當中，目前提供低成本資訊科技人力的印度和其他國家所創造的總稅收，預料會增加，而不是減少（請參考圖六・二）
- 印度可能加速提升生產力，以及控制成本——誠如一九九〇年代那樣，從當地開發轉爲海外開發的做法
- 品質差異性（在某些例子來說），很可能是印度的競爭對手佔上風，以下將對此加以說明

在此要說的重點是，我們不能光是天眞的比較勞工成本，而是應該更進一步深入觀察以上所列的負面與正面要素。如果不納入考慮，會誤以爲這些負面與正面要素將彼此抵銷，但這種情形只有意外情況才會發生。

圖六・二：全球資訊科技人力(每小時勞工成本與全職勞工成本)(單位為千美元)

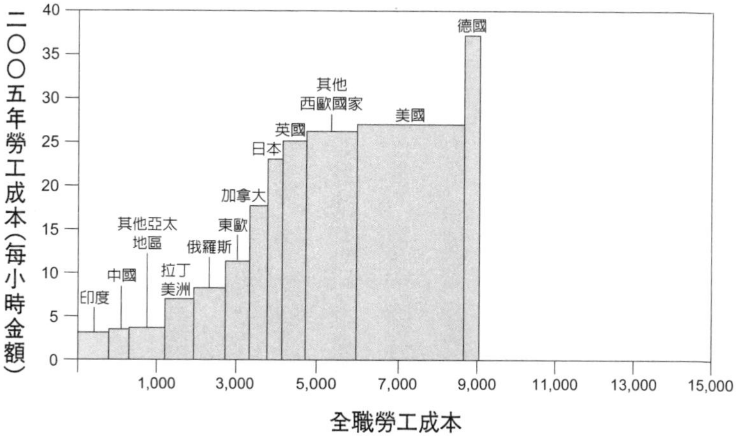

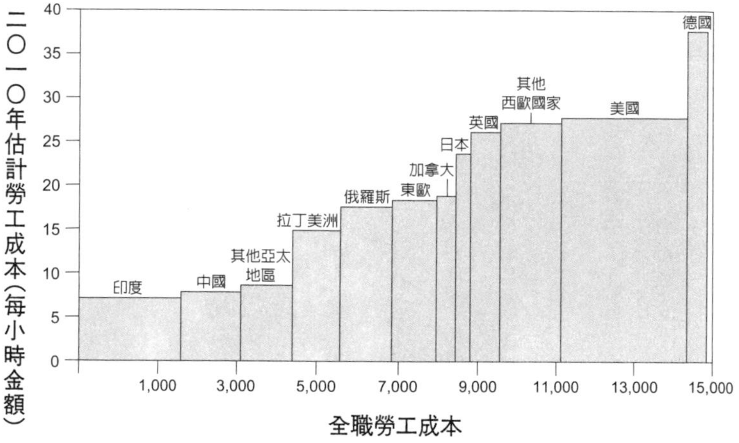

另外一個問題則是跟大眾對於勞工成本（以及生產力）的重視有關。不過誠如第三章所強調的，我們應該宏觀地看待成本這個議題。所以，波士頓顧問集團（BCG）強調，在快速發展的開發中國家（譬如中國）興建廠房可以節省的資本㊺。波士頓顧問集團估計，製程如果安排得宜，業者採用當地設備提供商，可以使一般的資本投資額降低，比西方水準少個百分之十到百分之三十；如果業者還專注於改善製程（譬如以勞工取代資本，以及重新思考自行製造或向外採購的決策），資本投資額會比西方水準低百分之二十到百分之四十；如果業者徹底調整整個生產鏈，配合當地製造能力重新設計產品，並且持續運用「每周五天的模式，徹底調整營運流程，那麼資本投資額會比西方水準低百分之三十到百分之六十。而箇中好處不但包括投資報酬率增加，而且固定成本以及損益點都會降低。萬一公司必須結束營業，退出市場的障礙也會比較低（也就是說，風險以及成本都會降低）。

當然，這種分析的終極目的，是協助大家以宏觀的角度來看待成本，而不是專注於某個單一的成本要素，不管是勞工、資本，還是其他要素。以上這一點、加上接下來要討論的差異性要素，是業者在判斷要不要將某個產品或服務交付海外進行的主要決定要素。「境外發展能力」（offshoreability）不光是看以上介紹的成本要素而已，而且價值對批次比率要高，供應鏈要短，所需投入要素以及技能可得性要廣泛。如果要了解業者將產品或服務轉往海外的「程度」，而不是單單將海外發展性視爲「啓動」（on）或是「終止」（off）——通常最好廣泛看待成本議題，而不是仰賴這一類的號誌。

在此看個實際的例子，爲什麼印度的軟體服務企業其發展以及獲利會比印度的製藥公司更快、更多？其中部分原因在於，軟體業的勞工密集程度較大，員工相關成本在營收當中佔了一半或更高的比例。至於比較周延的答案則是，印度軟體公司的總成本（每一名員工）依然比西方公司（印度公司試圖接單的對象）低了三分之一（甚至更低），可是印度的製藥公司成本卻可能是西方藥品公司成本的三分之二，甚至更高。至於更加周延的答案，則要把製藥產業當中，政府行政部門對於經濟套利活動的障礙納入考慮[46]。

市場區隔

套利活動對於市場區隔或願付價值的影響，雖然重要性不下於成本所受到的影響，但卻沒有受到相等的重視。譬如，文化套利活動通常牽涉到運用發源國影響力來提升願付價值。當然，誠如第三章所討論，我們應該警覺到，這類影響（依情況而定）可能會造成負面的結果，而不是正面的。

經濟套利活動的例子，更凸顯出分析套利活動對於市場區隔的影響力有多麼重要。經濟套利活動通常會降低願付價值以及成本，但還是有一些重要的例外。軟體服務似乎就是其中之一。印度的軟體公司收費要比其西方競爭對手來得低，成本也比較低，可是這反應的似乎是「聲譽黏著性」（reputational stickiness），而不是品質上的差異性。事實上，證據顯示印度有些大型企業——譬如印度在這些數據領先群雄的業界巨擘塔塔顧問公司——比起西方知名的競爭對手，所提供的服務品質更高、成本更低[47]。印度雖然在全球資訊科技工作人力當中只佔了大約十分之一，可是擁有最高製程標準認證的軟體開發中心當中，印度就佔了一半，而這個事實也是他們能和西方知名大廠平起平坐合作的原因。除了這個例子之外，塔塔顧問公司在二〇〇七年第一季，推出一項以其雙重競爭優勢爲焦點的行銷宣傳攻勢，更凸顯以下這三點重要性：

- 長期下來，價格不能當作品質或願付價值的替代品。

- 確實深入了解買方的經濟要素。所以，塔塔顧問公司的行銷宣傳強調，軟體品質不佳對於買方整體品質成本（包括重新製作）所造成的影響——據估計，這方面的成本在一般大型企業佔了總資訊科技支出的一半、甚至更高。
- 積極溝通這些優點，而不是一味假設買方自己會想得通。

以成本的例子來說，產品區隔性相關要素確實和境外發展能力有所關聯：如果公司認爲產品或服務需要進行大量的客製化，需求變化大，當地據點或服務要求高，採購決策者是政府官員而不是民間人士，那麼就不太可能將這種產品或服務移到海外發展。不過在此還是要強調，業者最好對相對可行性（願付價值以及成本之間楔型相對寬度）建立周延的（最好是計量的）評估，而不是一味仰賴這類號誌。

提升產業界的吸引力或議價能力

除了可能降低成本或提升願付價值之外，套利策略也可能改善產業界的吸引力或個人的議價能力，所以短短三年內，IBM在印度的員工從九千人一路增加到五萬人，不但改善了本身的經濟面，同時也對其印度競爭對手施壓，直擊其最重要的優勢來源。

同樣的道理，如果假設套利活動在這方面絕對會有些影響，那麼未免操之過急。所以，雖然全球企業在中國與印度成立許多研發中心——主要是中國的電子與電信業，印度的軟體與工程——但是，智慧財產權的保護還是一大疑慮。有一份報告針對在中國設有研發中心的全球企業進行調查，結果顯示這些公司認為這個議題有幾個解決之道。其中一個特別重要的方法是，公司可將研發工作分散到他們在全球世界各地的網絡，這樣一來，中國專案的價值就得高度仰賴公司在全球網絡其他地區進行的專案工作。更廣泛地來說，也就是要看公司具體的專業能力㊽。不過當地企業無緣採用這種策略，這點可能造成他們對於研發支出（以及投資報酬）比較低。

這種分散各地的做法並不是完美的解決方案：譬如，思科指控中國的華為技術有限公司在世界各地侵犯其交換技術，後來這個案子獲得和解。不過這個概念確實凸顯出兩大重點。第一，以上所說的調查報告，在中國研發中心發展得特別理想的公司，似乎都具備比較強大的內部聯繫網絡，這點讓我們想起，制度性失靈（institutional failures）的因應以及比較傳統的層次，都有可能培養出競爭的優勢。第二，我們顯然應該認眞看待外部環境：也就是可以（而且最好**應該**）透過公司策略影響的要素。

正常化風險

套利活動會受到各式各樣風險的打擊，有的是市場性的風險，有些則不是屬於市場性的。以市場性的風險而言，各位不妨思考所有跨國供應鏈會面臨的（比較重大的）風險：像是接觸到沒沒無聞、而且可能比較不可靠的供應商，以及面臨匯率的波動；可能碰到基礎設施以及其他類型的瓶頸；還有供應鏈散布在各國會使得風險更爲加劇（誠如先前所說李豐公司羽絨外套的例子）。

不過，李豐公司的內部聯繫網絡對於如何因應這類風險還是很有辦法。在美國遭到九一一恐怖攻擊之後，李豐公司據說不到三個禮拜，便將時間敏感度高的活動，從巴基斯坦的合作夥伴轉移到其他政治面比較安全的國家進行。李豐公司顯然也在進行時間架構比較長的動態套利活動，以便因應匯率出現重大變動的情形。他們是在比較廣泛的策略下進行這類活動，在這樣的背景下，公司可以提前鎖定前置時間長、需求穩定的產能和原料，不過容易受到市場波動影響的決策則能拖盡量拖。

套利活動有個特別的風險是跟政治敏感度有關——這點對於勞工套利活動尤其明顯，但並不限於這一項。值得注意的是，這一個風險不光是牽涉到對外的相關人士：譬如，ＩＢＭ設置海外據點時，其高級主管不但得對外謹慎發言，對於內部的溝通更是小心翼翼。在這方面，成功進行套利的業者爲我們提供幾個心得。第一，謹慎爲上：強調可行性以及成長性目標，而不是（單單）爲了降低成本，而且如果地主國對於健康、安全以及環境的標準比母國來得寬鬆，業者在運用這方面的優勢時尤其應該謹慎。第二，請思考各種機制——遊說、和「天生的盟邦」（natural allies）合作（甚至包括可能成爲競爭對手的公司）、投資創造就業機會等等——以便拓展施展的空間。最後一點建議是，業者所採取的策略最好在政治環境的變動當中，能夠展現相當程度的活力。

套利策略固然有其政治風險，但我們應該體認到，其他相對的策略也有政治風險的可能性存在。各位不妨想想上一段提到的例子：諾華在印度法院提出的訴訟案。風險就如同ADDING價值計分卡上其他要素一樣，應該考慮各種選擇方案，以比較的角度來探討。

創造知識——以及其他的資源和能力

在此我要簡短介紹 ADDING 價值計分卡最後一個要素——創造知識，以及其他資源與能力。同樣的道理，策略可能會有其他正面或負面的影響。在正面方面，ＩＢＭ與埃森哲公司試圖在印度開疆闢土，即使因爲價值實現、成立成本，以及內部因爲快速擴張造成的混亂，短期對於公司營運的經濟面會造成負面衝擊，但長期而言，卻可能有助於公司能力的提升。在負面影響方面，某大投資銀行原本已將許多分析功能委外到印度，但現在卻可能開始領悟，此舉會在短短幾年的時間，令其資深分析師的人才庫消耗殆盡——除非公司大舉改革聘用與升遷的政策。

以上對於分析套利活動的重要性的討論（尤其是運用 ADDING 價值計分卡），應已充分說明爲什麼套利的相關思維往往過於狹隘。個別的ＣＡＧＥ套利基礎可以用來針對 ADDING 價值計分卡各個不同的要素。誠如先前一段有關製藥產業的說明，套利基礎多元的複雜案例更進一步擴大了這樣的可能性。

套利活動的管理

本章誠如第四與第五章一樣，主要是爲了延伸各位讀者對於怎樣因應差異性的思維——在這個例子所採用的手段，是透過套利策略擴大從中擷取利益的機會。不過，在管理套利策略上面會有幾種挑戰。其中一部分（和套利面臨的風險一樣，尤其是政治風險）先前已經討論過了，但特別值得注意的是，套利策略的可維繫性，以及公司層級的資源、尤其是管理能力會對他們造成什麼影響，相對於市場層級在價格、成本之類的差異。

首先，儘管維繫套利策略的競爭是個值得努力的目標，但套利策略卻未必得合乎道理才行。各位不妨再看看威名百貨公司的例子。就算套利策略無法爲威名百貨創造可維繫的優勢，但很可能還是值得進行，只要避免到頭來令公司相對於競爭對手居於成本劣勢——威名百貨向來追求低成本策略，如果陷入這樣的劣勢會對公司造成重大障礙。

樂高與MEGA品牌更加明確。樂高將生產工作委外給承包商偉創力，以充分運用套利機會；讓樂高可以轉而專注於他們在無形資產的優勢：品牌名稱、關係，以及創新能力，而不是將套利策略視爲造成競爭優勢或劣勢的原因。相對來說，威名百貨向來極爲重視後端效率，所選擇的做法則是透過獨特能力的開發，管理這套全世界最龐大的委外營運，從而以套利建立競爭優勢。這樣的對比凸顯出第二個値得強調的主題：透過套利建立可維繫的競爭優勢，通常需要有爲公司建立獨特能力的決心——這樣的決心就算不要幾十年的工夫，也需要好幾年的時間才能實踐。相對而言，如果公司沒有任何獨特的能力，或許還是能夠達到平均水準，但不會有更好的表現。

本章介紹的其他案例當中，有些同樣也凸顯出這個主題。安柏確實有因爲巴西廉價的勞工而受惠，但在巴西現在震盪的局勢中，他們靠的是多年來建立世界級航太事業的能力，才能將這樣的廉價勞工（理論上來說，這一點是大家都能利用的）變成一種競爭優勢的來源。而蘭巴克斯在製藥產業以創新爲導向的成功願景，其實早在十年前就已經建立，當時我先針對該公司寫了一份案例，接著請公司總裁到我在哈佛的商管碩士班演講。

如果要看比較詳細的案例，我們可再看看塔塔顧問服務公司（印度最大的軟體服務公司）怎樣實現這樣的願景。塔塔顧問公司運用套利策略的方向和威名百貨正好相反：他們在母國低價購買（軟體開發人員）然後在海外以高價出售。可是這種模式（塔塔顧

圖六・三：塔塔顧問公司服務升級

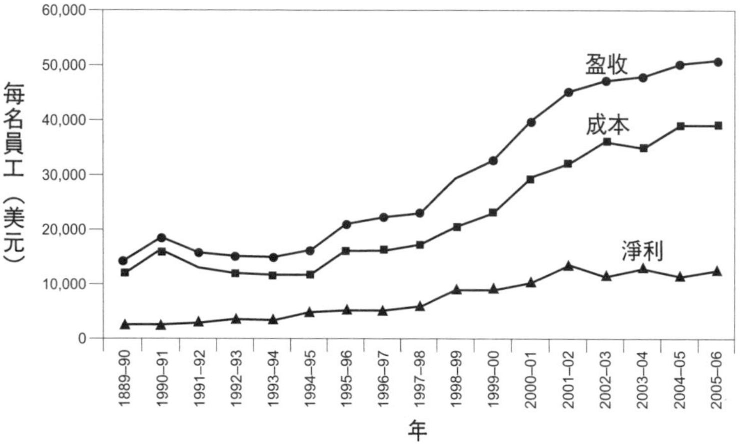

問公司首創的）並沒有什麼特別：要是從事印度軟體出口的業者幾乎都這樣做，從印度第二大企業印福思（本章一開始便是引用其創辦人的話），乃至於最小的「專業代工」（body-shopping），結果將導致印度軟體開發商的成本大增。塔塔顧問公司儘管勞工成本快速飆升，卻能夠維繫亮麗的績效，他們是怎麼辦到的？

圖六・三追蹤塔塔顧問公從一九八○年代末期以來，每名員工的營收、成本，以及淨利。塔塔顧問公司每名員工的成本在這段期間翻升三倍以上。塔塔顧問公司要維繫其公司績效，每名員工的營收成長速度就必須更快才行：在這段期間，營收

成長了四倍，而不是三倍而已，所以，每名員工的獲利跳升了好幾倍！該公司原本是在客戶端進行軟體開發，在這段期間業務更跨出印度境外，從事境外軟體開發，如果將這樣重大的轉變納入考慮，每名員工營收的績效會更令人驚艷：因爲這樣巨大的改變會使得每名員工的營收減少百分之三十到百分之四十，雖然每名員工的絕對獲利確實會因此增加。

這些數據後頭有什麼玄機？塔塔顧問公司除了將工作轉移海外之外，並且逐漸增加大型、比較複雜的專案工作，因爲這類專案能夠發揮每名員工更大的價值——這樣的轉變，塔塔顧問公司在印度軟體業界似乎是領導的先驅，每名員工營收還是遠低於埃森哲與ＩＢＭ全球服務——以及誠如先前所說，在某些層面享有品質上的優勢——但顯然還是有很大的進步空間。到頭來，公司應該再努力提升每名員工的營收百分之二十五到百分之三十。不過當然，企業要達到這樣的目標（過去的成就就不用說了），不能光靠印度軟體開發人員相對比較便宜的概念，而是必須具備相當程度的實力。

這個產業不光是供給面，需求面同樣必須具備這樣能力的要求。客戶公司如果要成功將所有或部分軟體服務交由境外處理，就必須具備能力明確說明他們的條件（也就是公司總部內部自行處理之外的部分），並且追蹤結果。有鑑於這個事實，在一九九〇年代中期，大型軟體委外案件即將到期時，愈來愈多高明的企業決定將這些案件分割、交給不同的供應商處理，而不是單一委外給某個超級大型的供應商。不過就跟任何其他團體一樣，有些公司照樣遠遠落在這個曲線後頭。譬如，某大歐洲銀行雖然聘請印度軟體公司完成超過一千項的專案，可是至今依然沒有追蹤各項專案或供應商之間的表現。

最後這個例子如果各位覺得聽起來太過極端，令人難以置信，不妨想想看，最近杜克大學（Duke University）李文（Arie Lewin）進行的意見調查顯示，只有百分之一的受訪者表示，他們公司對於境外發展具備公司整體性的策略㊾。儘管如此，要是缺乏這樣的策略，境外發展的努力可能陷入一團混亂，而且由於內部的阻力，公司能夠交付境外處理的業務量很可能不夠。這個問題的解決方案一部分是策略性的，一部分則是組織性的，像是建立內部套利捍衛者，爲專案經理人以及高級主管建立獎勵措施，以及高級主管貫徹始終的決心等機制。

這一節總結而言，公司若要建立、配置有效發揮套利優勢的能力，就必須持之以恆地努力——可是並不是任何一家公司、在任何一個時間點，都能堅守所有的承諾，換句話說，公司可能面臨在套利策略以及其他策略元素之間，必須有所取捨。適應、整合以及套利這AAA策略之間或許能夠混合、調配——各位還記得塔塔顧問公司在其套利策略的核心策略中，融合相當程度的區域整合。然而，公司如果希望這三大策略面面俱到（甚至只是其中兩個而已），很可能難以爲繼。

各位不妨看看台灣的宏碁（這是全世界最大的電腦製造商之一）的例子，了解這樣一家公司怎樣在策略取捨之間失衡。宏碁很早便打進個人電腦委外製造的產業，並靠著套利策略賺了大錢。可是在一九九〇年代初期，該公司開始在世界各國大打宏碁的全球品牌（及整合策略的基礎），尤其是在已開發國家。這種雙向進行的策略結果問題叢生。公司自我品牌產品的業務量確實大增，可是卻一直虧損連連。而且，外包製造部分的客戶則擔心，他們的業務機密會洩漏給（以及交叉補貼〔cross-subsidization〕）宏碁自我品牌之下的產品線。二〇〇〇年情勢惡化，IBM取消他們的重大訂單。他們的訂單佔宏碁的接單製造營收總額的比例，在二〇〇〇年第一季爲百分之五十三，到了二〇〇一年第二季卻掉到只剩下百分之二十六。最後，宏碁終於做出困難的重大抉擇。其接單製造業務繼續以先進國家的顧客爲重，然後逐漸分割爲一家名爲緯創（Wistron）的獨立公司。

圖六・四：鹿角兔

此外，宏碁將其自由品牌的業務重新聚焦於東亞地區（尤其是大中華地區）。這套策略經過修正之後，雖然還是面臨各種挑戰，但絕對比先前的那一套順利得多。

我在商管碩士班課堂的簡報裡，通常在這時候都會秀出一份簡報幻燈片，給大家看一種充滿爭議性的怪獸：鹿角兔（jackalope）（請看圖六・四）。傳說這種動物住在美國西部，會以人類的歌聲引誘牛仔到他們的巢穴，也有人說牠們的奶是一種強力的春藥[50]；在此我就不對這些爭議的眞假多加贅述。我之所以會提鹿角兔只是爲了強調，若要動物（或

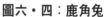

公司組織）同時身具多種型態，結果可能產生非常詭異的後果。**某種程度的內部一致性**對於良好的策略（或公司組織）是基本要求。這樣的鹿角兔頭上頂著滿滿的鹿角，可能連頭都抬不起來，更不用說要在路上奔跑了。

在這裡，我引用鹿角兔的比喻，引出當代全球策略最具挑戰性的問題：**調適、整合以及套利這AAA策略之間，可以組合、配置到什麼程度？**第七章將針對這個議題進行深入的討論。

結論

「全球概論」這個小方框將摘要說明本章重點。廣泛來說，套利策略讓我們面對各國差異時，可以擁有更豐富的選擇。不過誠如台灣宏碁的案例，套利的決策不能和公司策略的其他元素脫鉤。接下來的這一章將深入探討這個主題。

全球概論

一、全球策略是指利用各國之間的差異性，而不是將這些差異性視爲必須調整或克服的牽制。

二、套利的契機是不容忽視的，幾乎沒有什麼公司能夠負擔得起忽略的後果。

三、套利的基礎有許多可能性：文化、政府行政、地理，以及經濟層面——即使公司著重的焦點侷限於其中之一或其中之二，套利策略還是相當多元。

四、套利策略有潛力改善ADDING價值計分卡中所有的元素，可是也可能受到各種風險的打擊，必須加以管理。

五、套利策略就算不見得能夠創造持之以恆的競爭優勢，還是值得進行，不過公司通常需要長期致力於培養獨一無二的能力，才能掌握套利的機會。

六、即使公司確實採取套利策略，但在執行的方式上往往還是有很大的改善空間。

七、套利的決策不能和公司策略的其他元素脫鉤。

7 競爭力配置——AAA三角形

利用各國的差異性

二十世紀末的跨國企業和幾百年前的國際公司幾乎沒有什麼相似之處，而幾百年前的這些國際公司和一七〇〇年代的大型貿易公司也是大不相同。現在新興的企業組織型態（全球整合的企業）只是向前邁了一大步。

——IBM董事長與執行長帕米沙諾(Sam Palmisano)，〈全球整合企業〉(The Globally Integrated Enterprise)，二〇〇六年

若將帕米沙諾以及第一章一開始引用的李維特的話兩相比較，李維特顯然是對市場的全球化倍感興奮。而帕米沙諾感到興奮的（正好相反）——我剛好有機會跟他確認這

一點——則是生產與服務提供的全球化。帕米沙諾在這句引言出處的《外國事務》（*Foreign Affairs*）文章中指出，光是在二〇〇〇年與二〇〇三年之間，外國企業據估計，在中國成立的製造工廠就有六萬家之多，他並進而討論IBM怎樣掌握契機，實現各式各樣的可能性。

我認爲，帕米沙諾掌握了根本的重點——不光是特定公司的策略，或加強對於套利策略各種可能性的重視而已。而生產以及市場全球化的受到重視，也預示全球策略的嶄新契機即將來臨——讓我對於全球策略多樣性的了解，以及如何從中選擇的挑戰從此改觀。本章一開始將探討箇中原因，接著將逐步探討AAA策略中比較有野心的回應方式，也就是怎樣掌握各國差異性的策略。本章最後將爲全球策略以及公司組織提供一些更爲廣泛的例子。

重新界定全球策略的必要性

圖七・一a與七・一b針對市場全球化的策略議題以及生產全球化所產生的相關議題，進行比較。圖七・一a的重點在於市場的全球化。在市場全球化的程度有限下，企

圖七・一：市場與生產的全球化

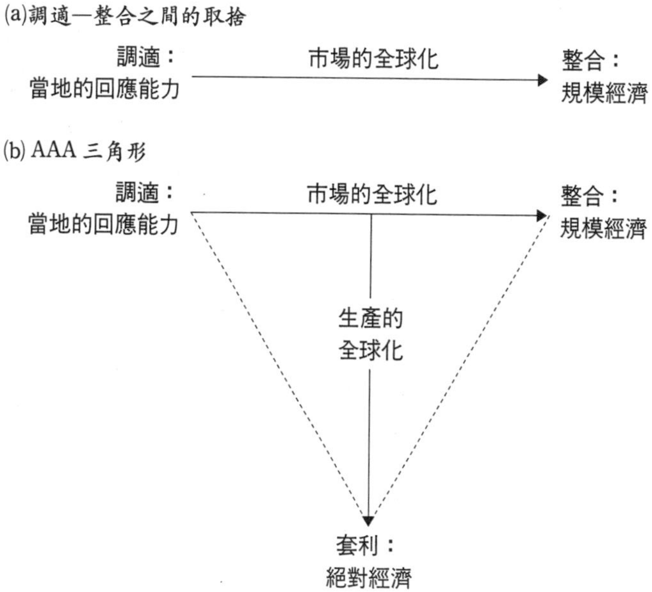

業會循序漸進地調適；但是在市場高度全球化的情形下，「整合」則比較值得重視；處於這兩者之間的情況下，業者則必須對這兩種策略有所取捨——這種策略上的抉擇，也算是一般有關全球策略的著作向來所著墨的重點①。

圖七・一b摘要說明如果將生產全球化的要素也納入考慮，會有何影響。這樣一來，調適與整合之間的取捨頓時變成調適—整合—套利(AAA)三角形②。而且同樣明顯的

是，企業在思考怎樣因應跨國差異性時，可以採取的策略變得更爲多元。

不過生產全球化不光是擴大可行策略的範疇而已：同時也凸顯出嶄新的、更爲廣泛的策略取捨。誠如有關跨國企業的經濟學文獻所說，垂直跨國企業（利用各國之間的差異性）的營業與組織特色和水平的跨國企業大不相同，後者是在各個主要市場從事許多相同的活動（而這些活動可以納入調適與整合的項目之下）③。表七・一強調AAA策略之間的策略差異性。

追根究柢說來，這三大AAA策略其實都是追求跨國營運各種優勢來源，所以適合不同的組織類型。如果公司強調調適，那麼通常會採取以國家爲中心的組織型態。如果「整合」是公司的主要目標，那麼融合不同型態（全球事業單位產品部門、區域結構、全球客戶等等）的跨國分類會比較合適。至於重視套利策略的公司，則通常適合垂直或功能性的組織型態，以透過組織追蹤產品或訂單流。很顯然地，這三種不同的組織型態並非全都能在同一時間成立。有些企業組織型態（譬如矩陣）可以結合一種以上的模式，但公司卻得承擔管理複雜的代價。

表七・一：AAA策略之間的差異性

特徵	調適	整合	套利
競爭優勢：爲什麼要進行全球化？	透過對國家層級的重視，融入當地社會（但同時也利用一些規模經濟）	透過國際標準化，達成規模與範疇經濟	透過國際專門化達成絕對經濟
協調：怎樣進行跨國組織？	針對國家進行；強調調適的重要性，以融入當地社會	針對企業、區域或顧客進行；強調水平關係，以達成跨國規模經濟	針對部門功能進行；強調垂直關係，其中包括打破組織疆界
配置：海外據點的選擇？	專注於經營和母國市場類似的國家，以限制文化、政府行政、地理、或經濟距離造成的影響力		在比較多元的國家經營，以充分利用距離的某些要素
控制：要注意些什麼？	過度多元或複雜	過度標準化或是強調規模	縮小利差
移除障礙：內部要注意誰？	各國主管	集大權於一身的公司總部、企業、區域或客戶	主要功能或是垂直介面
企業外交（corporate diplomacy）：哪些外界議題可能出現？	有鑑於對培養當地面孔的重視，態度較爲謹慎、積極	同質化或是異質化（尤其是美國企業）的出現以及反彈	供應商、通路或是中間商的利用或調整；最可能傾向政治崩解

圖七・二：全球策略的發展程度

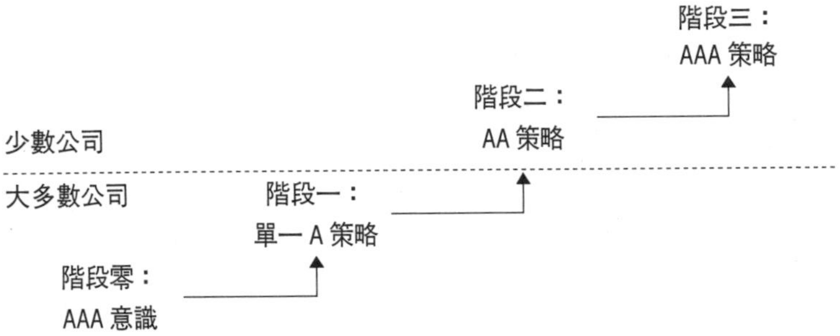

原則零：建立對 AAA 策略的意識	原則一：掌握一項 A 優勢	原則二：掌握一項之後，再尋覓另一項	原則三：當心避免想要面面俱到的陷阱

有鑑於AAA策略之間的差異性，公司必須選擇要以哪個A策略爲重，或怎樣利用各種的差異。圖七・二針對四種漸進式的野心，摘要說明企業適合的全球策略，而其重點在於強調可能性，而不是僵化地說明企業跨國發展必須經歷的順序。接下來的章節將逐一探討企業四個全球策略的程度。

階段零：AAA意識

企業必須意識到這三大AAA策略的存在，才能發揮箇中效用。這一點似乎不言自明，無須贅述。可是許多企業（從本書的許多案例看來）卻做不到這一點。失

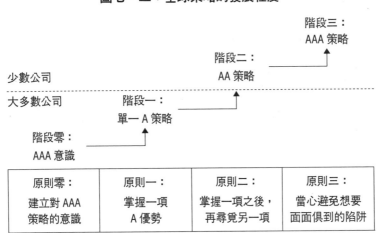

敗的模式本身相當多元。追求全球化的新手以爲可以立刻整合，往往將他們在國內的模式套用在海外經營上，可是卻在重大虧損爆發時，才發現通常還需要進行某些程度的調適。除非進軍全球、利用套利的契機，否則在初期階段，他們很可能也對這些機會視而不見。在經驗豐富的公司裡，歷史也是一大調節要素：公司如果是透過收購成長，或擁有悠久的邦聯傳統，很可能也會忽視確實整合的工夫。發源國也很重要。美國企業往往更爲重視整合與套利策略，但是對於調適的工夫卻往往沒有歐洲企業來得強。至於最優秀的中國與印度企業，則往往比較擅長套利策略，而不是調適與整合。

要克服這方面的缺憾，有個辦法是透過AAA三角形，爲公司所有可能追求的策略目標建立全方位的認識，以及掌握追求目標可以運用的各種槓桿和分項工具。在這方面最好要有些針對性。也就是說，透過有意思的案例，強調第四章到第六章（請參考表七・二）探討的各項槓桿工具（這些往往遭到忽略），更理想的做法是，進一步針對個別的分項槓桿進行討論。

第二個辦法則是以AAA三角形建立一份全球化計分卡，以擴大公司對於AAA策略的認識。計分卡的運用固然有其優缺點，但卻能引導企業針對目前做法賦予很大的改

表七・二：全球策略槓桿工具

調適：針對差異性進行調整	整合：克服差異性	套利：利用差異性
• 變化 • 焦點 • 外部化 • 設計 • 創新	• 區域 • 其他國家分類 • 非國家分類 ——企業或產品 ——全球客戶 ——客戶產業 ——通路	• 文化 • 政府行政 • 地理 • 經濟

善空間：大多數企業似乎都缺乏有系統的全球績效衡量系統，只會一味地追蹤海外營運的營收百分比，以及確保國外營運的獲利能力在水準之上，或至少不要一直低迷不振。

圖七・三簡化說明全球計分卡。這是針對一家金融服務公司在資本市場層面的業務，而不是他們透過收購發展出來的零售金融服務。圖七・三中，計分卡各項要素有其計量以及質化的目標，並且界定達成這兩大目標的計畫，追蹤價值創造（配合ADDING價值

圖七・三：全球化計分卡的例子

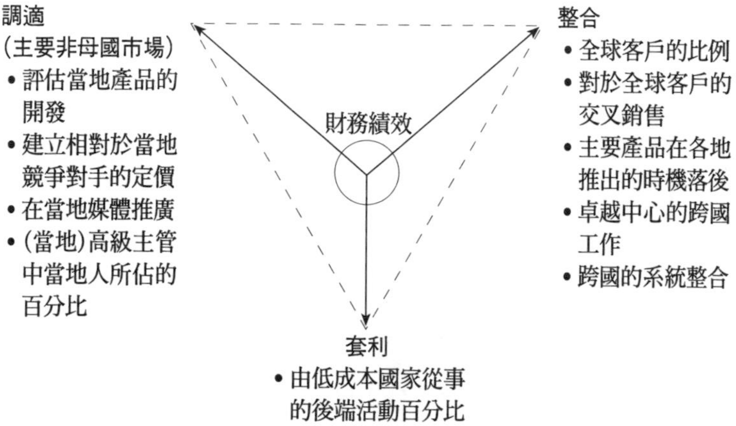

計分卡）以及這些營業措施的進展。

值得注意的是，圖中全球化計分卡雖然涵蓋這三大AAA策略，但卻特意有所偏頗。這凸顯出，有鑑於公司所處的產業、收購成長的歷史，以及策略，追求更進一步的整合是他們全球發展的最高策略——同時也表明了，公司必須在追求這個策略以及其他策略（尤其是調適）之間，有所取捨。

最後這一點可以（而且應該）加以統籌。為這三大AAA策略建立意識十分重要，許多企業（尤其是已經落後的那些公司）在追求這些策略方面還有很大的改善空間。儘管如此，大多數企業在這AAA

策略當中，還是需要建立優先順序，以下將針對這一點進行討論。

程度一：單一A策略

表七・一列舉AAA策略之間的差異性，而從中我們也可看出建立策略有些順序的必要性——而不是單純傾注全力追求這三大策略。有關競爭策略的著作向來強調，這樣的異質性通常會迫使企業選擇打敗競爭對手的策略，而不是一味規劃要在每個層面領先群雄——公司如果無法領悟這個道理，勢必會面臨許多衝突，並且爲了協調而付出沉重的代價④。誠如第六章所說，宏碁就是這種衝突的一個例子：他們透過套利策略打響名號，可是當公司試圖建立自家品牌時，客戶卻一一流失。如果事事都要排第一，到頭來會一事無成，而這也凸顯出協調的重要性⑤。

我雖然強調企業應從這三大策略當中，釐清哪一項才是他們跨國經營的基礎，但並不表示企業可以對其他策略視而不見。誠如先前所強調的，大多數跨國發展的企業至少都應該思考過這三大策略。不過重點是，**凡是渴望透過跨國活動創造價值的企業，每一位高級主管都應該能夠具體說明，「在自己的腦袋裡」這三大AAA策略之中，哪一項才**

是公司跨國競爭優勢的基礎。

大多數境外發展獲利的企業，都是強調這三大AAA策略當中的一項。本書在此雖然以「純粹」（pure）來形容這些策略，但各位不能將此和「單純」畫上等號。威名百貨的國際分店績效慘澹——尤其是在和美國差異性極大的市場——主要是因為他們**採用**在母國市場發展順利的商業模式，面臨許多隱含以及自找的困難。聯合利華在與寶鹼重疊的業務方面（譬如美容保養），業績之所以落後，主要是因爲聯合利華儘管近年來大力革新，但在追求跨國規模與範疇經濟的**整合**工夫上頭還是有很多困難。各位不妨也看看成功的例子。安柏在區域噴射機業務的績效領先龐巴迪公司，這可以完全歸功於勞工**套利**策略——不過廉價勞工成本算起來雖然容易，但要在巴西發展出世界級的航太事業卻絕不簡單。

雖然在全球發展成功的企業很可能已經具備某一套策略的資源和能力，不過經驗比較不足或比較不成功的企業，有時則得思考這三大AAA策略當中應該以哪一項為重。同樣的道理，AAA三角形在這裡也可有所幫助。其中一個辦法是衡量產業或公司在各項支出項目（用來粗略評估AAA策略所擁有的空間）的程度。譬如，廣告支出佔營收

圖七・四：產業支出程度

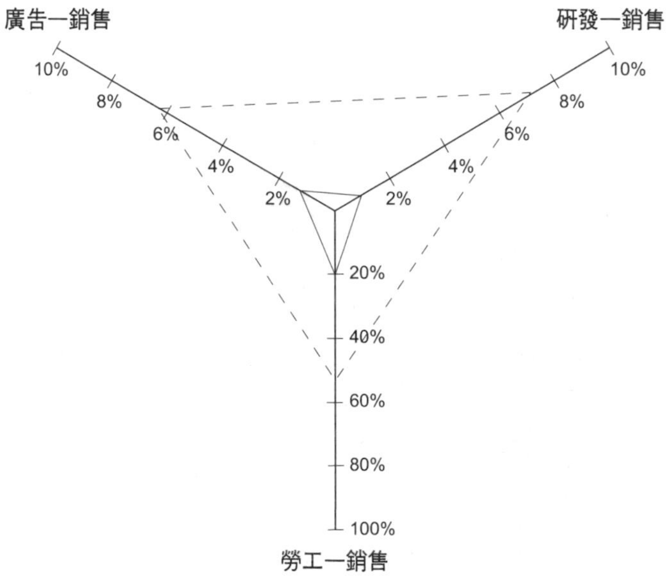

百分比的數字，可以看出「調適」策略對於公司的重要性；而研發支出所佔的百分比則表示「整合」的重要性；而勞工支出所佔的百分比可衡量「勞工」套利策略的重要性⑥。

更具體來說，我建議各位參考圖七・四（這是根據美國製造產業的數據），以畫圖的方式來觀察產業或公司在AAA三角形之間的取捨。如果產業或公司的分數高於特定程度的中值——在圖中是以實線表示——那麼他們所採取的策略便值得一些注意。

如果分數接近或超過虛線（表示第九十百分位數），那麼相關策略或許便微不足道了。

另外一種相關的方法，則是以AAA三角形畫出公司相對於競爭對手的地位——也就是剛才所說支出的程度，或比較廣泛的考慮要素（請參考以下圖七・七）。透過這種方法，我們可更加了解該以哪個策略或哪些策略爲重——當公司面臨所向無敵的競爭對手時，這一點尤其重要。

程度二：複合AA策略

儘管單純的A策略是最明顯的全球策略類型，不過在我有機會探討AAA三角形的頂尖全球企業當中，至少有些似乎是強調AA策略，而不是單純只有一個。這種複合式的AA策略，說不定確實能夠讓公司在兩個層面打敗競爭對手，說不定（可能性更高）比競爭對手更能夠在這兩大AA策略之間取得平衡。根據後面這個解讀，我們可以把AA策略想成普適化（generalizing）「調適」和「整合」之間的單一關鍵取捨（市場全球化的傳統重心），乃至於當全球生產一旦也納入考量之後，AAA三角形凸顯的三大關鍵取捨（比較圖七・一a和圖七・一b之間的比較）。這些AA策略，相對於AAA的三邊，

圖七・五：頂尖企業的演進歷程

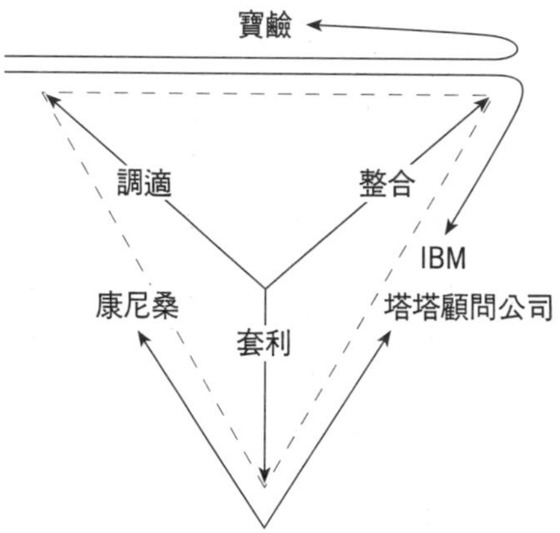

強調的重點和每一種策略取捨的焦點是一樣的：以「調適—整合」的取捨而言，強調的是相似性；以「調適—套利」的取捨來說，則是強調差異性或變化；至於「套利—整合」的取捨，則是強調跨國整合。

另外一點值得注意的是AA策略進一步擴大全球策略的多樣性，從三個到六個——如果AA策略可以有主要以及次要的重點（其實就是Aa策略），全球策略的數目甚至可以到九個。要了解怎樣達成AA策略宏大的目標，我們最好以頂尖的企業爲例。本章接下來將以四個這樣的公司案例爲焦點，說明各公司執行長與其執行主管（請參考圖七・五）的說明。

IBM

IBM在發展歷程上，主要是採取調適策略，在每個主要市場的國家成立的服務據點，就形同迷你版的IBM。這些公司可以執行完整的活動（除了研發以及資源配置），如有需要，也可根據當地的差異性進行調整。在一九八〇年代與一九九〇年代，由於公司在各國之間的調適對於國際規模經濟造成牽制的程度引起不滿，促使公司將迷你IBM納入區域結構之下。IBM將各國組織納入區域結構之下進行整合，希望藉此改善區域以及全球層級的協調工作，進而促進規模經濟。

然而，近年來IBM開始利用各國之間的差異性。IBM在三年之中，將他們在新興市場的雇用員工人數增加三倍以上（尤其是在印度，在這段期間員工人數從不到一萬人增加到五萬人），而且還打算進一步大幅增加，充分印證公司對於套利策略的重視（公司高層可不是用這個名詞）。大多數新聘用的員工都是隸屬於IBM全球服務之下，這是公司成長最快、可是毛利最低的領域——照理來說，這些員工有助於降低成本，讓公司無須調升售價，並能改善績效。所以IBM採取「整合—套利」策略。「調適」策略依然重要，尤其是在面對市場的活動，但所受到的重視程度**並未**超過以往。

IBM試圖改善全球人才的供需情況。這樣的套利策略有個地方特別有意思，那就是公司會透過精密的比對計算，動態優化IBM在各地人才的任務分配。IBM蘇黎世研究實驗室主任那森（Krishan Nathan）表示，公司採取這種人員調配的模式，箇中原因比起其他模式（譬如人力交付模式）更要複雜得多。首先，人員服務通常是無法儲存的。第二，人員的功能性不像零件一樣，可以同樣的、標準化的方式摘要說明（譬如序號以及相關的技術特徵說明）。第三，公司在分配人員到不同的團隊時，務必要注意他們能不能相處得來的問題，在最糟糕的情況下，人事紛爭可能會令團隊無法發揮最大的力量。第四，基於這個原因以及其他因素（譬如人員的培養），任務指派的期間以及順序必須符合一些額外的條件。那森也說明，有鑑於此，他們採取的任務分派模式是「百分之七十五為全球性，百分之二十五則是當地」。這個目標執行起來或許沒有那麼宏大，但在公司改善人員配置以加強套利策略效能的程度下，這牽涉到相當龐大的權力轉移，而怎樣有效協調，則是一個更為廣泛的組織調整。

寶鹼

就跟IBM一樣，寶鹼一開始也是成立迷你型的寶鹼，試圖與當地市場融合，但後來的發展卻大不相同。尤其是公司暫停在歐洲各地的整合工作，促使他們在一九八〇年代建立一套廣泛的、功能性爲主的矩陣結構。不過這種業務—地理性的矩陣結構操控不易，後來在一九九九年新上任的執行長杜克・傑格宣布，在全球事業單位（global business units, GBUs）進行重大組織改造，賦予最終的獲利責任，並且輔以地理市場開發組織（geographic market development organizations, MDOs），由他們實際掌控業務團隊（和全球事業單位共享）以及深入市場。

公司這樣積極企圖改善整合工作，可是結果卻是群魔亂舞，其中包括全球事業單位—地理市場開發組織的主要介面，傑格十七個月後便黯然下台。後來的接任者萊夫利比較成功，他說會保留傑格建立的架構，但會補強，所以，決策小組在談判幾個月後成軍，針對各種決策的方式以及由誰決定（全球事業單位和地理市場開發組織）等議題，建立一套模式。至於獲利責任則保留給全球事業單位（以及決策小組不會負責的其他決策權）。不過體系之內還是有些彈性：製藥業務的經銷通路明確，則不納入地理市場開發組織的結構之內，而新興市場（這些地區的市場開發挑戰很大）的獲利責任繼續由經理負責。至於全球事業單位和地理市場開發組織之間共同的資訊科技系統與事業發展，則有助於將這些附屬單位緊密結合。在這套精心設計、層層架構的審議系統下，一開始是設定成長目標，接著擬定策略、創新，以及品牌，然後才據此擬定兩年爲期的營運計畫和預算。

萊夫利也說明，寶鹼雖然還是願意對重要市場視情況進行調適，但最終目標還是透過全球事業單位層級的整合打敗競爭對手——跨國企業在當地的營運以及當地公司。他並說明，套利策略對於寶鹼很重要（主要是透過委外的做法），但相對於調適與整合策略則是次要的：「只要是會動到顧客的業務，我們都不會委外」。所以，套利策略——透過全球業務分攤服務單位，資訊科技服務多年來都是委外給惠普（ＨＰ），員工服務委外給ＩＢＭ，設施管理則交由仲量聯行（Jones Lang LaSalle）——影響大約百分之二點五的寶鹼人力，對於ＩＢＭ的影響比例則接近百分之二十五。其中一個明顯的原因是，在消費性產品這個變化快速的產業裡，勞工套利的範疇或許有所增加，但是整體而言還是遠低於（譬如）ＩＢＭ的全球服務。

塔塔顧問公司與康尼桑

先前已經討論過塔塔顧問公司致力於整合的努力，以及套利的核心策略。執行長拉瑪度拉（S. Ramadorai）表示，這兩種策略對於公司的未來都息息相關。不過塔塔顧問公司雖然跟IBM追求同樣的AA策略，但依然堅持初期的取向，對於套利策略的重視遠遠超過IBM。這樣的對比有助於強調，縱然公司採取的AA策略好像一樣，但其定義以及執行還是有變化的空間。而且誠如寶鹼的例子所顯示（該公司專精於整合策略，調適策略則是次之），釐清AA策略的首要以及次要焦點確實很有幫助。

不過就算沒有進行這樣的區分，特定產業還是有其他通往成功的康莊大道。我們可以印度資訊科技服務公司康尼森的案例來說明這點。該公司靠著印度的服務起家，快速成長成爲第四大競爭對手，康尼桑向來強調套利與調適，而不是套利與整合策略；他們靠的是在其主要市場美國，大舉投資當地的營運據點和「臉孔」，投資手筆之大，讓公司可視情況而定，宣稱自己是印度還是美國的公司。

康尼桑在一九九三年成軍，隸屬於鄧白氏（Dun & Bradstreet）旗下的事業，而其經銷能力比一般純粹的印度公司要來得廣泛：創辦人馬哈迪瓦（Kumar Mahadeva）服務美

圖七・六：康尼桑的套利——整合策略

人力	服務交付	行銷
•相對較爲嚴謹的人力招募流程 •更多的商管碩士與顧問 •更多非印度裔的員工 •在印度進行訓練，以促進文化融合	•雙頭制的結構 •所有提案都是合作進行(印度與海外) •更加接近顧客 •客戶端的團隊 •大量出差，運用科技	•印度與美國的定位 •在主要行銷定位運用美國國籍的員工 •處理關係人脈的主管非常資深 •對廣大顧客當中的小眾積極行銷

國客戶，那拉亞南（Lakshmi Narayanan）（當時的營運長，現在則是公司董事長）負責監督印度的服務。該公司迅速建立一套「雙頭制」的合夥結構，也就是說，每項專案都有兩個全球領導人——一個負責印度，另外一個負責美國。這兩位領導人共同擁有權責，並以同樣的方式接受相同結果的薪酬。後來新上任的執行長索達（Francisco D'Souza）回憶說，他們花了兩年的時間才落實這套架構，扭轉大家的思維所需時間更長（當時公司員工只有六百人，現在已經增加到兩萬五千人）。「雙頭制」的合夥結構雖然重要，但在重新思考套利和調適之間的取捨，以及超脫康尼桑管理團隊所說全球境外發展之主要整合挑戰——交付和行銷協調不佳導致「許多工作窒礙難行」（參考圖七・六）——之中，只是

其中一個考量要素而已。

整體而言，以上案例在在說明企業就算追求複合式的策略，而不是單一策略，還是有其挑戰性。本章最後一節，將針對這種挑戰的組織要素進行討論。

程度三：三方AAA策略

最後，各位不妨看看一家試圖在所有三大策略（調適、整合以及套利）都要擊敗對手的公司。要想做到這一點雖然不是不可能，但卻非常罕見。表七・一所列的緊繃環境之中，比較輕微、可以大規模經濟或結構優勢克服，或是競爭對手備受牽制的情形下，可能性會比較高（或是說比較不會不可能）。

我們可以醫療診斷影像產業的GEH為例，說明以上這些重點，以及他們對於AAA策略的追求。這個產業的成長快速，而全球市場主要是掌控在三大業者手中：奇異健康照護（GEH）、西門子醫療解決方案（Siemens Medical Solutions, SMS），以及飛利浦醫療系統（Philips Medical Systems, PMS），據估計，這三大巨擘在全世界營收的比例，大約分別爲百分之三十、百分之二十五，以及百分之二十⑦。而全球市場的集中性，似乎跟這個產業所採取的策略有著密切的關聯（而這也是圖七·四所說明的）：醫療診斷影像產業在研發密度方面，於製造業都屬於名列前茅。尤其是，這三大競爭業者的研發對營收比率已經竄升到百分之十以上，規模較小的競爭對手比率更高，其中許多公司都面臨獲利遭到擠壓的困境。這些數字顯示，建立全球規模在整合方面面臨的相關挑戰，近年來在這個產業尤其重要。

這三大巨擘當中最大的一家GEH，一直是獲利最優渥的。這個事實（主要）反映出他們在整合工作的成功，誠如以下所示：

- **規模經濟**：GEH的研發總支出高於SMS或PMS，總營收也較高，服務團隊較大（佔了GEH總員工人數的一半）；但其研發佔營收比率卻比較低，其他的支出比率大致相當，而主要生產地點則比較少。
- **收購能力**：GEH在經驗的累積下，收購效率愈來愈高。該公司在伊梅爾特（Jeffrey Immelt）（在他成爲奇異電器的執行長之前）執掌之下，收購了將近一百家公司；後來公司又繼續進行更多的收購案，其中包括二〇〇四年九十五億美元的阿姆斯漢（Amersham）收購案，這個案子讓公司由金屬箱的業務轉進醫療產業，公司更在二〇〇七年年初以八十一億美元收購阿普特實驗室（Abbott）兩個診斷業務，進一步延伸他們在醫療產業的能力。

- **範疇經濟**：阿姆斯漢與阿普特的收購案顯示，奇異電器試圖將他們在物理學與工程學方面的傳統基礎，和生物化學層面的技能結合。此外，GEH更透過奇異電器資本公司（GE Capital）取得設備採購的融資。

除了在整合工作的成功之外，GEH甚至在套利策略方面也明顯領先其競爭對手。在伊梅爾特的領導下，近年來更爲明顯。公司將生產快速轉移到低成本的生產據點，已經成爲「全球產品公司」。奇異電器首創的「投手兼捕手」（pitcher-catcher）概念是指，在現有的據點附近的「投手團隊」（pitching team）和新地點「捕手團隊」（catching team）密切合作，一直到後者的表現符合或是超過前者的期望爲止——這種做法也有所幫助。GEH原本設定的目標是，百分之五十的直接原物料採購（以及百分之六十的自家製造）

都是設在低成本國家。到了二〇〇五年，據報導公司已經達到這些目標的一半以上。

最後，以調適策略而言，GEH大舉投資以國家爲焦點的行銷公司，並略加配合開發與製造的後端整合，希望藉此達到（誠如某位執行主管所說的）「比德國人還要德國」的境界。而他們強調提供服務以及設備的策略，對於顧客也更有吸引力；譬如，訓練放射線專家以及爲影像處理提供資訊服務；不過這類客製化服務顯然得根據不同的國家量身打造。

在列舉GEH精心設計的全球策略之後，我還是要補充一句，如果公司內部關係緊繃，容易對這套策略造成衝擊；尤其是在中國與印度這些龐大、但所得水準低的市場，公司在適應當地不同的條件時，會比全球整合面臨更大的挑戰。誠如愛米特最近所說：

我們去年的會議中，和負責這項業務經營的霍根（Joe Hogan），針對醫療保健產品的價值進行檢討，決定追加兩千萬美元的資金，並從產品線將這些價值產品的責任轉到中國。我們就是這樣克服內部的障礙：公司主業排擠這項業務。在我們這一調整之後的一年當中，銷售業績從六千萬美元增長到兩億六千萬美元。我們最近在這些產品的最新報告中，也探討了一項外在的障礙：我們怎樣才能設計出成功的模式，在印度從事設計以及生產零組件，但在中國組裝，以規避關稅和進口稅？⑧

在此也值得一提的是，GEH**並不是**想要面面俱到：SMS主要是以核心影像業務爲主，並且在影像系統（imaging modalities）的技術取得領先地位。也就是說，SMS至少在一個方面的整合工作是比較有效的。這個例子讓我們想起，即使某特定策略有不只一家競爭對手追求，他們還是可以截然不同的方式勝出。

此外，GEH對於這三大AAA策略的追求能夠發展到這個境界，一部分是因爲他們將其中一小塊「調適」切割出來。而這也是一種讓管理階層能夠發揮經濟效益的機制之一。這種機制對於強調追求AA、尤其是AAA策略的企業而言，特別炙手可熱：相對於（譬如說）全心擁抱整合矩陣結構而言，這樣的切割之舉整體來說，或許會比把所有各式各樣不同的活動全部擠在一塊要好。萊夫利解釋說，寶鹼對於套利策略，以及調適與整合策略的追求，之所以能夠達到相當的程度，都是因爲公司特意將這三大功能劃分爲三個附屬單位（全球業務單位、市場開發組織，以及全球業務分享服務〔global business shared services, GBSS〕），而且公司採取的結構能夠讓接觸點降到最低，所以摩擦也隨之減少。

寶鹼強調透過GBSS進行委外的做法，基本上是讓套利活動外部化，讓我們想起第四章探討調適策略時，所提到的另外一個附屬槓桿工具。在第四章討論過其他的附屬槓桿工具，其中有些也有助於解決分配管理資源有限的優化問題。雖然各項選擇方案和不可分性（indivisibilities），都是偏好整體公司採用同一套做事的方式；不過，公司各部門從事不同活動，畢竟有助於有效促進內部的多樣性。

最後一點，GEH的表現從某個程度上，也要看備受牽制的競爭對手而定。SMS以及尤其是PMS，除了面對相對於GEH在各種和規模有關以及結構上的劣勢，在某些層面上的發展也十分緩慢，譬如將生產轉移到低成本的國家。基於這些理由，各位千萬要當心，別把GEH的案例當作可以同時追求調適、整合以及套利策略。如果你們覺得還是忍不住要這樣做，請看看「AAA三連發：在賽馬場上享有更大的勝出機會？」的說明。

AAA三連發：在賽馬場上享有更大的勝出機會？

我雖然建議各位別想在AAA三個層面都企圖打敗厲害的競爭對手，可是經驗卻告訴我們，企業活力充沛的主管會將此視爲一種目標，在少數幾個案例中甚至更積極嘗試，使得這個目標似乎沒有那麼遙不可及。AAA若是在賽馬場或應用在**三連發**策略上，說不定會比較穩當，而不是把你們公司的資源當成賭注。

馬迷都知道，三連發（trifecta）的策略是挑馬跑第一輪、第二輪和第三輪。三輪都能挑到跑贏的馬匹可以說是不可能的任務，有些賽馬圈甚至認爲如果三匹都挑對，顯示是有內線消息的加持。

挑三（pick threes）是指在三場比賽分別挑出冠軍馬，風險比三連發還要大（在其他要素相等的情況下，尤其是馬匹素質分布平均）。三連發的策略中，跑第一輪的馬匹不能跑第二輪，以此類推。

在企業界採取AAA策略的挑戰，好像比在三場賽馬分別挑出冠軍馬還要困難得多，因爲這三A策略彼此會衝突或是取捨（如表七・二所列）。如果以第六章哺乳動物的比喻來說明，若想在商業界創造「全方位」的萬靈策略，結果可能反而會製造出「鹿角兔」這樣的四不像。

AAA三角形與策略開發：競爭力配置的例子

上一段是以AAA三角形說明各種全球策略。而這套三角形也有助於業者判斷應該以哪一個策略爲先，這一點在先前討論產業支出密度（圖七・四）時，已針對單一A策略探討過，但值得進一步擴大策略空間說明。

這裡要提的例子是PMS：這是診斷影像產業三大巨頭當中規模最小的一家。誠如第四章所說，飛利浦長久以來採取的策略是由各國經理獨攬大權，並強調調適策略；一直到一九九六年新的執行長上任之後，才廢除地理／產品矩陣中的地理層面，以加強全球產品部門的整合。在業務層面，以PMS而言，公司有時會說飛利浦向來注重調適策略，而這個傳統並未改變，這也一直是他們能夠優於GEH或SMS的競爭優勢來源。不過由於SMS專精於科技、GEH在服務品質居領先地位，所以PMS就算在調適策略上有所優勢，也很有限。這兩大競爭對手的產品**確實**能在當地市場留住顧客，而這點全球特質也凸顯出他們的優勢。

PMS就算還有什麼調適策略的優點，似乎還是不敵整合策略的劣勢，在這方面，儘管飛利浦在一九九〇年代下半期將重心交給全球產品部門，但還是難以超越GEH和SMS。PMS的絕對研發支出比GEH的少了三分之一，比SMS少了四分之一，而且在規模要小得多的這麼一家公司（可以進行收購的火藥庫顯然也要小得多），所佔的比例卻要大得多。此外，PMS爲了彌補原本主業X光影像業務逐漸過時的問題，於一九九八年到二〇〇一年期間大舉進行收購，結合另外六家獨立公司的力量，這套策略進行得如此成功，著實讓人意外（這一家公司並沒有什麼收購的經驗可以仰賴），但顯然還是有些後遺症。其中最嚴重的是，PMS因爲過去的收購活動（有一項已經完成，另外一樁則在考慮），二〇〇四年資產減少或支付七億歐元以上的金額，幾乎耗盡該年度的盈餘。

圖七・七：診斷影像業界的 AAA 競爭圖示

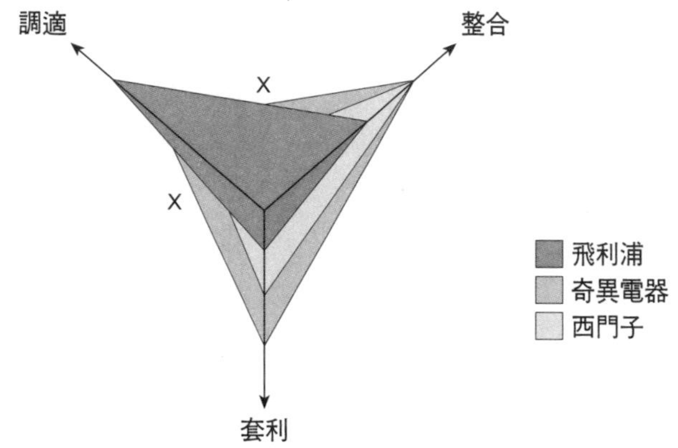

PMS一直致力於讓各個不同的環節結合在一塊，這樣的努力直到近年來才有改觀，而這也是他們在套利策略上落後的部分原因。他們直到二〇〇四年九月才在中國成立製造（合資）事業，於二〇〇五年首度在中國市場推出產品，而二〇〇六年才有第一批產品可以出口——即使其母公司飛利浦是中國最大的跨國企業之一。整體而言，PMS於二〇〇五年在低成本國家委外的程度，相當於GEH在二〇〇一年的水準、而且也落後SMS的水準。

這些相關於AAA策略的定位，我們可以納入單一的競爭力配置圖（圖七・七）。圖中的線雖然都是估計，但卻凸顯出競爭對手怎樣配置其策略空間，並且讓他們在各種策略之間的取捨更爲明顯：這兩者對於各位在思考應該以哪些策略爲重、哪些則否時，都很重要。

PMS會怎樣運用這章競爭配置圖——更廣泛來說，也就是AAA策略，以進行策略開發？根據PMS落後的地方，他們可能會在特定的營運層面試圖迎頭趕上：譬如積極改善PMS各個單位合作的方式（整合），以及加速將製造活動轉移到低成本國家（套利）。不過PMS在這兩項策略當中，似乎都不太可能大舉擊敗其強大的對手（除非他們順利推出突破性的技術，但這說起來容易，做起來可不簡單）。然而，產業界普遍對整合以及套利策略的重視與日俱增，也使得單單只靠調適策略的可行性降低。

PMS有兩個最明顯的策略選擇，其中之一是圖七・七之中以X標示的兩大AA策略：也就是調適─整合或調適─套利。調適─整合策略比較接近公司目前採取的策略。不過值得注意的是，PMS現在位居第三，不太可能克服他們在整合─相關的挑戰，所以他們最好加強回應當地需求的能力。否則，PMS可以放棄創造競爭優勢的想法，純粹追求業界平均的獲利能力，其實這個水準很高：外界形容這三大巨擘設定價格的手法「溫和」。不過不論是哪一種策略，如果模仿其他競爭對手進軍嶄新地區，似乎只會**擴大**（而不是縮小）這種劣勢。

PMS的AA方案中第二項：調適—套利策略，不光是以在低成本地區從事生產爲目標，同時也致力於大舉調整、簡化產品，以便在中國與印度這類大型新興市場大舉降低成本。然而，這個方案與飛利浦的傳統格格不入——飛利浦向來**不**熱中於低成本競爭。而GEH「在中國爲中國」推出的產品（理應減少成本百分之五十），這類策略也壓縮了PMS採取這種策略的空間。相對而言，PMS在中國建立的第一條產品線，只能降低成品百分之二十。

最後，如果以上這些複合式的選擇方案，似乎都不太可能（老實說）爲PMS帶來競爭優勢——那麼公司**可能**會改變遊戲策略。PMS雖然似乎無法擺脫相對GEH以及SMS在核心診斷影像事業的結構劣勢，但可以著眼於他們的優勢比較高、劣勢較低的領域（以AAA三角形來看，這就好比水平轉移到新的事業領域）。其實，PMS似乎努力在這些產品線有所作爲——儘管速度很慢——最近大力宣揚人們可以自己在家操作的醫療設施，像是突發性心臟病發急救的家用心臟復甦機（自動體外心臟去顫器）。誠如執行長霍曼（Jan Hommen）所說，PMS在這裡比SMS以及奇異電器都更有優勢：「我們憑著消費性電子產品、以及家用電器業務，在如何服務消費者方面獲得豐富的經驗與了解。」⑨由於公司資源是以這種「走入家庭策略」爲重心——品牌以及經銷——而且是在當地或國家層級，所以這套新的策略可以視爲在新市場之中強調調適（以及某種程度的整合策略）。

三大組織原則

以上這些段落強調全球策略的多樣性，並且提供策略工具，以及在策略之間取捨的具體原則。在此要補充三大組織原則，以協助各位讀者達到所選擇的策略目標。

擴大協調

跨國企業的存在至少已有好幾個世紀，但他們試圖積極協調的努力近年來才大幅增加。早期的跨國企業（譬如大型貿易公司）所經營的環境裡，資訊散布緩慢、零散，而且公司總部規模也比較小，譬如，哈德遜灣（Hudson's Bay）公司（加拿大百貨業巨擘）總部在十八世紀初期只聘用二十名受薪經理⑩。到了十九世紀，有些跨國公司爲了因應協調的挑戰，以及長途控制，於是想辦法爲公司組織建立功能性以及多部門的型態，但公司總部以今日的標準來看規模還是很小：所以，高度整合的石油巨擘洛克斐勒（John D. Rockefeller）的標準石油公司（Standard Oil），在一九一一年破產前夕，公司只有一千人在處理一般的行政工作。自此以後，頂尖的跨國企業開始著眼於單一策略以外的選擇（起初是套利），而且因爲資訊科技的日新月異而受惠（尤其是近年來的發展）。結果，這類企業現在跨國協調工作的範疇遠遠超過以往的重點，不再是傳統著眼於各地的資源配置，以及由公司總部監督各國營運——而是包含了跨越組織疆界的密集協調。儘管如此，許多企業（著作就更不用說了）還是緊抱著協調的狹隘觀念不放。

新的協調機制

而嶄新協調機制的發展也對企業有效拓展協調工作有很大的幫助。各位不妨看看本章稍早所提的頂尖企業爲例，除了ＩＢＭ的人力供應鏈之外，該公司更發揮創意成立「交易中心」，整合各個業務，以及重新思考各種假設（譬如全球總部的合作）：公司最近才把採購長從紐約的桑默思調到中國的深圳。其他先前提過的例子還包括寶鹼的審查系統，塔塔顧問公司的全球區域地方交付網絡，康尼桑的雙頭結構，奇異電器的「投手—捕手」(pitcher-catcher)概念。近年來媒體熱門報導的公司更是不計其數。像是思科最近宣布任命全球長將派駐於印度班加羅爾(Bangalore),以此地作爲思科東方全球化中心,而這也是他們在印度次大陸成立全球、技術開發中心,以便有效和中國華爲之類的企業競爭[11](其實,思科的主要業務功能都是設在印度,公司的目標是在二〇一〇年之前,將有百分之二十的資深主管是駐在班加羅爾)。以上這些案例在在凸顯出嶄新的挑戰,以及需要新的回應模式,而頂尖企業正是展開探索的好地方。

逐漸演進的議程

現在讓我們回到本章一開頭所講的案例——ＩＢＭ。ＩＢＭ近年來積極讓套利策略融入公司的營運之中(尤其是ＩＢＭ全球服務),雖然在這方面進展驚人,可是由於聘用成本比當地公司似乎高出百分之五十到百分之七十五,在其低成本遊戲之中,好像不太可能打贏印度軟體服務的競爭對手。ＩＢＭ比較能夠脫穎而出的地方是,儘管近年來積極多元發展,公司在業界依然擁有最廣泛的產品線,跨足硬體、軟體,以及資訊科技服務。就如同ＰＭＳ尋覓還沒有人稱霸的領域(其實是發揮本身比較擅長的優勢)一樣,

IBM有個選擇方案是實現「單一IBM」的願景，提供橫跨這三個產業的解決方案。IBM公司總部最新報告指出，當公司積極（或接近）套利策略時，似乎也已針對這些產品線展開整合的努力。帕米沙諾從公司好幾百名頂尖主管當中，組織整合以及價值小組，希望藉此以「相對」由下而上的方法徹底改造公司組織，而不是由上而下命令各部門主管應該達成什麼任務。他更指出，如果公司追求的是複合式策略，短期而言尤其可能達成這些變革。

最後一個原則（其實，本章探討的三大組織原則都是如此）是為了凸顯一個更為宏觀的議題。儘管複雜的全球企業組織型態，得看公司追求的策略目標或各項目標而定，但究竟哪一種方法才是最理想的，至今依然無人得知。不過頂尖企業試圖做的事情、他們選擇怎樣追求目標的方式，以及奮戰不斷的挑戰，都能讓我們學到許多寶貴的經驗。

結論

「全球概論」這個小方框摘要說明本章的具體結論。如果各位覺得（尤其是）最後幾項似乎是屬於開放性的結論，那其實是故意這樣設計的。本書是爲了拓展各位對於全球策略的思維。本章一部分是要強調全球策略的多樣性：這三大A各有可以對應的純粹策略（而每一項還有無以數計的變化），而複合式（AA或AAA）策略也絕對不遑多讓。此外，各位可以想像特定A或AA（有時候AAA）策略的選擇，在組織層面的解讀與執行還有許多選項。這也是爲什麼，儘管我堅持要在這三A之間有所抉擇，但在設定策略時，認眞考慮半全球化的事實可能會有很大的幫助。有許多方法都可以發揮箇中差異的優勢。

全球概論

一、全球化相關的熱潮從一九八〇年代以來便有所轉變，從市場的全球化轉爲生產的全球化。

二、儘管目前對於生產全球化的熱潮（說得更廣泛一些也就是套利策略）可能會成爲歷史，但這卻讓各界首度認知到，全球策略議程完整涵蓋面之廣泛。

三、這套全球策略可以AAA三角形摘要說明，而這套三角形不但有助於凸顯全球策略的多樣性，同時也能用來開發全球化的計分表與促進策略的優先排序。

四、公司每一位渴望跨國創造價值的高級主管都應該想清楚，這三大A策略當中哪一項會是公司跨國發展的競爭優勢來源。

五、在這方面，我對AAA策略有個廣泛的建議是，縮小到至少其中一個A，手上先掌握一個，或許再尋覓另外一個，但要面面俱到的話可得當心。

六、AAA三角形讓人們在三大A策略之間可以有所選擇（應用或延伸），方法包括謹慎考慮在這些策略之間的取捨，以及畫出圖表顯示支出密度以及競爭地位。

七、有效追求調適、整合，或套利策略，尤其是這些策略的某些組合，在協調以及各種協調機制方面通常需要擴大概念的延伸。

八、至今依然無人想得出組織複雜的全球企業最適化的方式，不過觀察頂尖企業的做法，卻能夠讓我們獲益良多。

8

邁向更美好的未來

攸關未來數十年的全球化預測

就算你走在正確的道路上，如果只是呆坐不動，還是會被輾過。

——據信出於知名主持人亞瑟·古佛瑞（Arthur Godfrey）以及威爾·羅傑斯（Will Rogers）

在一九八〇年代，有關於全球化的熱潮都是集中在市場層面。到了二〇〇〇年代，焦點似乎轉到生產方面。坊間出現大量討論這類轉變的書籍，除此之外，隨著時光荏苒，全球化狂熱支持者對於全球化一路發展到現在的想法，也有了一些轉變。他們對於全球化未來的信念同樣也有了一些改變。

相關爭議對於全球策略的取捨以及怎樣展開，都沒有什麼幫助（有時候甚至會造成阻礙）。本章一開始將簡短評論有關全球化未來的預測。接著，我將針對如何改善未來發展提出幾項建議，最後將提出五個步驟的架構，協助各位為公司展開全球策略。

有關全球化的預測

有關全球化的預言通常和它們所屬的時代密不可分。博蘭尼（Karl Polanyi）和其合著者（一九五七年）以及陶意志（Karl W. Deutsch）與艾克斯坦（Alexander Eckstein）（一九六一年），早在全球化於第二次世界大戰之後完全復甦之前，便於著作之中強調，國際化的各種措施自從第一次世界大戰爆發前那段時期以來，便已大幅萎縮，並表示這個趨勢在近期內不太可能出現轉機①。

跨國經濟活動和這些著名思想家的預言正好相反，在戰後時期蓬勃發展，甚至突破戰前的紀錄，引起熱烈的回響，樂觀人士認為國際經濟整合已經達到新的高峰，但悲觀人士認為情勢終究會回到一個世紀之前的水準。看好全球化發展的樂觀人士，大為看好一九八〇年代末期柏林圍牆倒塌、亞洲快速成長（尤其是中國，儘管有亞洲貨幣危機的打擊），以及近年來生產全球化的發展。不過（或許是樂觀往往會引起相反的反應），我在寫這本書時，卻有人認眞預期全球化——以及跨國整合成長的速度——可能會放緩。我對這類預言都不太會認眞看待，因爲除了過去的表現，或是缺乏表現之外，還要看看其他的考量：

- 質疑光是看到景氣循環週期和其他高頻率事件上的各種跡象，便宣布要大舉調整長期以來推行的流程方向或行進速度。
- 肯定要對組織做出精確預測的複雜度，國家或是整個世界經濟的難度就更不用說了，加上這類預言有些似乎沒有任何根據，也讓人覺得不安。
- 相信這個世界半全球化的狀態（遠遠不及完整的本土化或是完整的整合）對於企業策略會比較理想，而不是對變化速度的狀態或改變隨便做出預測。

最後這一點，我們可以打個比方來進一步解說——這就好像美國中西部有個人想要開車橫跨美國，他距離海岸還遠得很，不管速度加快還是放慢、或甚至改變方向，都沒有辦法改變現狀。半全球化就好像如此。如果展望未來，跨國整合工作可能會持續增加、停滯、甚至出現劇烈的反轉（如果可以參考兩次世界大戰期間和之間的經驗的話）。不過有鑑於目前情況的各種考量，近期內不太可能變成大家對各國差異性視而不見，或可以忘卻跨國聯繫這檔事。所以我們毋需精確預測半全球化的發展，短期內這應該已經足夠。我們對於全球營運的態度如果能夠同樣維持這樣的穩定性，會比老是展望前景而心情起伏不定要理想得多——尤其是因爲大多數全球化策略不是隨便就可以改變的。

所以總結而言，半全球化在未來十年、二十年當中（說不定還要更久）應該不會改變的預言，是我比較有信心的說法——雖然置信區間（confidence interval）顯然會隨著時間荏苒而逐漸擴散。如果這個預言有助於避免大家對全球化發展產生兩極化的態度，那也就值得了。不過讀者說不定也希望獲得具體的建議，了解可以怎樣改善所屬企業未來的全球展望。所以在此提供各位以下這些因地制宜的建議，協助各位開創更爲美好的未來。

開路先鋒

如果未來依然瀰漫著不確定性，現在你們要怎樣才能爲邁向明日世界開創一條坦途？說得更具體一些，在全球化的環境下，許多企業一味向前航行直到撞到沙洲為止，有的只會來來回回地瞎忙，有的乾脆靜觀其變——你們要怎樣改善這些因地制宜的做法？

一、就算你們確實相信這個世界未來整合的程度會高得多，也要對日後的諸多障礙和彎道做好心理準備。即使你們依然深信整合已快大功告成的末世預言早晚會實現，還是要體認到從現在起一直到實現的那一天為止，不太可能是一路暢通的坦途。這一路上許多事情或循環週期會讓人深感震撼，說不定更會導致長達數十年的發展停滯、甚至情勢逆轉。（這種情形以前就發生過！）對於湯瑪斯・佛里曼等作家強調，將會成為二十一世紀價值創造中心的ＢＲＩＣ金磚四國（巴西、俄羅斯、印度和中國）而言，更可能發生這樣震盪的情形。可是就算理應熟悉新興市場的企業，也在這一點栽了跟頭。高盛——在大多數主要市場上，都是投資銀行業界的龍頭——在華爾街銀行界裡，率先進軍後蘇維埃時期的俄羅斯，也是讓金磚四國成為商機寵兒的機構之一；可是高盛二〇〇五年在俄羅斯承銷股票和債券的投資銀行當中，卻只排名第二十四②。為什麼這麼低？這是因爲高盛（就像一些其他投資銀行一樣）在俄羅斯一九九八年金融危機和無法償債的風暴之後，撤出市場，多年後才又回去重建據點。這種策略往往導致業者逢高買進、谷底才急著出貨——這種做法通常難以締造成功的財務。

二、也要注意其他「可預期的意外」。貝澤曼（Max Bazerman）和麥可・華金斯（Michael Watkins）提出「可預期的意外」（predictable surprises）這個名詞，描述「領導者擁有所有所需的數據和獨到的見解，可以掌握重大問題的發展潛力和難以避免的後果，但卻無法提出有效防範措施回應」的情形；一路上的各種挫折只是這種「可預期的意外」的表徵③。以一般的全球環境而言，已浮現一些可以預期（或至少可說是意外）的情形：全球溫室效應；中東、中國、印度和美國等國情勢紛擾；全球性的資金流動危機；全球化面對社會政治的反撲等等④。全球治理缺口的概念更加深這類問題可能影響深遠的想法。你們公司爲多少這類問題做好準備？我的建議是，你們至少要爲公司全球策略說明（一個或多個）全球解構的情形，並分析其影響力，以便進一步思考替代方案。

三、從產業和企業的層次，增添預測的能力。震撼、週期和趨勢（就算會交叉影響），在各產業和各企業造成的影響都有很大的差異，譬如把同一套世界—歷史概念套用在全部上頭的實用性。聚焦於風險以及（更廣泛而言）**比較可能影響你們產業或是公司的趨勢，以及實際會造成怎樣的影響**。所以，就算全球溫室效應這樣影響深遠的問題，實際影響力還是要看從什麼角度來著眼——像是金融投資人、營建公司、汽車製造業者（他們的反應也要看其對業務焦點在大型還是小型車款而定），或潔淨能源潛在提供者對於這些議題的觀點（這些只是部分的例子而已）。根據不同的情況，其他風險或是趨勢可能會更爲明顯，所以值得優先考慮。例如，當我第一次開始與印度軟體公司塔塔顧問合作，爲未來建立可能的情境時，我們認爲有鑑於公司業務的本質，從禽流感著手應該是最合理的假設。

四、體認到企業之於塑造廣泛成果的重要性——包括有關未來的全球化。先前的討論好像是在說，未來情勢發展不會受到企業決定要做些什麼的影響。可是對於許多主要的不確定性而言，情況顯然不是如此。各位不妨想想全球化本身的廣泛過程。反全球化人士所說的疑慮之處包括以下這幾點：

- 已開發國家整體國家歲收之中，薪資比例下降；其中許多國家的獲利比例卻創下好幾十年的高點。
- 許多這類國家都缺乏全球化的安全網（譬如美國據估計，每年貿易收益達到一兆美元，可是再培訓卻要花大約十億美元）[5]。
- 雙軌世界的形成。誠如微型貸款先驅尤諾斯（Muhammad Yumus）二〇〇六年贏得諾貝爾和平獎時演講所說的，倘若全球化「是一條全民免費的高速公路」，它的車道將爲經濟強國的巨型卡車所佔滿……（犧牲的是孟加拉的人力車）」[6]。

許多企業對於全球利益分配這樣基本的議題，都是抱持眼不見爲淨的鴕鳥心態，這樣既沒有原則，也不務實。尤其是對大眾揭露資訊和行動，我會建議企業採取以下步驟以促進整合（請注意並不是每個步驟都有這個效果）：

- 請小心用詞遣字。外包（outsourcing）往往會引起消極的態度，誠如布希（Bush）前經濟顧問格雷・曼奎（Greg Mankiw）發現，全球化也有這樣的影響力——根據美國民意調查專家福蘭克・倫茨（Frank Luntz）所說，這會「令資深工作人員感到畏懼」⑦（倫茨建議用「自由市場經濟」這樣的說法——儘管有人懷疑這種說法在歐陸的效果比較不好）。
- 盡量具體說明全球化對經濟方面帶來的好處，不要抽象。像是麥肯錫全球研究院（McKinsey Global Institute）的計算結果顯示，美國花在海外委外的每一塊錢會回收大約一・一二美元；這樣的數據會比經濟學教科書裡講述市場均衡的過程更爲實用⑧。
- 摒除對於全球化沒有科學依據的說法，譬如迷思，這一點我於第一章和其他著作之中已探討以及駁斥過，全球整合程度增加一定會造成全球集中度跟著提升的說法。
- 支持在職培訓的計畫以及（更廣泛而言）社會保險。歷史顯示在缺乏這些計畫的配合下，自由貿易的支持度通常是脆弱的。

- 強調升級以及生產力的提升應該是大眾以及企業政策的焦點。長期而言，這些對於國家和企業的財富才會發揮眞正的影響力。

五、別因爲對未來的重視而對此時此刻的考量造成排擠。未來（包括全球化的方向對於全球策略究竟是順風還是逆風）對於這些策略的成敗絕對有其影響力。可是我們不能因此排擠其他同樣重要的要素考量，譬如此時此刻的重點。本書一直沒有提到，目前全球策略的實務狀態還有**很大的**改善空間。立刻起而行也是掌握這個機會的辦法。圖八・一描述怎樣改善的五個步驟流程，不過不見得得循序漸進。本章接下來會以這些步驟的說明爲主⑨。

展開行動

前面幾章介紹過怎樣運用本書提出的理念，改善全球策略。不過在此（最後一章）似乎可以做個總結，摘要建議讀者怎樣實際運用。這個五步驟的流程一開始是對背景進行分析，然後說明以及評估策略方案。由於本書並沒有個別篇章針對這些背景分析進行

圖八・一：重新界定全球策略：起步的五大步驟

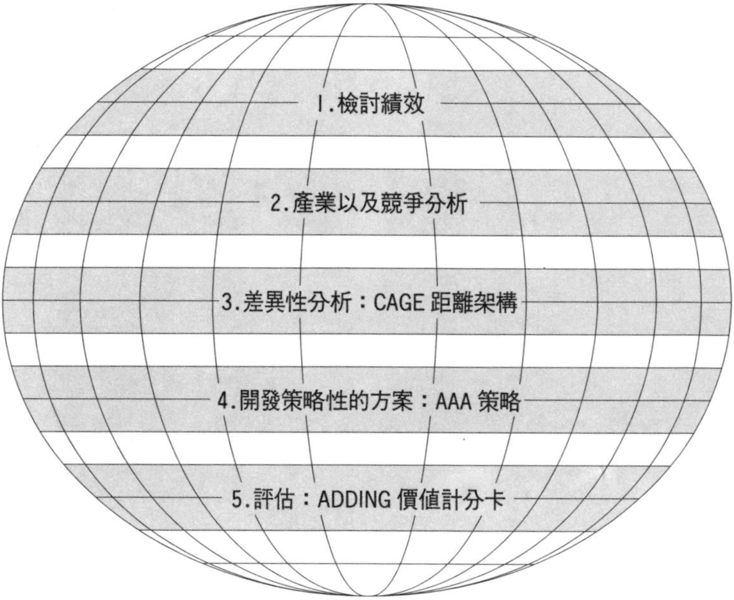

說明，所以在這裡會略微加以介紹。

一、績效評估。不論企業想要建立或重設全球策略是基於什麼用意，都可檢討全球的營運方式。這樣解構績效的分析法至少有個實用的層面——那就是地理層面（不過這個解構基礎和第五章介紹的整合基礎一樣無以數計）。基於各式各樣的原因——譬如到頭來終究會全面提升對此承諾的信念，以及對於會計獲利的重視，而不是扣除資本機會成本的經濟獲利——許多企業進入不適合的地理區域之後難以脫身。國際策略諮詢機構馬拉康合夥事業（Marakon Associates）的數據，也證實這個問題的嚴重程度。以下是馬拉康合夥事業的調查結果：

> 我們發現調查過的公司當中，半數（十六家當中的八家）在各地區事業單位有極大比例的經濟投資報酬為負數……我們知道這些客户必須專注在特定國家／區域的經營，各地區的長期獲利能力才會有穩定的表現。

圖八．二為這類問題提供一個典型的例子說明。請注意在二〇〇五年，這些公司當中大約有五分之一產生負數的經濟報酬。如果你們覺得這樣不好，請注意豐田（積極全球化的業界巨擘）的比率同樣是百分之二十五，而不是百分之二十。

更廣泛而言，與其看國際營收、成長率、甚至會計獲利數據，真正的重點應該是抱持以價值為本的觀點。如圖七．三所示，全球績效管理最好還是抱持更為廣泛的方式，建立全球化的計分卡。這是因為當你們對績效表現有一般的概念之後，對於接下來應該

圖八・二：各國的經濟報酬：快速消費性商品的國家

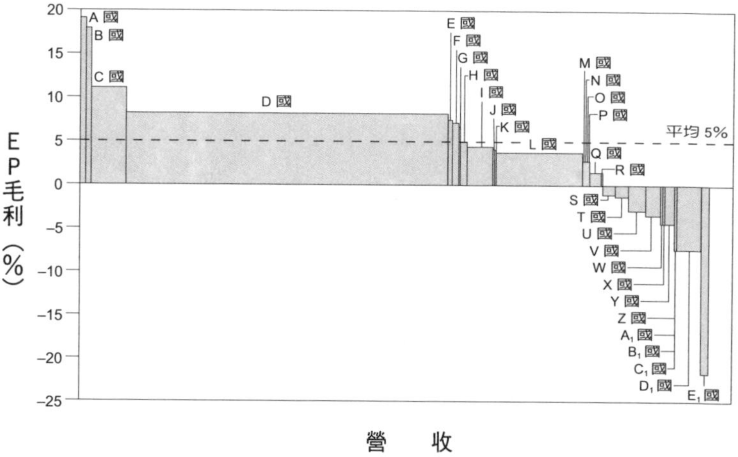

怎麼做的相關討論通常會比較有益。

二、產業以及競爭分析。產業以及競爭分析對於本章要討論的全球策略發展而言，是一大重點。這其實是五個步驟的流程循序漸進，本章會逐步加以介紹。在此要強調的是，個別產業和其內部互動各有其基本問題，如果不先回答這些問題就貿然啓動未免愚蠢。有鑑於許多大家視爲理所當然的直覺——譬如以爲全球集中度或是標準化日增的想法——結果通常都是錯誤的，所以這點尤其重要⑩。

「跨國產業以及競爭力分析的基本問題」中列舉九大基本問題——你們應該可

以數據回答，而不是出於直覺。這類問題當中，許多可以針對特定時點進一步回答，以便和隨時間出現的變化進行比較，並說明全球、區域或是當地層級的分析，以及其他類型的市場區隔計畫。每一項都必須根據特定產業的觀點來看。長期架構的變化——通常要十年或是更久——也很有意思，因爲許多全球策略在這方面的變化都很緩慢。此外，國際數據的彙整和比較可能得比國內層級付出更多的心力。這些都可說「光是」了解產業以及產業內部互動的背景情況，就可能耗費極大的工夫。

跨國產業以及競爭力分析的基本問題

一、前三大到前五大競爭對手的銷售業績集中度：眞的有增加嗎？

二、領導地位以及領導地位或是市場佔有率的改變：有沒有明確的領導者或是核心？（如果有的話，營業額是多少？）

三、跨國貿易佔世界生產的百分比例，外商直接投資相對於毛固定資本形成（gross fixed capital formation），以及國際合資事業或是策略聯盟（或許相對於跨國併購案）：這些正規畫的跨國措施怎樣比較？
四、產品之中最明顯的跨國標準化：同樣的，真的有增加嗎？
五、實質價格下降比率：這些對於生產力提升的最低目標有何意義？
六、產業獲利能力，尤其是經濟獲利能力：跨國生產力有多大的差異？
七、獲利能力和規模之間的關係（如果有的話）：獲利能力要看全球、區域、國家的規模，或看工廠或顧客的層級？
八、供應商、競爭對手、互補者以及買方之間經濟獲利的分布：錢在哪裡？
九、廣告／行銷、研發以及勞工（以及資本和專門化的投入要素）：這些支出項目中哪些在你們產業特別大，由此看來，這是哪一種的產業？

三、CAGE距離架構的差異性分析。第一階段和第二階段，雖然就稽核而言尚屬基礎，不過並未偏離本書介紹的半全球化概念。半全球化的重點在於各國之間的差異性。

第二章的重點在於了解半全球化的現況，並以CAGE架構思考各國之間差異的程度。本章強調的重點在於距離層級，請各位記住這兩個目標：

- 容許一些標準的存在，以便讓討論跳脫單純宣稱跨國差異性的存在和重要性。
- 一般的國家分析通常是以單方國家特質為基礎，統一考慮母國到該地的距離；不妨為此增添雙邊或是多邊的元素。

如果以上重點現在看起來好像過時，各位可以提醒自己實務的狀態，甚至精密的營運也不例外。最近我就是這樣，我在維也納和一些知名業者參與全球化的相關研討會。觀眾自然想要知道當地的回應能力，所以有個人提出這樣的問題：「奧地利的企業應該怎樣看待東歐？」與會人員通常認同東歐**很有**意思，不過當然，在那裡還是要當心。CAGE距離架構會更進一步地探討：普遍使用德文、曾是奧匈帝國的一部分、跟奧地利同樣有烏鴉飛翔、接壤的土地、也可沿著多瑙河航行等等的東歐國家。此外，這套架構也可以輕易地套用於東歐各國人均收入和其他的巨大差異。

第二章也強調，差異性或距離分析的價值主要是落在產業層面。換句話說，其目的是從半全球化的觀點探討你們產業的現狀。所以重要的是，了解你們產業最重要的跨國差異性，以及對距離敏感度建立比較量化的知識。所選的策略（也就是接下來兩個步驟的重點）對於如何處理攸關距離層面方面具備一些連貫性。當然，業者怎樣因應距離的問題，應該有各種選擇方案的空間，譬如，常見的做法是從鄰近度高的策略著手，像是海爾集團「先做難的，再處理容易的」策略；也有的是正好相反——不過企業如果**所有的**層面都想從距離著手，通常不會有很好的表現。不過**絕對不能**徹底忽略距離這個要素。

四、AAA策略選擇方案的開發。第四章到第七章已深入討論過策略性方案的建立，在這幾章之中，探討過AAA策略，以及討論怎樣在策略方案的選擇中降低差異的影響力。此外，這幾章也說明幾個程序重點，其中有些值得在此再度強調。第一，有兩個或是兩個以上的方案可以評估選擇，會比只有一個**好得多**。第二，策略性方案不會隨便出現，這是需要開發和文件紀錄的。第三，改善各項策略方案所需的關注，絕對不下於評估方式的改善。

本書一再探討各項策略方案的改善。其中一個方式是延伸對於全球策略的思維，佐以多層面性和幾種差異性：

- 各國之間差異性的多層面性（CAGE）以及差異之中的差異。
- 會對跨國行動影響的各項價值元素。
- 處理跨國差異性策略的種類（以及次種類）。

第三章討論開發選擇方案的創意，第四章（也請參考我的網站 www.ghemawat.org）探討建立開放、調適的心態，也對怎樣改善策略選擇的方案提供更豐富的見解。這些討論爲各位讀者提供了無數具體的想像（以及實際的）例子，說明怎樣建立全球策略。結果如何呢？換個新的角度、以更好的觀點來看事情絕對是值得的。

五、以 ADDING 價值計分卡評估策略方案。在評估策略方案方面，可以分析 ADDING 價值計分卡（第三章介紹的）中六大要素對於價值的影響力。表三・二提供一長串的指引原則——總共有二十八項——可以分析這些價值要素。不過我們不能因爲這列表的長度和結構，而忽略了眞正的重點——對全球化抱持以價值爲本的觀點。

在此還是要強調，如果這個建議聽起來好像無關緊要，那麼就值得對目前的做法加以檢討。許多企業還是把全球化視爲和營收相關的項目，另外許多公司則把重點放在會計獲利上頭，而不是經濟獲利（扣除資本成本後的淨值）。所以以價值爲本的觀點看來還是相當與眾不同，並非常態。而且，確實能夠結合全球化策略決策和其企業財務計畫的公司，更是猶如鳳毛麟角。

最後總結似乎應以對價值的重視以及先前所說對於創造力的需求並重。本書應已提供非常豐富的說明，半全球化（不同於完整跨國整合以及徹底區隔）豐富了全球策略的空間，值得我們發揮創意思考。不過從本書介紹之中，應該也很淸楚半全球化對於跨國活動（這也是聚焦於價值特別有其必要的緣故）會構成重大的阻礙。

註釋

導論：無國界的幻影

①權威的全球足球發展史：David Goldblatt, *The Ball Is Round* (London: Viking, 2006). 足球的全球化參見：Gerald Hodl, "The Second Globalisation of Soccer" (San Francisco: Funders Network on Trade and Globalization, 16 June 2006), available at www.fntg.org/news/index.php?op=view&articleid=1237&type=0; and Franklin Foer, *How Soccer Explains the World: An Unlikely Theory of Globalization* (New York: HarperCollins, 2004).

②Kofi A. Annan, "At the UN, How We Envy the World Cup," *International Herald Tribune*, 10–11 June 2006, 5.

③Geoffrey Wheatcroft, "Non-Native Sons," *Atlantic Monthly*, June 2006.

④同上。

⑤Alan Beattie, "Distortions of the World Cup, a Game of Two Hemispheres," *Financial Times*, 12 June 2006, 13.

⑥這兩段描述球場上的戰績是根據米蘭諾奇（Branko Milanouc）的〈全球化以及勝球：足球眞的可作爲指引嗎？〉（Globalization and Goals: Does Soccer Show the Way?），《國際政治經濟評論》第十二期（二〇〇五年十二月），829-850，以及他有關二〇〇六年世界盃的平均淨勝球的電子郵件，二〇〇六年八月十三日。

⑦Deloitte, Sports Business Group, "Football Money League: The Reign in Spain," (Manchester, UK: Deloitte 2007), accessed at http://www.deloitte.com/dtt/cda/doc/content/Deloitte%20FML%202007.pdf.

⑧Robert Hoffmann, Lee Chew Ging, and Bala Ramasamy, "The Socio-Economic Determinants of International Soccer Performance," *Journal of Applied Economics 5*, no. 2 (November 2002): 253-272.

⑨Mike Kepp, "Scoring Profits?" *Latin Trade* (magazine), December, 2000.

⑩Uwe Buse, "Balls and Chains," *Spiegel Online*, 26 May 2006.

⑪"Blatter Launches Fresh Series of Blasts," ESPN SoccerNet, 13 October 2005, http://soccernet.espn.go.com/news/story?id=345694&cc=5739.

1 從$\frac{1}{10}$到半全球化

①原文參見：Theodore Levitt, "The Globalization of Markets," *Harvard Business Review*, May-June 1983, 92.

②Wikipedia, s.v. "Global strategy," http://en.wikipedia.org/wiki/Global_strategy.

③Richard Landes, "Millenarianism and the Dynamics of Apocalyptic Time," in *Expecting the End: Millennialism in Social and Historical Context*, ed. Kenneth G. C. Newport and Crawford Gribben (Wilco, TX:

Baylor University Press, 2006).

④這是因爲佛里曼《世界是平的》的影響（紐約：Farrar, Straus and Giroux，二〇〇五年），它在各大暢銷書排行榜上停留的周數比以前所有有關全球化的書籍加總起來還多。佛里曼的這本書超過四百五十頁，但沒有任何表格、圖示、附註或是參考書目，不容易直接看懂。但請參考我的這篇文章，〈這個世界爲什麼不是平坦的？〉（Why the World Isn't Flat），《外國政策》（*Foreign Policy*）（二〇〇七年三月到四月），以及佛里曼等人士的通信內容（二〇〇七年五月到六月）。

⑤Times TV, Mumbai, 10 August 2006.

⑥二〇〇六年的初步估計值顯示該年這波合併風潮令FDI佔全球固定資本形成比率增加到大約百分之十二。

⑦這種國界之間已完整整合的概念通常暗示國際化的程度不到百分之一百，多少要看活動所佔最大的國家比例而定。所以，全球貿易對GDP比例如果在沒有任何重複計算的情況下，基於（名目）GDP的分配，大約爲「國界不重要」的標竿（百分之一百減掉GDP赫芬達爾指數集中比率的百分之九十，至於原因，有興趣的讀者可以自行解出）。第二章會提供更多名目化的數字進行比較。

⑧譬如，其中一個問題是針對從營收，而不是附加價值——好比把汽車零件從美國運到加拿大，然後把車運回來。

⑨U.N. Conference on Trade and Development, *World Investment Report*, 2005 (New York and Geneva: United Nations, 2005).

⑩Pankaj Ghemawat, "Semiglobalization and International Business Strategy," *Journal of International Business Studies 34*, no. 2 (2003): 138-152.

⑪ "Why the World Isn't Flat" in the May-June 2007 issue of *Foreign Policy*.

⑫ UNESCO, International Organization for Migration, *World Migration 2005: Costs and Benefits of International Migration* (Geneva: International Organization for Migration, June 2005).

⑬ Alan M. Taylor, "Globalization, Trade, and Development: Some Lessons from History," in *Bridges for Development: Policies and Institutions for Trade and Integration*, ed. R. Devlin and A. Estevadeordal (Washington, DC: Inter-American Development Bank, 2003).

⑭ 值得一提的是，貿易經濟學家一直想要說明爲什麼貿易額這麼少的原因，而不是爲什麼會這麼多，第二章會針對這點進一步說明。

⑮ 參見 John A. Quelch and Rohit Deshpande, eds., *The Global Market: Developing a Strategy to Manage Across Borders* (New York: Jossey-Bass, 2004)，特特別是我的那一章：“Global Standardization vs. Localization: A Case Study and a Model,” 115-145.

⑯ Kenneth G. C. Newport and Crawford Gribben, eds., *Expecting the End: Millennialism in Social and Historical Context* (Waco, TX: Baylor University Press, 2006).

⑰ Frances C. Cairncross, *The Death of Distance: How the Communications Revolution Will Change Our Lives* (Boston: Harvard Business School Press, 1997), 4.

⑱ "Internet Traffic Growth: Sources and Implications," in *Optical Transmission Systems and Equipment for WDM Networking II*, ed. B. B. Dingel, Proc. SPIE, vol. 5247, 2003, 1-15.

⑲ 全國軟體與服務公司協會（National Association of Software and Service Companies），「印度的IT產業，策略評論」（The IT Industry in India; Strategic Review, 2006）（New Delhi: NASSCOM. December

2005）。佛里曼指印度第二大IT服務公司 Infosys 執行長奈里坎尼（Nandan Nilekani）是他世界平坦說的啓發靈感。不過奈里坎尼卻對我說，印度軟體程式設計業者現在雖然可從印度服務美國客戶，但一部分是受美國資本投資之惠。在我看來，這就是障礙，而且原始國的概念依然重要——即使只是資本（在我們眼裡往往是無國界的）。

⑳ Google 在俄羅斯的策略參見 Eric Pfanner, "Google's Russia March Stalls," International Herald Tribune, 18 December 2006, 9, 11.

㉑ Jack Goldsmith and Tim Wu, *Who Controls the Internet? Illusions of a Borderless World* (New York: Oxford University Press, 2006), 149.

㉒ Jeffrey Sachs and Andrew Warner, "Economic Reform and the Process of Global Integration," *Brookings Papers on Economic Activity*, 25th Anniversary Issue (1995).

㉓ Francis Fukuyama, *The End of History and the Last Man* (New York: Free Press, 1992).

㉔ Samuel Huntington, *The Clash of Civilizations and the Remaking of World Order* (New York: Simon & Schuster, 1996).

㉕ Steve Dowrick and J. Bradford DeLong, "Globalization and Convergence," paper presented for National Bureau of Economic Research Conference on Globalization in Historical Perspective, Santa Barbara, CA, 4-5 May 2001.

㉖ "The Future of Globalization," *The Economist*, 29 July—4 August 2006, front cover.

㉗ Dani Rodrik, "Feasible Globalizations," in Globalization: *What's New?* ed. M. Weinstein (New York: Columbia University Press, 2005).

㉘ *The Cola Conquest*, video directed by Irene Angelico (Ronin Films, Canberra, Australia, 1998).

㉙ 同上。

㉚ Roberto C. Goizueta, remarks made to World Bottler Meeting, Monte Carlo, 25 August 1997, available at http://www.goizuetafoundation.org/world.htm.

㉛ Roberto C. Goizueta, quoted in Chris Rouch, "Coke Executive John Hunter Calling It Quits," *Atlanta Journal and Constitution*, 12 January 1996.

㉜ Sharon Herbaugh, "Coke and Pepsi Discover New Terrain in Afghanistan," Associated Press, 26 November 1991.

㉝ The Coca-Cola Company, Annual Report, 1997.

㉞ "Coke's Man on the Spot," BusinessWeek Online, 3 May 1999, available at www.businessweek.com/1999/99_18b3627119.htm.

㉟ Douglas Daft, quoted in Betsy McKay, "Coke's Daft Offers Vision for More-Nimble Firm," *Wall Street Journal*, 31 January 2000.

㊱ Douglas Daft, "Back to Classic Coke," *Financial Times*, 27 March 2000.

㊲ Douglas Daft, "Realizing the Potential of a Great Industry," remarks at the Beverage Digest "Future Smarts" Conference in New York, 8 December 2003, posted in the "Press center/viewpoints" section of the Coke Web site, www2.coca-cola.com/presscenter/viewpoints_daft_bev_digest2003_include.html.

㊳ Pankaj Ghemawat, "The Growth Boosters," *Harvard Business Review*, July 2004.

㊴ Bruce Kogut, "A Note on Global Strategies," *Strategic Management Journal* 10, no. 389 (1989): 383-389.

⑩ Pankaj Ghemawat and Fariborz Ghadar, "Global Integration≠Global Concentration," *Industrial and Corporate Change*, August 2006, especially 597-603.

⑪ Reid W. Click and Paul Harrison, "Does Multinationality Matter? Evidence of Value Destruction in U.S. Multinational Corporations," working paper no. 2000-21, Board of Governors of the Federal Reserve System, Washington, DC, February 2000; and Susan M. Feinberg, "The Expansion and Location Patterns of U.S. Multinationals," working paper, Robert H. Smith School of Business, University of Maryland, College Park, 2003.

⑫ Orit Gadiesh, "Think Globally, Market Locally," *Financier Worldwide*, 1 August 2005.

2 四種最遠的距離

① David Orgel, "Wal-Mart's Global Strategy: When Opportunity Knocks," *Women's Wear Daily*, 24 June 2002.

② 爲了方便以下的討論，除非另外說明，否則波多黎各相對於美國的差異是「國際性的」。

③ Edward E. Leamer and James Levinsohn, "International Trade Theory: The Evidence," *Handbook of International Economics*, vol. III, ed. G. Grossman and K. Rogoff (Amsterdam: Elsevier B.V., 1995).

④ 請注意所有可能的國家組合之中，中値距離落在這兩個距離之中。

⑤ 在此提供的估計値是根據我本身和馬利克合作的研究，儘管大多屬於絕對值，但卻遠低於葛馬萬在〈距離依然重要：全球擴張的殘酷事實〉(Distance Still Matters: The Hard Reality of Global Expansion) 文章中所說過的（《哈佛商業評論》〔Harvard Business Review〕，二〇〇一年九月號），該文估

計值是根據法蘭克（Jeffrey Frankel）以及羅斯（Andrew Rose），〈貨幣聯盟對於成長影響的估計〉（An Estimate of the Effects of Currency Unions on Growth）這篇未發表的文章（加州柏克萊大學，二〇〇〇）。我們的估計值較低主要反映出我們對於許多觀察值爲零的數據處理極爲謹愼，而且確實針對個別國家，而不是政治體。

⑥我會說「殖民地／殖民國」，是因爲這兩個國家的殖民國都是英國。

⑦John F. Helliwell, "Border Effects: Assessing Their Implications for Canadian Policy in a North American Context," in *Social and Labour Market Aspects of North American Linkages*, ed. Richard G. Harris and Thomas Lemieux (Calgary: University of Calgary Press, 2005), 41-76.

⑧Prakash Loungani et al., "The Role of Information in Driving FDI: Theory and Evidence," paper presented at the North American Winter Meeting of the Econometric Society, Washington, DC, 3-5 January 2003; Richard Portes and Helen Rey, "The Determinants of Cross-Border Equity Flows," *Journal of International Economics* 65 (February 2005): 269-296; Juan Alcacer and Michelle Gittelman, "How Do I Know What You Know? Patent Examiners and the Generation of Patent Citations," *Review of Economics and Statistics*, forthcoming; and Ali Hortacsu, Asis Martinez-Jerez, and Jason Douglas, "The Geography of Trade on eBay and MercadoLibre," working paper, University of Chicago, 2006.

⑨Gert-Jan M. Linders, "Distance Decay in International Trade Patterns: A Meta-analysis," paper no. ersap679, presented at 45th Congress of the European Regional Science Association, Vrije Universiteit, Amsterdam, 23-25 August 2005, available at http://www.ersa.org.

⑩"Note on Country Analysis", www.ghemawat.org.

⑪ Geoffrey G. Jones, “The Rise of Corporate Nationality,” Harvard Business Review, October 2006, 20-22; andGeoffrey G. Jones, “The End of Nationality? Global Firms and ‘Borderless Worlds,’” *Zeitschrift fur Unternehmensgeschichte* 51, no. 2 (2006): 149-166.

⑫ Jan Johanson and Jan-Erik Vahlne, “The Internationalization Process of the Firm: A Model of Knowledge Development and Increasing Foreign Market Commitments,” *Journal of International Business Studies* 8, no. 1 (1977): 22-32.

⑬“Marketing Mishaps,” *NZ Marketing Magazine* 18, no. 5 (June 1999): 7.

⑭ Bruce Kogut and Harbir Singh, “The Effect of National Culture on the Choice of Entry Mode,” *Journal of International Business Studies* 19 (1988), 411-432; Luigi Guiso, Paola Sapienza, and Luigi Zingales, “Cultural Biases in Economic Exchange,” unpublished paper, University of Chicago, 2005; Jordan I. Siegel, Amir N. Licht, and Shalom H. Schwartz, “Egalitarianism and International Investment,” working paper no. 120-2006, European Corporate Governance Institute (ECGI) Finance Research Paper Series, Brussels, 21 April 2006.

⑮ William P. Alford, *To Steal a Book Is an Elegant Offense: Intellectual Property Law in Chinese Civilization, Studies in East Asian Law* (Stanford, CA: Stanford University Press, 1995).

⑯ 這一段主要參考我與 Boston Consulting Group 及香港大學的 Thomas Hout 的協同研究。

⑰ Thomas G. Rawski, “Beijing’s Fuzzy Math,” *Wall Street Journal* (Eastern edition), 22 April 2002, A18.

⑱“Dim Sums,” *The Economist*, 4 November 2006, 79-80.

⑲“Extending India’s Leadership in the Global IT and BPO Industries,” NASSCOM-McKinsey Report, New

Delhi, December 2005.

⑳ Raymond Hill and L. G. Thomas III, "Moths to a Flame: Social Proof, Reputation, and Status in the Overseas Electricity Bubble," mimeographed working paper, Goizueta Business School, Emory University, Atlanta, May 2005.

㉑ Donald J. Rousslang and Theodore To, "Domestic Trade and Transportation Costs as Barriers to International Trade," *Canadian Journal of Economics* 26, no. 1 (February 1993): 208-221.

㉒ Pankaj Ghemawat and Timothy J. Keohane, "Star TV in 1993," Case 9-701-012 (Boston: Harvard Business School, 2000; rev. 2005) and Pankaj Ghemawat, "Star TV in 2000," Case 9-706-418 (Boston: Harvard Business School, 2005); and Pankaj Ghemawat, "Global Standardization vs. Localization: A Case Study and a Model," in *The Global Market: Developing a Strategy to Manage Across Borders*, ed. John A. Quelch and Rohit Deshpande (New York: Jossey-Bass, 2004), 115-145.

㉓ Rupert Murdoch, quoted in the Times (London), 2 September 1993, reprinted in *Los Angeles Times*, 13 February 1994; and "Week in Review Desk," *New York Times*, 29 May 1994.

㉔ Stephen Hymer, *The International Operations of National Firms* (Cambridge, MA: MIT Press, 1976); and Srilata Zaheer, "Overcoming the Liability of Foreignness," *Academy of Management Journal* 38, no. 2 (1995): 341-363.

㉕ Subramaniam Rangan and Metin Sengul, "Institutional Similarities and MNE Relative Performance Abroad: A Study of Foreign Multinationals in Six Host Markets," working paper, INSEAD, Cedex, France, October 2004.

㉖ Pankaj Ghemawat, "Distance Still Matters: The Hard Reality of Global Expansion," *Harvard Business Review*, September 2001, 137-147.

㉗ Jeremy Grant, "Yum Claims KFC Growth Could Match McDonald's," *Financial Times*, 7 December 2005, 19.

3 創造全球價值：1/10與4之間

① 可和這一系列最知名的著作比較：巴雷特（Christopher A. Bartlett）以及高斯夏（Sumantr Ghoshal），《跨國管理》（*Managing Across Borders: The Transnational Solution*）（波士頓：哈佛商學院出版，一九八九年）。曾如他們所說，「根據我們調查過的所有公司，回應一九八〇年代需求的主要挑戰不在於界定策略，而是在於克服單一層面組織能力以及管理偏見，這些挑戰會對公司打造嶄新、更爲複雜以及動態的跨國組織構成障礙。」爲了避免各位沒有看懂，跨國策略的目標和內容——也就是「爲什麼」和「什麼」——理應明眼，可是組織（怎麼做）卻不是如此。對我而言，這根本就是本末倒置，因爲一般而言組織結構的定義必須視策略而定，就算是以組織學者來看也是如此。第七章會對此更進一步說明。

② 根據最近一份調查，一九九六年到二〇〇〇年之間學術管理期刊發表的文章之中，百分之六是探討國際相關議題，在這當中百分之六是以跨國企業策略和政策爲焦點。請參考史帝夫・華納（Steve Werner），〈國際管理研究近期發展：前二十大管理期刊的檢討〉（Recent Developments in International Management Research: A Review of the Top 20 Management Journals），《管理期刊》（*Journal of Management* 28, no. 3(2002): 277-306）。引述華納的話，「除了策略聯盟以及進場模式策略之外，跨

國企業策略的相關研究少得可憐。」

③ C. Northcote Parkinson, *Parkinson's Law and other Studies in Administration* (Boston: Houghton Mifflin, 1956).

④ Raymond Hill and L. G. Thomas III, "Moths to a Flame: Social Proof, Reputation, and Status in the Overseas Electricity Bubble," mimeographed working paper, Goizueta Business School, Emory University, Atlanta, May 2005.

⑤ Steven Prokopy, "An Interview with Francisco Garza, Cemex's President—North American Region & Trading," Cement Americas, 1 July 2002, available at www.cementamericas.com/mag/cement_cemex_interview_francisco/.

⑥ *Strategy and the Business Landscape*, 2nd ed. (Upper Saddle River, NJ: Prentice Hall, 2005)，特別是第11及第11章。

⑦ Michael E. Porter, *Competitive Strategy* (New York: Free Press, 1980).

⑧ Michael E. Porter, *Competitive Advantage* (New York: Free Press, 1985); and Adam M. Brandenburger and Harborne W. Stuart Jr., "Value-Based Business Strategy," *Journal of Economics & Management Strategy* 5, no. 1 (1996): 5-24.

⑨ Christopher Hsee et al., "Preference Reversals Between Joint and Separate Evaluations of Options," *Psychological Bulletin* 125, no. 5 (1999): 576-590.

⑩ Janet Adamy, "McDonald's CEO's 'Plan to Win' Serves Up Well-Done Results," *Wall Street Journal Europe*, 5-7 January 2007, 8.

⑪ 這是比利時布魯塞爾自由大學商學院（Solvay Business School of the University of Brussels）的維丁（Paul Verdin）進行的意見調查，承蒙他大方地和我分享。

⑫ Richard E. Caves, *Multinational Enterprise and Economic Analysis*, 3rd ed. (Cambridge: Cambridge University Press, 2007), ch. 1.

⑬ 起始國效應請參考第二章更詳細的討論。

⑭ Wendy M. Becker and Vanessa M. Freeman, "Going from Global Trends to Corporate Strategy," *McKinsey Quarterly* 3 (2006): 17-28.

⑮ 針對戴姆勒克萊斯勒併購案的 ADDING 價值計分表請參考我的網站：www.ghemawat.org.

⑯ 過去這二十五年來出現區域集中的類似模式，除了西歐以外，該地初步的集中程度特別低，雖然自此有所提升，可是水準還是相對較低。

⑰ Timothy G. Bunnell and Neil M. Coe, "Spaces and Scales of Innovation," *Progress in Human Geography* 25, no. 4 (2001) 569-589.

⑱ Yves L. Doz, Jose Santos, and Peter Williamson, From Global to *Metanational: How Companies Win in the Knowledge Economy* (Boston: Harvard Business School Press, 2001), 65-67.

⑲ Pankaj Ghemawat, "Sustainable Advantage," *Harvard Business Review*, September-October 1986, 53-58. Pankaj Ghemawat, "Sustaining Superior Performance," in *Strategy and the Business Landscape*, 2nd ed. (Upper Saddle River, NJ: Prentice Hall, 2006), ch. 5. Pankaj Ghemawat, *Commitment* (New York: Free Press, 1991), ch. 7. and www.ghemawat.org.

4 調適——因地制宜

①Douglas Dow, "Adaptation and Performance in Foreign Markets: Evidence of Systematic Under-Adaptation," *Journal of International Business Studies* 37 (2006): 212-226.

②David Whitwam and Regina Fazio Maruca, "The Right Way to Go Global: An Interview with Whirlpool CEO David Whitwam," *Harvard Business Review*, March 1, 1994.

③除了學術界有關這個產業的研究之外（自從李維特在一九八三年有關市場全球化的文章發表之後，在各界對於「是或不是」全球化的爭論之中，這個領域尤其受到矚目），我針對這點寫了一份產業報告以及案例說明，以兩家頂尖的競爭對手爲例，並訪問這兩家公司的主管。

④本圖最好視做該公司十二大競爭對手的前十大，而不是嚴格定義的前十大龍頭。

⑤Charles W. F. Baden-Fuller and John M. Stopford, "Globalization Frustrated: The Case of White Goods," *Strategic Management Journal* 12 (1991): 493-507.

⑥John A. Quelch, quoted in Barnaby J. Feder, "For White Goods, a World Beckons," *New York Times*, 25 November 1997.

⑦Conrad H. McGregor, "Electricity Around the World," World Standards Web site, http://users.pandora.be/worldstandards/electricity.htm.

⑧Larry Davidson and Diego Agudelo, "The Globalization That Went Home: Changing World Trade Patterns Among the G7 from 1980 to 1997," unpublished paper, Indiana University Kelley School of Business Administration, Bloomington, IN, November 2004.

⑨ J. Rayner, "Lux Spoils Us for Choice," *Electrical and Radio Trading*, 4 March 1999, 6.

⑩ Srilata Zaheer, "Overcoming the Liability of Foreignness," *Academy of Management Journal* 38 (1995): 341-363.

⑪ Martin Lindstrom, private communication to author, November 24, 2006.

⑫ Ted Friedman, "The World of the World of Coca-Cola," *Communication Research* 19, no. 5 (October 1992): 642-662.

⑬ Donald F. Hastings, "Lincoln Electric's Harsh Lessons from International Expansion," *Harvard Business Review*, May 1999, 163-178; and Ingmar Björkman and Charles Galunic, "Lincoln Electric in China," Case 499-021-1 (Paris: INSEAD, 1999).

⑭ 二〇〇七年二月二十六與前林肯電子公司總經理的訪談。

⑮ Kayla Yoon, "Jinro's Adaptation Strategy," paper prepared for International Strategy course, Harvard Business School, Boston, fall 2005; "Localizing the Product and the Company Is the Key to Success in the Japanese Market," Business Update of Osaka 1 (2003), available at www.ibo.or.jp/e/2003_1/index.html.

⑯ 此外，金洛（Jinro）對於日本和東南亞市場的矚目——以及美國的韓僑——反映出焦點互補的槓桿力量，而其高度仰賴日本經銷商（後來成爲他們的商業夥伴）則反映出外部化的槓桿力量，稍後將就這兩點進一步說明。

⑰ Simon Romero, "A Marketing Effort Falls Flat in Both Spanish and English," *New York Times*, 19 April 2004.

⑱ Warren Berger, "The Brains Behind Smart TV: How John Hendricks Is Helping Shape the Future of a

More Intelligent World of Television," *Los Angeles Times*, 25 June 1995, magazine section 16.

⑲ Yasushi Ueki, "Export-Led Growth and Geographic Distribution of the Poultry Meat Industry in Brazil," Discussion Paper 67, Institute of Developing Economies, JETRO, Japan, August 2006.

⑳ Bruce Kogut and Harbir Singh, "The Effect of National Culture on the Choice of Entry Mode," *Journal of International Business Studies* 19 (1988): 411-432.

㉑ 這些成本和風險的認知一部份是因為，根據證券數據公司（Securities Data Company）的數據，從一九九〇年代中期以來，雖然跨國併購案大幅增加，跨國合資事業的家數卻減少五分之四之多。

㉒ Anton Gueth, Nelson Sims, and Roger Harrison, "Managing Alliances at Lilly," IN VIVO (Norwalk, CT: Windhover Information, Inc.), June 2001; telephone conversation with Dominic Palmer of Accenture, 7 December 2006.

㉓ Leila Abboud, "How Eli Lilly's Monster Deal Faced Extinction—but Survived," *Wall Street Journal*, 27 April 2005.

㉔ Jeffrey L. Bradach, *Franchise Organizations* (Boston: Harvard Business School Press, 1998).

㉕ Eric von Hippel, *Democratizing Innovation* (Cambridge, MA: MIT Press, 2005).

㉖ Steve Hamm, "Linux Inc.," *BusinessWeek*, 31 January 2005, 60-68.

㉗ Erik Brynjolfsson, Yu (Jeffrey) Hu, and Michael D. Smith, "Consumer Surplus in the Digital Economy: Estimating the Value of Increased Product Variety at Online Booksellers" *Management Science* 49, no. 11 (November 2003).

㉘ Chris Anderson, *The Long Tail: Why the Future of Business Is Selling Less of More* (New York: Hyperion, 2006).

㉙ 二〇〇四年十月二十四日，John Menzer與著者的面談。

㉚ Martin Lindstrom, "Global Branding Versus Local Marketing," 23 November 2000, at www.clickz.com.

㉛ Jeremy Grant, "Golden Arches Bridge Local Tastes," *Financial Times*, 9 February 2006, 10.

㉜ Carliss Y. Baldwin and Kim B. Clark, *Design Rules: The Power of Modularity*, vol. 1 (Boston: Harvard Business School Press, 2000).

㉝ Pankaj Ghemawat, Long Nanyao, and Gregg Friedman, "Ericsson in China: Mobile Leadership," Case 9-700-012 (Boston: Harvard Business School, 2001; rev. 2004).

㉞ Nicolay Worren, Karl Moore, and Pablo Cardona, "Modularity, Strategic Flexibility, and Firm Performance: A Study of the Home Appliance Industry," *Strategic Management Journal* 23 (2002): 1123-1140.

㉟ Richard Waters, "Yahoo Under Pressure After Leak," *Financial Times*, 19 November 2006.

㊱ Yves Doz, Jose Santos, and Peter Williamson, *From Global to Metanational: How Companies Win in the Knowledge Economy* (Boston: Harvard Business School Press, 2001).

㊲ Roberto Vassolo, Guillermo Nicolas Perkins, and Maria Emilia Bianco, "Disney Latin America (A)," Case PE-C-083-IA-1-s, IAE (Buenos Aires, Argentina: Universidad Austral, March 2006).

㊳ James Murdoch and Bruce Churchill, telephone interview by author, 1 May 2001.

㊴ 星巴克咖啡館的名稱起先不是星巴克，而是「每日咖啡館」(Il Giornale)，這樣一來，人們眞的可把星巴克說成義大利文化的帝國主義（儘管型態已有改變）。請參考Howard Schultz and Dori Jones Yang, *Pour Your Heart into It: How Starbucks Built a Company One Cup at a Time* (New York: Hyperion, 1997).

㊵ Sarah Schafer, "Microsoft's Cultural Revolution: How the Software Giant Is Rethinking the Way It Does Business in the World、s Largest Market," *Newsweek*, 28 June 36.

㊶ Amyn Merchant and Benjamin Pinney, "Disposable Factories," *BCG Perspective* 424 (March 2006).

㊷ Pankaj Ghemawat and Pedro Nueno, "Revitalizing Philips (A)," Case N9-702-474 (Boston: Harvard Business School, 2002); and Pankaj Ghemawat and Pedro Nueno, "Revitalizing Philips (B)," Case 9-703-502 (Boston: Harvard Business School, 2002).

㊸ Charles Handy, "Balancing Corporate Power: A New Federalist Paper," *Harvard Business Review*, November—December 1992, 59-68.

㊹ B. Dumaine, "Don't Be an Ugly-American Merger," *Fortune*, 16 October 1995, 225.

㊺ Thomas P. Murtha, Stefanie Ann Lenway, and Richard P. Bagozzi, "Global Mind-Sets and Cognitive Shift in a Complex Multinational Corporation," *Strategic Management Journal* 19, no. 2 (1998): 97-114.

㊻ P. Christopher Earley and Elaine Mosakowski, "Cultural Intelligence," *Harvard Business Review*, October 2004, 139-146.

㊼ *Samsung's New Management* (Seoul: Samsung Group, 1994); Youngsoo Kim, "Technological Capabilities and Samsung Electronics' International Production Network in East Asia," Management Decision 36, no. 8 (October 1998): 517-527; B. J. Lee and George Wehrfritz, "The Last Tycoon," *Newsweek* (international edition), 24 November 2003; and Martin Fackler, "Raising the Bar at Samsung," *New York Times*, 25 April 2006.

⑱"Interbrand/BusinessWeek Ranking of the Top 100 Global Brands," *Business-Week*, 7 August 2006.

5 整合——異中求同

①Robert J. Kramer, *Regional Headquarters: Roles and Organization*, (New York: The Conference Board, 2002).

②John H Dunning, Masataka Fujita, and Nevena Yakova, "Some Macro-data on the Regionalisation/Globalisation Debate: A Comment on the Rugman/Verbeke Analysis," *Journal of International Business Studies* 38, no. 1 (January 2007): 177-199.

③Susan E. Feinberg, "The Expansion and Location Patterns of U. S. Multinationals," unpublished working paper, Rutgers University, New Brunswick, NJ, 2005.

④Alan Rugman and Alain Verbeke, "A Perspective on Regional and Global Strategies of Multinational Enterprises," *Journal of International Business Studies* 35, no. 1 (January 2004): 3-18.

⑤這九個「三角區域」的企業（依照總營收高低排列依序爲）ＩＢＭ、新力、飛利浦、諾基亞、英特爾、佳能、可口可樂、Flextronics、迪奧（Christian Dior）以及LLVMH。

⑥http://www.toyota.co.jp/en/ir/library/annual/pdf/2003/president_interview_e.pdf.

⑦Kenneth L. Kraemer and Jason Dedrick, "Dell Computer: Organization of a Global Production Network," Center for Research on Information Technology and Organizations, University of California at Irvine, December 1, 2002; and Gary Fields, *Territories of Profit* (Palo Alto: CA: Stanford University Press, 2004).

⑧Paul Verdin et al., "Regional Organizations: Beware of the Pitfalls," in *The Future of the Multinational*

Company, ed. Julian Birkinshaw et al. (London: John Wiley, 2003).

⑨ Philippe Lasserre, "Regional Headquarters: The Spearhead for Asia Pacific Markets," *Long Range Planning* 29, no. 1 (1996): 30-37.

⑩ 另外1個類型是蘇特（Hellmut Schutte）的「策略以及組織」（Strategy and Organisation: Challenges for European MNCs in Asia），《歐洲管理期刊》（*European Management Journals*, 15, no. 4, 1997: 436-445）。蘇特把RHQ分爲兩種，1種是在企業集團總部指揮策略開發以及執行——其中包括Lasserre的獵人頭和策略刺激部門——以及在區域營運據點指揮，透過協調和彙整提升效率和成效。

⑪ Michael J. Enright, "Regional Management Centers in the Asia-Pacific," *Management International Review*, Special Issue, 2005, 57-80.

⑫ 一旦哪裡有重大的全球經濟規模，往常戴爾公司都會透過將權限集中於奧斯丁總部，以確認這1類的複製不會在開發過程中出現。儘管戴爾公司晚近也已開始將若干開發活動移居亞洲海外。

⑬ Department of Trade and Industry, as reported in the *Economist*, 4 November 2006, 113.

⑭ Nick Scheele, "It's a Small World After All—Or Is It?" in *The Global Market: Developing a Strategy to Manage Across Borders*, ed. John A. Quelch and Rohit Deshpande (San Francisco: Jossey Bass, 2004), 146-157, especially p. 150 for the quote.

⑮ For background on Ford and Ford 2000, see Douglas Brinkley, *Wheels for the World* (New York: Viking, 2003); as well as Scheele, ibid.

⑯ Karl Moore and Julian Birkinshaw, "Managing Knowledge in Global Service Firms: Centers of Excellence," *Academy of Management Executive* 12, no. 4 (1998): 81-92.

⑰ David B. Montgomery, George S. Yip, and Belen Villalonga, "Demand for and Use of Global Account Management," Marketing Science Institute Report 99-115 (Stanford, CA: Stanford Graduate School of Business, 1999); and David Arnold, Julian Birkinshaw, and Omar Toulan, "Implementing Global Account Management in Multinational Corporations," Marketing Science Institute Report 00-103 (Stanford, CA: Stanford Graduate School of Business, 2000).

⑱ Thomas Friedman, "Anyone, Anything, Anywhere," *New York Times*, 22 September 2006.

⑲ Eleanor Westney, "Geography as a Design Variable," in *The Future of the Multinational Company*, ed. Julian Birkinshaw et al. (London: John Wiley, 2003), 133.

6 套利——成本效益

① Pankaj Ghemawat and Ken A. Mark, "Wal-Mart's International Expansion," Case N1-705-486 (Boston: Harvard Business School, rev. 2005), available on my Web site, www.ghemawat.org.

② The Lego Group, "Company Profile 2004," available at www.lego.com/info/pdf/compprofileeng.pdf; and Sarah Bridge, "Trouble in Legoland," *The Mail on Sunday*, 13 November 2004.

③ 這個信念之於資本尤其根深蒂固，因爲大多數現代的金融理論都是基於缺乏套利機會的金融市場預測的，這也可以說是單一價格法則（law of one price）。不過就算是在金融界，這個「法則」還是可以輕易找到例外之處，譬如美國存託憑證（American Depositary Receipts）的交易價格和股票在其他承銷國家的價格差異極大。

④ Andrew Yeh, "Woman Breaks Mould to Top List of China's Richest People," *Financial Times*, 11 October

2006, 3.

⑤ Bumrungrad International, Bangkok, Web page, www.bumrungrad.com.

⑥ "Health Tourism," *Esquire*, August 2006, 63-64.

⑦ Louis Uchitelle, "Looking at Trade in a Social Context," *International Herald Tribune*, 30 January 2007, 12.

⑧ Haig Simonian, "Swiss Query Tax Deals for Super-Rich Foreigners," *Financial Times*, 30 January 2007, 3.

⑨ LAN Santander Investment Chile Conference, September 2006, available at www.lan.com/files/about_us/lanchile/santander.pdf.

⑩ Lynette Clemetson, "For Schooling, a Reverse Emigration to Africa," *New York* Times, 4 September 2003, available at www.nytimes.com/2003/09/04/education.

⑪ "Remittances Becoming More Entrenched: The Worldwide Cash Flow Continues to Grow," on Limits to Growth Web page, www.limitstogrowth.org/WEB-text/remittances.html; and "Moldova: Unprecedented Opportunities, Challenges Posed By $1.2 Billion Aid Package," *RadioFreeEurope/RadioLiberty Reports*, 5 January 2007, www.rferl.org/reports/pbureport.

⑫ Peter Czaga and Barbara Fliess, "Used Goods Trade: A Growth Opportunity," OECD Observer, April 2005, www.oecdobserver.org/news http://www.oecdobserver.org/news/fullstory.php/aid/1505/Used_goods_trade.html; and http://commercecan.ic.gc.ca/scdt/bizmap/interface2.nsf/vDownload/ISA_3745/$file/X_5392834.DOC.

⑬ Pankaj Ghemawat, "The Forgotten Strategy," *Harvard Business Review*, November 2003, 77.

⑭ Pankaj Ghemawat and Tarun Khanna, "Tricon Restaurants International: Globalization Re-examined," Case 700-030 (Boston: Harvard Business School, 1999).

⑮ Robert Plummer, "Brazil's Brahma Beer Goes Global," BBC News, 4 December 2005, available at http://news.bbc.co.uk/2/hi/business/4462914.stm.

⑯ Rick Krever from Deakin University, Melbourne, quoted in Kylie Morris, "Not Shaken, Not Stirred: Murdoch, Multinationals and Tax," ABC online, 2 November 2003, www.abc.net.au/news/features/tax/page2.htm.

⑰ For a very interesting overview, see Moises Naim, *Illicit: How Smugglers, Traffickers, and Copycats Are Hijacking the Global Economy* (New York: Doubleday, 2005).

⑱"Attractions of Exile," *Financial Times*, 11 October 2006. 19. Jonathan Fahey, "This Is How to Run a Railroad," *Forbes*, 13 February 2006, 94-101.

⑳ This earnings breakdown is based on EBITDA—earnings before interest, taxes, depreciation, and amortization, and is for 2005-2006.

㉑ Michael Y. Yoshino and Anthony St. George, "Li & Fung (A): Beyond 'Filling in the Mosaic' 1995-1998," Case No. 9-398-092 (Boston: Harvard Business School, 1998).

㉒ Gene Grossman and Esteban Rossi-Hansberg, "The Rise of Offshoring: It's Not Wine for Cloth Anymore," paper prepared for Federal Reserve Bank of Kansas City symposium, The New Economic Geography: Effects and Policy Implications, Jackson Hole, WY, 24-26 August 2006, available at www.princeton.edu/~grossman.

㉓ Pankaj Ghemawat, Gustavo A. Herrero, and Luiz Felipe Monteiro, "Embraer: The Global Leader in Regional Jets," Case 701-006 (Boston: Harvard Business School, 2000); and Canadian payroll data.

㉔ "Chinese Jet Expects to Snare 60 Percent of Domestic Market," *China Post* (Taiwan), April 6, 2007.

㉕ Ashraf Dahod, "Starent Networks," presentation at the Cash Concours (Tewksbury, MA), 5 October 2006.

㉖ Arie Y. Lewin, Silvia Massini, and Carine Peeters, "From Offshoring to Globalization of Human Capital," unpublished draft, (Duke University, Durham, NC) January 2007.

㉗ Unpublished research by J. Rajagopal and K. V. Anantharaman of the Global Life Sciences & Healthcare practice of Tata Consultancy Services (Bangalore, India).

㉘ "Billion Dollar Pills," *The Economist*, 27 January 2007, 61-63.

㉙ F. M. Scherer, quoted in Shereen El Feki, "A Survey of Pharmaceuticals," *The Economist*, 18 June 2005, 16.

㉚ Robert Langreth and Matthew Herper, "Storm Warnings," *Forbes*, 13 March 2006, 39.

㉛ Eva Edery, "Generics Size Up the Market Opportunity," March 2006, www.worldpharmaceuticals.net/pdfs/009_WPF009.pdf.

㉜ "Billion Dollar Pills."

㉝ Leila Abboud, "An Israeli Giant in Generic Drugs Faces New Rivals," *Wall Street Journal*, 28 October 2004.

㉞ 這種機會並不局限於新興市場。二〇〇五年底，美國政府威脅控制禽流感藥品專利權的廠商，如果不擴展美國生產設施的話，將不承認該藥品的專利權。

㉟ Pankaj Ghemawat and Kazbi Kothavala, "Repositioning Ranbaxy," Case 9-796-181 (Boston: Harvard Business School, 1998).

㊱ Abraham Lustgarten, "Drug Testing Goes Offshore," *Fortune*, 8 August 2005, 67-72.

㊲ 「個控制較不嚴格的環境有時也被列爲好處之」。

㊳ National Association of Software and Service Companies, "The IT Industry in India: Strategic Review, 2006" (New Delhi: NASSCOM, December 2005).㊴ Andrew Jack, "Patently Unfair?" *Financial Times*, 22 November 2005, 21.

㊵ Amelia Gentleman, "Patent Rights Versus Drugs for Poor at Issue in India," *International Herald Tribune*, 30 January 2007, 10. Pankaj Ghemawat, *Strategy and the Business Landscape* (Upper Saddle River, NJ: Pearson Prentice Hall, 2006), 100-103.

㊶ James Kanter, "Novartis Plans Lab in Shanghai," *International Herald Tribune*, 6 November 2006, 11.

㊷ Arie Y. Lewin and Carine Peeters, "The Top-Line Allure of Offshoring," *Harvard Business Review*, March 2006, 22-24.

㊸ Pankaj Ghemawat, "GEN3 Partners: From Russia, with Rigor," on my Web site, www.ghemawat.org.

㊹"China Overtakes Japan for R&D," *Financial Times*, 4 December 2006, 1.

㊺ Jim Hemerling and Thomas Bradtke, "The New Economics of Global Advantage: Not Just Lower Costs but Higher Returns on Capital" (Boston: Boston Consulting Group, December 2005).

㊻"Four Opportunities in India's Pharmaceutical Market," *McKinsey Quarterly* 4 (1996): 132-145.

㊼ Pankaj Ghemawat, "Tata Consultancy Services: Selling Certainty," case available on my Web site, www.

ghemawat.org.

㊽ Minyuan Zhao, "Doing R&D in Countries with Weak IPR Protection: Can Corporate Management Substitute for Legal Institutions?" *Management Science* 52, no. 8 (2006): 1185-1199.

㊾ Offshoring Research Network (ORN), https://offshoring.fuqua.duke.edu/community/index.jsp.

㊿ Chuck Holliday and Dan Japuntich, "Jackalope Fans, Take Note," updated 22 August 2005, ww2.lafayette.edu/~hollidac/jackalope.html.

7 競爭力配置——AAA三角形

① 這個文獻其實起始於將近四十年前的相關討論，這是探討企業之內統一的壓力以及分散發展（各國不同的環境可能造成的壓力）之間的緊繃關係，請參考費爾威特（John Fayerweather），《國際企業管理：概念架構》（*International Business Management: A Conceptual Framework*）（紐約：麥格希羅，一九六九年）。派海拉（C. K. Prahalad）以及朵茲（Yves L. Doz）在《跨國使命：平衡當地需求以及全球展望》（*The Multinational Mission: Balancing Local Demands and Global Vision*）（紐約：Free Press，一九八七年），書中詳述這樣緊繃的關係，普遍將其描述爲全球整合以及國家回應能力之間的取捨。

② Christopher A. Bartlett and Sumantra Ghoshal, *Managing Across Borders: The Transnational Solution* (Boston: Harvard Business School Press, 1989; 2nd ed. 1998).

③ Richard E. Caves, *Multinational Enterprise and Economic Analysis*, 3rd ed. (Cambridge: Cambridge University Press, 2007).

④ Michael E. Porter, Competitive Strategy (New York: Free Press, 1980), ch. 2; and Michael E. Porter, *Competitive Advantage* (New York: Free Press, 1985), ch. 1.

⑤ Pankaj Ghemawat and Jan W. Rivkin, "Choosing Corporate Scope," in *Strategy and the Business Landscape*, 2nd ed., by Pankaj Ghemawat (Englewood Cliffs, NJ: Prentice Hall, 2001).

⑥ 値得注意的是，廣告對銷售以及研發對銷售比率是跨國企業兩個最受矚目的數據，不過廣告的規模經濟主要還是在當地或是區域層次，研發主要是屬於全球性的規模經濟或是範疇。廣告對銷售比率因此主要針對當地的回應能力，而研發對銷售比率則和整合有關，而其重心在於國際規模或是範疇經濟。勞工支出對銷售的比率顯然是勞工套利前景的代名詞——儘管我們應該提醒自己，套利涵蓋更爲廣泛的國際差異性，不光是僅僅勞工成本而已。所以，石油公司（從許多層面都是最大家的全球企業）是根據原料價格的差異在世界各地興建營運據點。

⑦ Pankaj Ghemawat, "Philips Medical Systems in 2005," Case 706-488 (Boston: Harvard Business School, 2006); D. Quinn Mills and Julian Kurz, "Siemens Medical Solutions: Strategic Turnaround," Case 703-494 (Boston: Harvard Business School, 2003); and Tarun Khanna and Elizabeth A. Raabe, "General Electric Healthcare, 2006," Case 706-478 (Boston: Harvard Business School, 2006).

⑧ Jeffrey R. Immelt, quoted in Thomas A. Stewart, "Growth As Process," *Harvard Business Review*, June 2006, 60-71.

⑨ Joon Knapen, "Philips Stakes Its Health on Medical Devices," *Dow Jones Newswires*, 9 June 2004.

⑩ Mira Wilkins, ed., *The Growth of Multinationals* (Aldershot, England: Edward Elgar Publishing, 1991), 455.

⑪"Cisco Chooses India As Site of Its Globalization Center and Names Wim Elfrink Chief Globalization Officer," 6 December 2006, http://newsroom.cisco.com/dlls/2006/ts_120606.html; and Rachel Konrad, "At Globalization Vanguard, Cisco Shifts Senior Executives to India's Tech Hub," Associated Press, 5 January 2007.

8 邁向更美好的未來

① Karl Polanyi, Conrad M. Arensberg, and Harry W. Pearson, eds., *Trade and Market in the Early Empires; Economies in History and Theory* (Glencoe, IL: Free Press, 1957); and Karl W. Deutsch and Alexander Eckstein, "National Industrialization and the Declining Share of the International Economic Sector, 1890-1959," *World Politics* 13 (1961): 267-299.

② Heather Timmons, "Goldman Sachs Rediscovers Russia," *New York Times*, 3 February 2006.

③ Max H. Bazerman and Michael D. Watkins, *Predictable Surprises: The Disasters You Should Have Seen Coming and How to Prevent Them* (Boston: Harvard Business School Press, 2004).

④ World Economic Forum, *Global Risks 2007* (Davos, Switzerland: World Economic Forum, January 2007).

⑤ Niall Ferguson, "Sinking Globalization," *Foreign Affairs* 84, no. 2 (March—April 2005): 64-77.

⑥ Muhammad Yunus, Nobel lecture, Oslo, Norway, 10 December 2006, accessed at http://nobelprize.org/nobel_prizes/peace/laureates/2006/yunus-lecture-en.html.

⑦ Frank Luntz, *Words That Work: It's Not What You Say, It's What People Hear* (New York: Hyperion, 2007).

⑧ McKinsey Global Institute, "Offshoring: Is it a Win-Win Game?," (San Francisco, August 2003), http://hei.unige.ch/~baldwin/ComparativeAdvantageMyths/IsOffshoringWinWin_McKinsey.pdf.

⑨ 儘管這樣明確的排列順序，但全球策略稽核通常需要在這些步驟之間多次來回反覆。

⑩ 請同時參考前面解構以及討論全球整合程度日漸升高導致全球集中度大增的概念。

參考書目

Ghemawat, Pankaj. 2001. Distance Still Matters: The Hard Reality of Global Expansion. *Harvard Business Review*, September, 137-147.

——. 2003. The Forgotten Strategy. *Harvard Business Review*, November, 76-84.

——. 2003. *Getting Global Strategy Right*. Boston: Harvard Business School Publishing. Faculty Seminar CD.

——. 2003. Semiglobalization and International Business Strategy. *Journal of International Business Studies* 34(2): 138-152.

——. 2003. *Strategy and the Business Landscape*. Upper Saddle River, NJ: Prentice-Hall.

——. 2004. Global Standardization vs. Localization: A Case Study and a Model. In *The Global Market: Developing a Strategy to Manage across Borders*, ed. J. A. Quelch and R. Deshpande. San Francisco: Jossey-Bass.

——. 2004. The Growth Boosters. *Harvard Business Review*, July—August, 35-40.

——. 2005. Regional Strategies for Global Leadership. *Harvard Business Review*, December, 98-108.

———. 2006. Apocalypse Now? *Harvard Business Review* 84(10): 32.

———. 2007. Managing Differences: The Central Challenge of Global Strategy. *Harvard Business Review* 85(3): 58-68.

———. 2007. Why the World Isn't Flat. *Foreign Policy* (159): 5-60.

Ghemawat, Pankaj, and Fariborz Ghadar. 2000. The Dubious Logic of Global Megamergers. *Harvard Business Review*, July—August, 64-72.

國家圖書館出版品預行編目資料

1/10與4之間：半全球化時代／Pankaj Ghemawat 著；
胡瑋珊譯.-- 初版.-- 臺北市：大塊文化，2009.10
面；　公分.-- (from ; 62)
譯自：Redefining global strategy:
crossing borders in a world where differences still matter
ISBN 978-986-213-141-1 (平裝)

1.企業管理 2.國際企業 3.策略規劃 4.文化交流

494　　98014986

LOCUS

LOCUS

LOCUS

LOCUS